全国水利行业规划教材　高职高专水利水电类
全国水利职业教育优秀教材
中国水利教育协会策划组织

AutoCAD 工程绘图技术

主　编　刘　娟　刘军号　张　彦
副主编　卓美燕　司效英　赵立永
　　　　张馨玉　奚圆圆　张学伟
主　审　龚景毅

黄河水利出版社
·郑州·

内容提要

本书是全国水利行业规划教材、全国水利职业教育优秀教材,是根据中国水利教育协会职业技术教育分会高等职业教育教学研究会制定的 AutoCAD 工程绘图技术课程标准编写完成的。本书共分八个项目,其中项目一至项目五是基础部分,主要介绍 AutoCAD 2021 的基本知识、基本绘图命令、基本绘图编辑方法以及文字样式与尺寸标注等内容;项目六为专业图实例,通过对典型工程图样的绘制指导,学习专业图的绘图技巧;项目七简单介绍了三维图的画法和编辑;项目八为综合训练题,包括理论题和实操题两部分。本书内容结构合理,从基本的绘图、编辑命令到具体的专业实例图指导,由浅入深,基础知识与实例相结合,内容全面,结构清晰。

本书适合作为高职高专水利、土建工程类专业和计算机相关专业的 CAD 教材,也可供水利、土建工程类专业的工程技术人员学习参考。

图书在版编目(CIP)数据

AutoCAD 工程绘图技术/刘娟,刘军号,张彦主编
.—郑州:黄河水利出版社,2022.2
全国水利行业规划教材
ISBN 978-7-5509-3186-2

Ⅰ.①A… Ⅱ.①刘… ②刘… ③张… Ⅲ.①工程制图-计算机制图-AutoCAD 软件-高等职业教育-教材
Ⅳ.①TB237

中国版本图书馆 CIP 数据核字(2021)第 259667 号

组稿编辑:王路平　电话:0371-66022212　E-mail:hhslwlp@163.com
陈俊克　66026749　hhslcjk@126.com

出 版 社:黄河水利出版社　网址:www.yrcp.com
地址:河南省郑州市顺河路黄委会综合楼 14 层　邮政编码:450003
发行单位:黄河水利出版社
发行部电话:0371-66026940、66020550、66028024、66022620(传真)
E-mail:hhslcbs@126.com
承印单位:河南承创印务有限公司
开本:787 mm×1 092 mm　1/16
印张:13
字数:300 千字　印数:1—4 100
版次:2022 年 2 月第 1 版　印次:2022 年 2 月第 1 次印刷

定价:40.00 元

前 言

本书是贯彻落实中共中央办公厅、国务院办公厅《关于推动现代职业教育高质量发展的意见》(2021 年 10 月)、《国家职业教育改革实施方案》(国发〔2019〕4 号)、《国务院关于加快发展现代职业教育的决定》(国发〔2014〕19 号)和《水利部 教育部关于进一步推进水利职业教育改革发展的意见》(水人事〔2013〕121 号)等文件精神,依据教育部印发的《高等职业学校专业教学标准(试行)》中关于课程的教学要求,在中国水利教育协会指导下,由中国水利教育协会职业技术教育分会高等职业教育教学研究会组织编写的水利水电类专业规划教材。教材以学生能力培养为主线,体现出实用性、实践性、创新性的教材特色,是一套理论联系实际、教学面向生产的高职教育精品规划教材。

本书第 1 版《AutoCAD 2010 工程绘图》于 2015 年出版发行,赢得了广大使用教材院校师生的一致好评;该书在 2017 年由中国水利教育协会组织的教材评审中被评为"全国水利职业教育优秀教材"。本次出版的教材是在第 1 版的基础上重新编写的,教材名称更名为《AutoCAD 工程绘图技术》。

AutoCAD 是美国 Autodesk 公司开发的用于计算机绘图设计的软件,是当今世界上已经得到众多用户首肯的优秀计算机辅助设计软件之一。本书的编写采用的是 AutoCAD 2021 中文版,保留了目前仍在使用的 AutoCAD 2010 中文版的常用功能。

本书编写结构条理分明,从基本概念和绘图界面讲起,逐步引入绘图的基本方法和知识,由浅入深地介绍了 AutoCAD 2021 中文版的常用功能。本书在内容编排上尽量做到分门别类,条理清晰,使读者在阅读时,能够很快把握本书的总体结构和知识点。本书通过绘制一些房屋建筑施工图、水利工程图形实例,综合演练讲解过的知识,可以起到抛砖引玉的作用。

本书在内容介绍方面,分类较为细致清晰,在内容讲解上通过具体的操作步骤,介绍各种绘图工具和绘图功能的使用,同时书中每个项目末都附有上机操作练习题,帮助读者掌握每个项目中的基本知识,最后一个项目为综合训练题,为学生提供了很好的实践训练题型。

本书编写人员及编写分工如下:项目一由内蒙古机电职业技术学院司效英编写,项目二由福建水利电力职业技术学院卓美燕编写,项目三由安徽水利水电职业技术学院刘军号编写,项目四由云南水利水电职业学院奚圆圆编写,项目五由吉林水利电力职业学院赵立永编写,项目六由湖南水利水电职业技术学院刘娟编写,项目七由湖南水利水电职业技术学院张彦和张学伟编写,项目八由湖南水利水电职业技术学院张馨玉编写。本书由刘娟、刘军号、张彦担任主编,刘娟负责全书统稿;由卓美燕、司效英、赵立永、张馨玉、奚圆圆和张学伟担任副主编;由山东水利职业学院龚景毅教授担任主审。

由于编者水平有限,编写时间仓促,书中缺点和不妥之处在所难免,恳请读者批评指正。

编　者

2021 年 12 月

目 录

项目一　绘图软件基础设置

【学习目的】

熟悉 AutoCAD 2021 工作界面，了解 AutoCAD 2021 的主要功能，能够正确使用 AutoCAD 命令，绘制简单的平面图形。

【学习要点】

图形文件的基本操作，创建文件并进行绘图环境设置，能够创建并保存样板图文件。

任务一　AutoCAD 2021 简介

AutoCAD 2021 中文版是美国 Autodesk 公司推出的最新绘图软件版本，它提供了一个十分形象生动的中文绘图环境。在此基础上，用户可以很方便地绘制和编辑图形，完成既定的设计任务。

一、软件启动

用户可以通过以下两种方式启动 AutoCAD。

（一）桌面快捷方式图标

安装 AutoCAD 软件时，桌面会生成一个 AutoCAD 2021 快捷方式图标

。双击图标可以启动软件运行。

（二）“开始”菜单

在“开始”菜单中，单击“所有程序”→“Autodesk”→“AutoCAD 2021 Simplified”→“AutoCAD 2021”。

二、AutoCAD 2021 用户界面

AutoCAD 2021 初始启动时窗口界面如图 1-1 所示，包括功能区菜单栏、快速访问工具栏、标题栏、文件选项卡、面板功能区、绘图窗口、布局选项卡、命令行、状态栏、导航栏、十字光标等。

（一）快速访问工具栏

初始界面上，快速访问工具栏包括最常用的“新建”、“打开”、“保存”、“放弃”、“重做”、“打印”六个工具按钮。单击快速访问工具栏右下方的下拉按钮，可根据需要添加或者删除相应的工具按钮。

（二）标题栏

标题栏显示系统当前运行程序的版本信息及当前图形文件的名称，默认文件名称

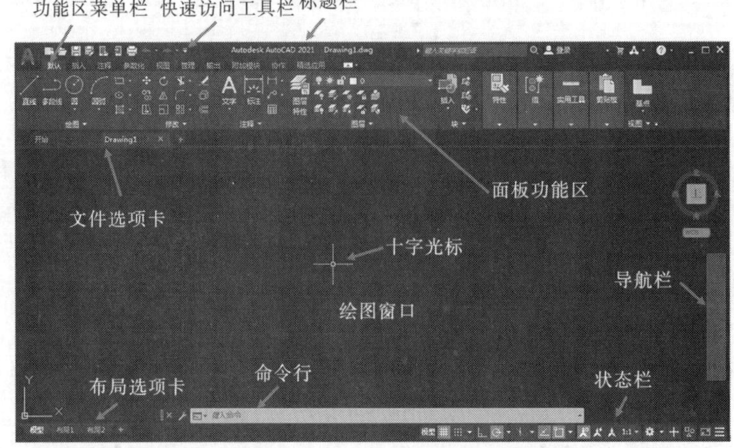

图 1-1　AutoCAD 2021 初始工作界面

为“Drawing1. dwg”。

(三) 文件选项卡及面板功能区

文件选项卡及面板功能区如图 1-2 所示，每个文件选项卡包括不同数量和功能的面板，面板几乎包括了 AutoCAD 的所有功能。文件选项卡的功能区为当前工作空间的相关操作，提供了一个单一简洁的放置区域，使程序窗口变得简洁有序，方便操作。单击文件选项卡的功能区最右侧控制钮，可在“显示完整功能区”“最小化为面板标题”“最小化为选项卡”之间进行切换。右击文件选项卡的功能区，弹出选项卡快捷菜单，设置需要选择的文件选项卡。右击面板功能区，可从弹出的快捷菜单中选择其子菜单，控制功能区文件选项卡和面板的显示方式。

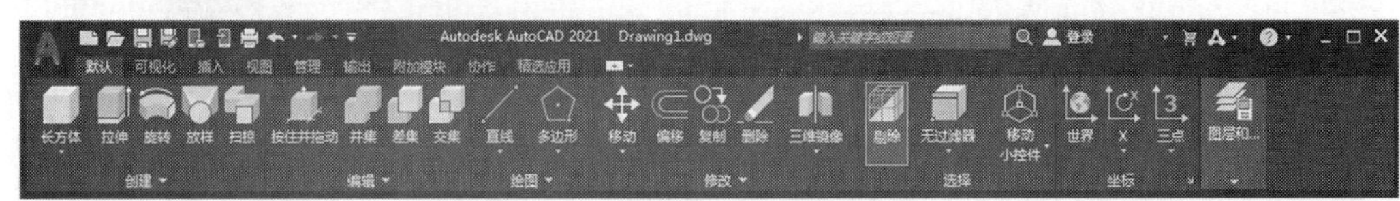

图 1-2　文件选项卡及面板功能区

(四) 绘图窗口

绘图窗口是整个程序窗口中最大的区域，是进行绘图的工作区，绘图窗口就像是手工画图时的图纸，用户可以在绘图区内绘制图形。

用户可以选“模型”和“布局”两种类型的视口选项卡。“模型”选项卡属于模型空间，用于图形的绘制和编辑；“布局”选项卡用于工程图形的出图设置。

(五) 命令窗口

命令窗口位于绘图区域下方，由命令行和历史窗口组成，记录已经执行的命令，显示正在执行的命令，并提示下一步的操作内容。拖动上边框可显示执行过的命令，可通过命令提示行输入命令快捷键执行命令。按功能键 F2 可弹出文字窗口，查看更多历史操作记录。

(六) 状态栏

状态栏位于命令行下方，是界面最下方的一个条状区域，如图 1-3 所示。

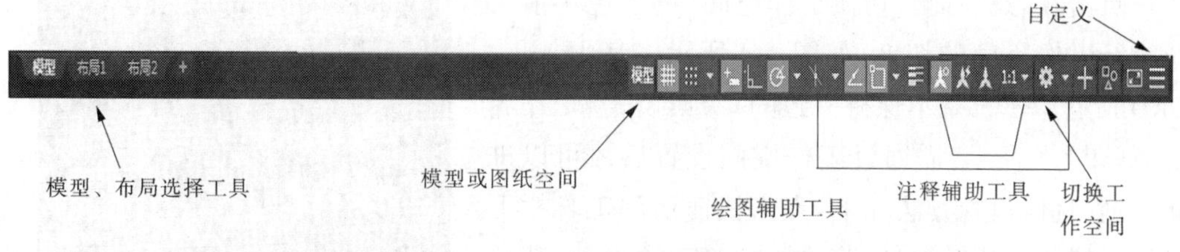

图 1-3　状态栏

状态栏中包括"模型、布局选择工具"以及常用的"捕捉""栅格""正交""极轴""对象捕捉""对象追踪""DYN""线宽"等绘图辅助功能按钮，其功能分别如下：

◆ 捕捉模式：打开捕捉模式时光标只能在 X 轴、Y 轴或极轴方向移动固定的距离，即精确移动。可以通过"草图设置"对话框的"捕捉和栅格"选项卡设置 X 轴、Y 轴或极轴捕捉间距。

◆ 栅格显示：单击该按钮，打开栅格显示，此时屏幕上将布满小点，显示绘图区域。其中，栅格的 X 轴和 Y 轴间距可通过"草图设置"对话框的"捕捉和栅格"选项卡进行设置。

◆ 正交模式：打开正交模式时只能绘制垂直直线或水平直线。

◆ 极轴追踪：在绘制图形时打开极轴追踪，系统将根据设置显示一条追踪线，可在该追踪线上根据提示精确移动光标，从而进行精确绘图。默认情况下，系统预设 4 个极轴，与 X 轴的夹角分别为 0°、90°、180°、270°（角度增量为 90°），可以使用"草图设置"对话框的"极轴追踪"选项卡设置角度增量。

◆ 对象捕捉：在绘图时可以利用对象捕捉功能，自动捕捉几何对象中决定其形状和方位的关键点，如中点、端点、交点、圆心、象限点等。

◆ 对象追踪：打开对象追踪，通过捕捉对象上的关键点，并沿正交方向或极轴方向拖动光标，此时可以显示光标当前位置与捕捉点之间的相对关系。待找到符合要求的点，直接点击即可。

◆ 动态输入（DYN）：单击该按钮，将在绘制图形时自动显示动态输入文本框，方便用户在绘图时设置精确数值。

◆ 显示/隐藏线宽：在绘图时如果为图层和所绘图形设置了不同的线宽，打开该开关，可以在屏幕上显示线宽，以标识各种具有不同线宽的对象。

模型：单击该按钮，可以在模型空间或图纸空间之间切换。

此外，在状态栏中，单击"全屏显示"图标，可以清除 AutoCAD 窗口中的工具栏和选项板等界面元素，使 AutoCAD 的绘图窗口全屏显示；单击"注释比例"按钮，可以更改已注解对象的注释比例；单击"注释可见性"按钮，可以用来设置仅显示当前比例的可注解对象或显示所有比例的可注解对象。

点击状态栏右侧“切换工作空间”的黑色小箭头可进行工作空间的切换,如图 1-4 所示。其中 AutoCAD 所有版本都基本保持一致的“经典模式”工作界面,如图 1-5 所示,需通过工作空间设置后才可以进行转换,具体设置方法如下:点击快速访问工具栏下拉箭头按钮→选择“显示菜单栏”→选择“工具”菜单中的“选项板”→点击“功能区”将功能区隐藏→按照工具栏调用方式将经典模式中常用的工具栏打开→点击切换工作空间下拉箭头按钮→将当前工作空间另存为“经典模式”。

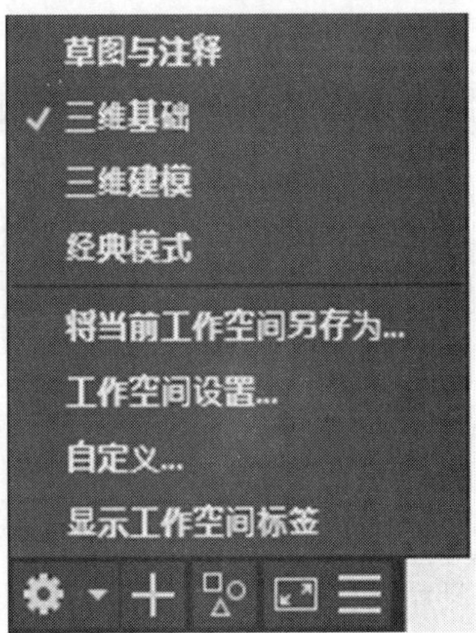

图 1-4　工作空间切换

(七)菜单栏

由“文件”“编辑”“视图”等菜单组成,几乎包括了 AutoCAD 2021 中所有功能和命令。

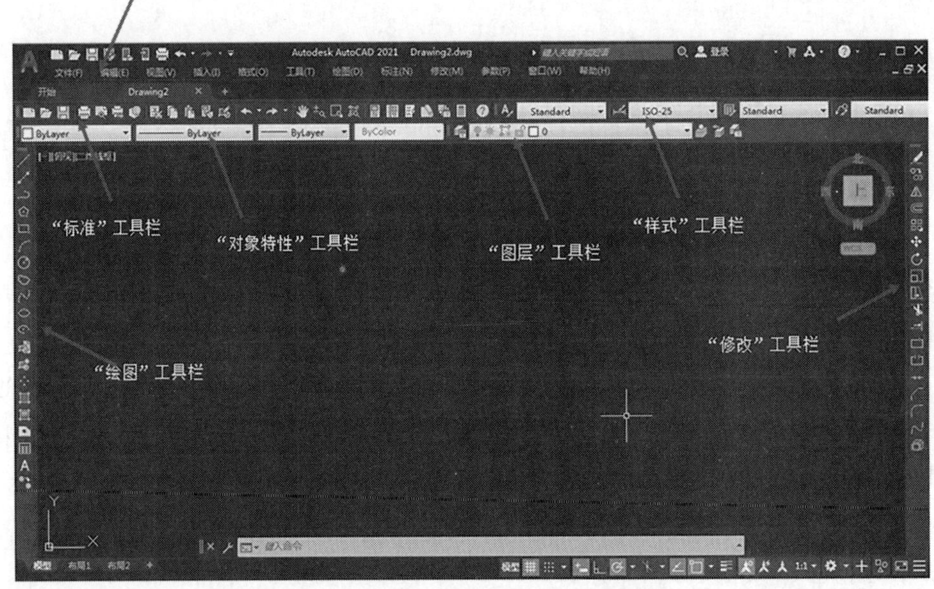

图 1-5　AutoCAD 2021 经典工作界面

(八)工具栏

工具栏由带有直观图标的命令按钮组成,将菜单栏中常用的工具放置在桌面上,方便使用。AutoCAD 常用工具栏有“标准”、“对象特性”、“样式”和“图层”。作图时也常把“绘图”、“修改”和“标注”等工具栏调用打开。

- ◆ 标准:包括“文件”“编辑”等下拉菜单中的常用命令,如“打开”“保存”“缩放”等。
- ◆ 样式:显示并快捷设置文字、尺寸、表格样式。
- ◆ 图层:显示当前图层名称及状态,显示图层列表并切换图层。

◆ 对象特性：显示并设置图形对象的图层、颜色、线型和线宽等属性。

◆ 绘图：由各种绘图工具命令组成，包含了“绘图”下拉菜单中常用的绘图命令。

◆ 修改：由各种修改工具命令组成，包含了“修改”下拉菜单中常用的二维编辑命令。

进行图形编辑时，可调用如“标注”“视图”等常用工具放到桌面上，方便作图。工具条调用方式如下：

◆ 在工具栏右上方反灰区域单击鼠标右键，如图 1-6 所示。

◆ 弹出快捷菜单，选择需要打开的工具栏，勾选内容为已经打开的工具栏。

◆ 通过拖动的方式，将工具条放置在窗口边缘。

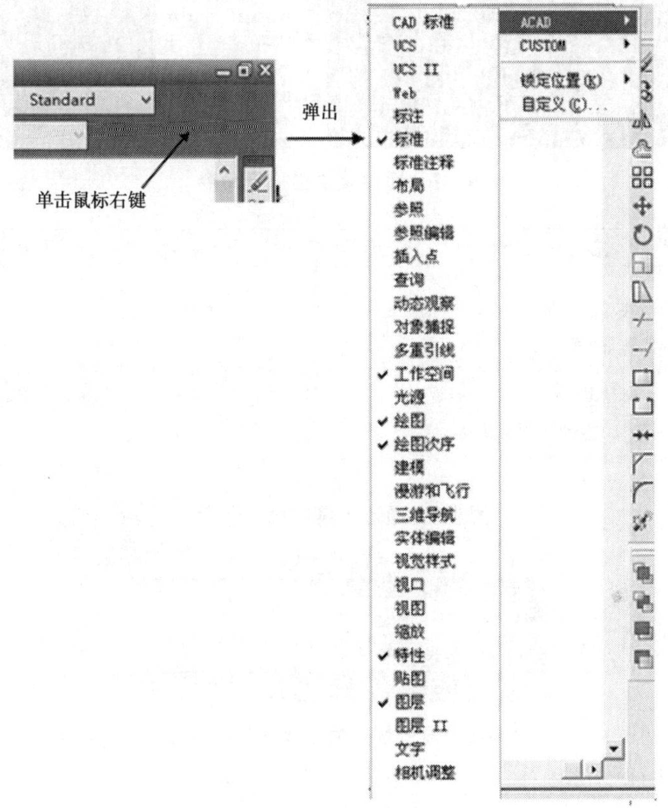

图 1-6　工具栏调用

三、命令的操作方法

(一)命令执行方法

(1)菜单栏上选取(见图 1-7)；

(2)工具栏上点选(见图 1-8)；

(3)快捷键输入(见图 1-9)。

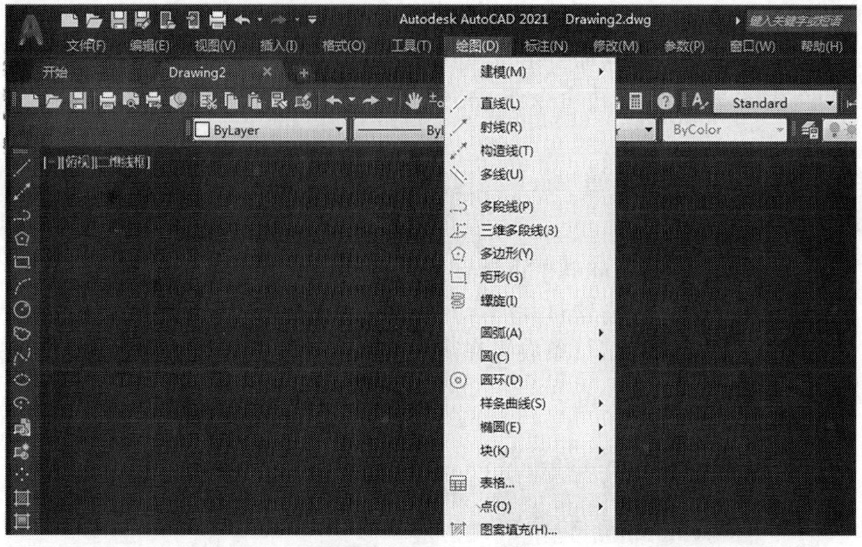

图 1-7　通过菜单栏执行命令

图 1-8　通过工具栏执行命令

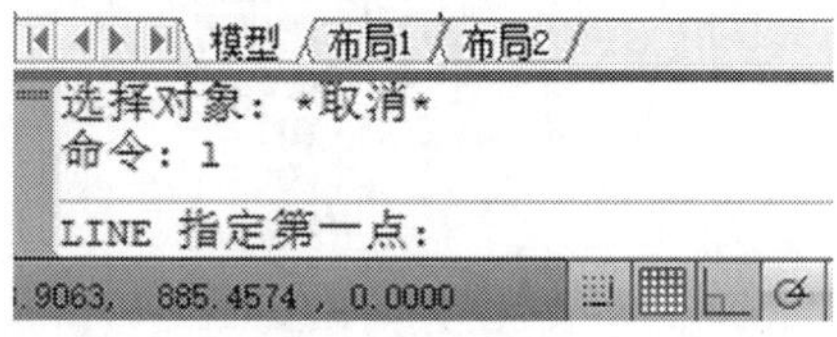

图 1-9　通过快捷命令输入执行命令

【例 1-1】　直线命令操作。

启用绘制“直线”的命令有以下三种方式：

◆ 选择“绘图”→“直线”菜单命令；

◆ 单击标准工具栏中的“直线”按钮 ╱ ；

◆ 输入命令：line。

(1)启用绘制“直线”命令，用鼠标在绘图区域内单击一点作为线段的起点，移动鼠标，在用户想要的位置再单击，作为线段的另一点，这样连续可以画出用户所需的直线。

使用直线命令随意绘制三角形，如图 1-10 所示。

操作方法如下：

命令：line ↙指定第一点：(单击 ╱ 命令，并在窗口内任意指定第 1 点单击)

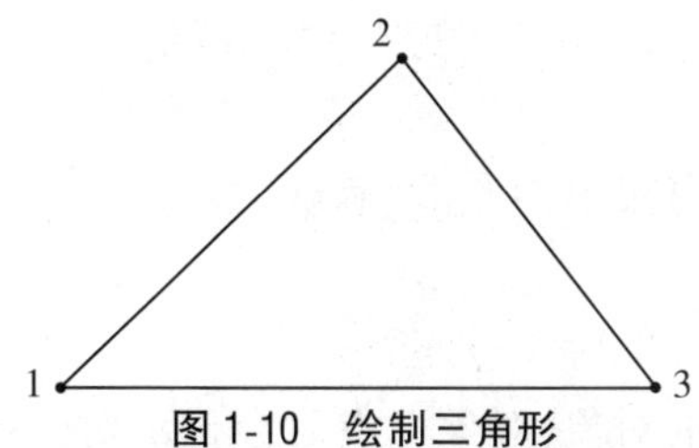

图 1-10　绘制三角形

指定下一点或[闭合(C)/放弃(U)]:(任意指定,确定第 2 点)

指定下一点或[闭合(C)/放弃(U)]:(任意指定,确定第 3 点)

指定下一点或[闭合(C)/放弃(U)]:C↙(输入“C”,按 Enter 键闭合二维线段)

(2)使用绝对坐标确定点的位置来绘制直线。绝对坐标是相对于坐标系原点的坐标,在缺省情况下绘图窗口中的坐标系为世界坐标系 WCS。其输入格式如下:

绝对直角坐标的输入形式是:x,y(x,y 分别是输入点相对于原点的 X 坐标和 Y 坐标)

利用绝对坐标值绘制线段 ABCD 四边形如图 1-11 所示。

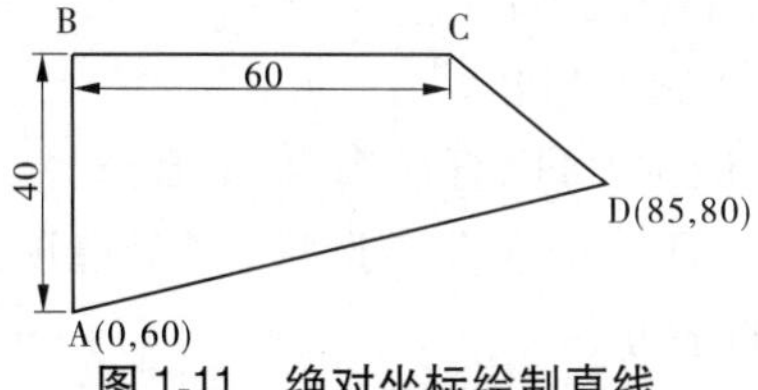

图 1-11　绝对坐标绘制直线

命令:line↙

指定第一点:0,60↙(单击 命令,输入 A 点坐标)

指定下一点或[放弃(U)]:40↙(点击状态栏“正交”显示,光标向上输入 40,按 Enter 键,画完 AB)

指定下一点或[放弃(U)]:60↙(光标向右输入 60,按 Enter 键,画完 BC)

指定下一点或[放弃(U)]:85,80↙(输入 D 点坐标,画完 CD)

【例 1-2】　删除命令操作。

删除命令是将绘图过程中画错的部分删去,是经常使用的命令。

(1)执行途径。

◆ “修改”工具栏:“删除”按钮 ;

◆ 菜单:“修改”→“删除”;

◆ 命令行输入:“erase”↙(按 Enter 键)。

◆ 选择对象后按 Delete 键删除。

(2)执行命令,命令行提示信息如下:

选择对象:(选择需要删除的对象)

选择对象:(按 Enter 键)

(二)命令结束方法

◆ 按 Enter 键结束命令;

◆ 按 Space 键结束命令;

◆ 按 Esc 键结束命令;

◆ 单击鼠标右键,在屏幕菜单中点击“确认”执行。

(三)对象选取

1. 点选

用鼠标分别点选要编辑的对象,对象选中后会显示对象控制点。蓝色显亮部分为控制点,可以控制对象的大小和位置。

2. 框选

拖动鼠标,拉出选择区域,框住要编辑的对象。

(四)命令的交互响应

AutoCAD 为人机交互软件,操作者给出命令后,系统提示输入数据或选择选项,操作者需根据提示做出正确的响应,命令才能正常完成。因此,要求操作者能读懂命令提示信息。提示信息可以在命令行读取,也可以通过动态输入响应。

AutoCAD 命令提示的统一格式为:

当前操作或[选项(字母)]<当前值>

“当前操作”是默认的响应项,可以直接响应,不必选择。

“选项”显示在方括号内,有单个或多个选项,多个选项用斜线分隔。选择选项功能时,需键入选项后小括号内的字母。

“当前值”是默认值,如需输入的值与当前值相同,不必重复输入,直接回车。

任务二　图形文件的基本操作

一、新建文件

在快速访问工具栏内单击“新建”按钮,或打开“文件”下拉菜单,点击弹出的“新建”命令,如图 1-12 所示。

(a) 快速访问工具栏新建

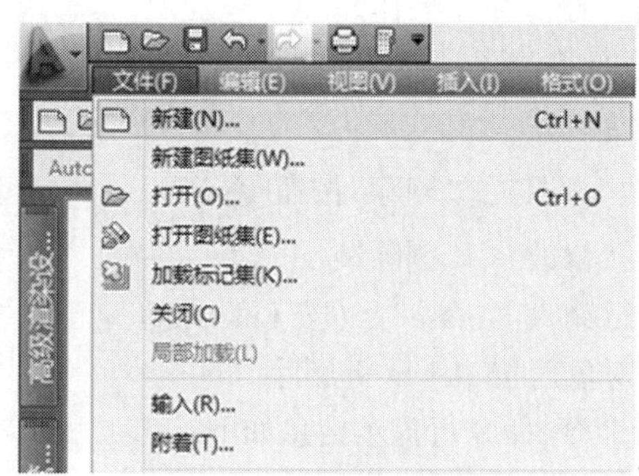

(b) 菜单栏新建

图 1-12　新建文件

弹出“选择样板”对话框,如图 1-13 所示。在样板列表框中选择样板文件,可在右侧

的“预览”框中显示该样板图的预览图像。点击“打开”按钮,可将选中的样板文件作为样板来创建新图形。样板文件的扩展名为 dwt,是绘制新图的初始环境。推荐使用 acadiso. dwt 开始绘制新图,或者选择自己定制的样板文件作图。

图 1-13　“选择样板”对话框

二、保存文件

在绘图过程中要养成经常保存文件的好习惯,避免数据丢失。保存文件可以通过快捷访问工具栏或“标准”工具栏中的“保存”按钮 ,也可通过“文件”下拉菜单中的“保存”命令以当前使用的文件名及路径保存图形。在文件编辑过程中,可使用“Ctrl+S”组合键保存文件。

在第一次保存创建的图形时,会弹出“图形另存为”对话框,在对话框中指定保存文件夹、输入文件名、选择文件保存的类型,单击“保存”按钮,确定文件名称和盘符路径。文件保存时可选择较低版本的文件类型(见图 1-14),以免出现用低版本的软件无法打开和编辑文件的情况。

三、打印文件

(一)模型空间与图纸空间

1. 模型空间

模型空间是进行设计、绘图的工作空间,其上所创建的二维图形、三维图形对象均称为“模型”。模型空间是一个三维环境,可以按照物体的实际尺寸绘制,并进行标注和文字说明。编辑图形时可创建多个平铺视口,显示图形的不同视图,以便发现问题。“模型”选项卡上创建的视口充满整个绘图区域且互不重叠,在一个视口做出的修改,也会使其他视口立即更新(见图 1-15)。

2. 图纸空间

图纸空间又称布局空间,单击“布局”选项卡进入图纸空间。图纸空间是一个二维环境,“图纸”与真实图纸相对应,用来设置、管理视图,完成绘图输出的最终布局及打印。

图 1-14 “图形另存为”对话框

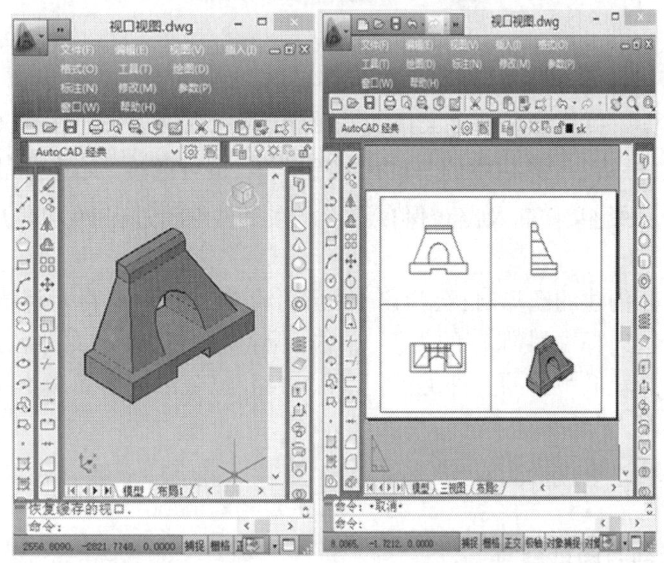

(a) 模型空间显示　　(b) 多视口显示布局空间

图 1-15 模型和布局空间

作图时可在模型空间将图形创建好后进入图纸空间，规划视图的位置与大小，对视图进行标注和文字说明。

3. 布局

“布局”对应图纸空间，一个布局就是一张图纸。布局上可以创建和定位视口，对图形进行尺寸标注和文字说明，对要打印的图形进行“排版”。一个图形文件只有一个模型空间，但布局可有多个，并可修改布局标签名称，方便查找和记忆。

(二)图形文件打印输出

在“文件”下拉菜单中选择“打印”命令,或点击工具栏上的“打印”按钮 ,弹出“打印”对话框,如图 1-16 所示,进行打印设置。在“打印机/绘图仪”中选择打印机后设置图纸尺寸;在 “图形方向”中设置纵向或横向打印;在“打印区域”中设置“打印范围”,选择“窗口”,在模型空间框选打印图形的范围;勾选“打印比例”中的“布满图纸”和“打印偏移”中的“居中打印”;预览打印效果,检查是否正确,无误后按“确定”按钮打印。在弹出的“浏览打印文件”对话框中,设定好保存文件名后,可以 dwfx 格式保存图纸文件,如图 1-17 所示。dwfx 文件同老版本的 dwf 文件一样,是国际上通用的图形文件版本,可在所有装有 Autodesk DWF View 浏览器的计算机中打开、查看和输出。与 AutoCAD 默认的 dwg 格式的区别在于该图形文件只能阅读,不能修改。

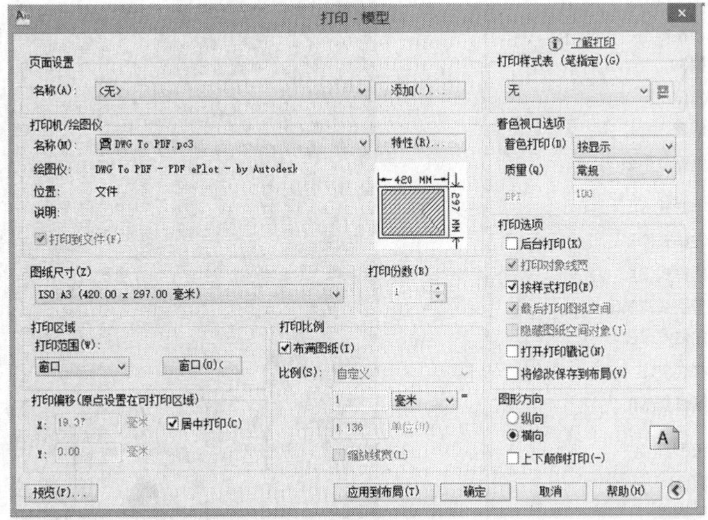

图 1-16　打印设置

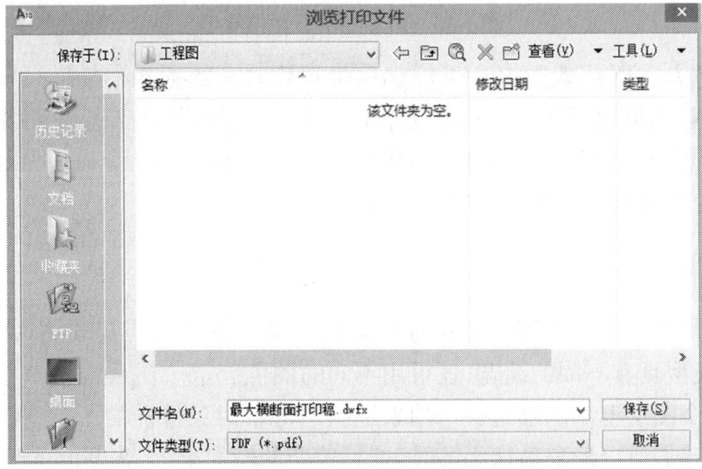

图 1-17　打印文件保存

任务三　设置绘图环境

一、图形界限

图形界限就是绘图区域,也称为图限。在“格式”下拉菜单中选择“图形界限”命令,根据提示指定左下角点和右上角点,限定图形界限。设置好的图形界限可以通过打开栅格进行显示,如图 1-18 所示。

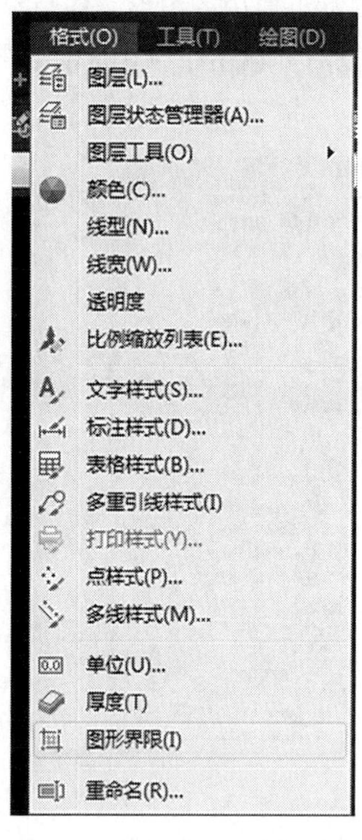

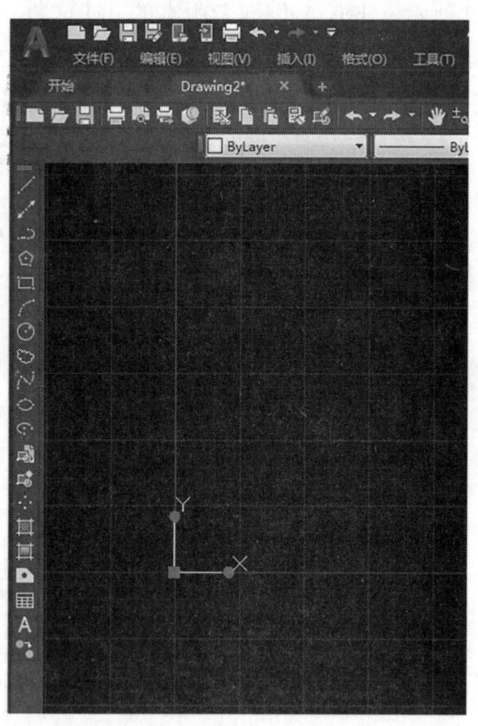

图 1-18　图形界限设置与显示

通过设置“开(ON)”或“关(OFF)”选项确定能否在图形界限外进行编辑操作,如果设置为“开(ON)”,则打开图形界限检查,即不允许在图形界限外结束对象,另外无法使用“复制”“移动”命令将图形移动到图形界限之外。但执行圆命令时,可以指定界限外的点结束圆命令,即圆可以有部分在界限之外。

二、图层管理

工程图中用不同的线型表达不同的工程形体,常用线型有粗实线、细实线、虚线、点画线等,不同的线型具有不同的线宽,还可用不同的颜色表示。在 AutoCAD 中,把相同特性的对象放在一个图层上。图层是一个用来组织图形中对象特性的工具,每个图层具有唯一的图层名。我们可以形象地认为,图层就是透明的绘图纸,一张图由多张这样的透明纸重叠而成,每一图层上都可以绘制图形,并且可以透过一个或多个图层看到它下面的其他

图层,各图层完全对齐叠合就成为一张完整的图。把不同的对象放在不同的图层上可以方便统一修改对象特性,提高作图效率。

在工具栏上打开"图层特性管理器"对话框,创建并管理图层,设置图层颜色、线型、线宽等特性。

【例 1-3】　设置颜色为青色,线宽为 0. 35 mm 的虚线图层。

(1)启动"图层特性管理器"对话框,有两种形式:

◆ 单击工具栏上的"图层特性管理器"按钮,如图 1-19 所示。

图 1-19

◆ 单击 "格式"菜单栏下的"图层"选项,如图 1-20 所示。

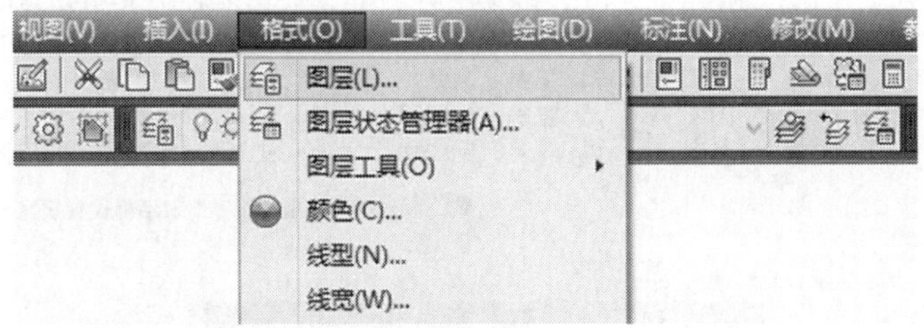

图 1-20

(2)新建图层。在"图层特性管理器"对话框中,点击新建图层按钮,创建新的图层,如图 1-21 所示。

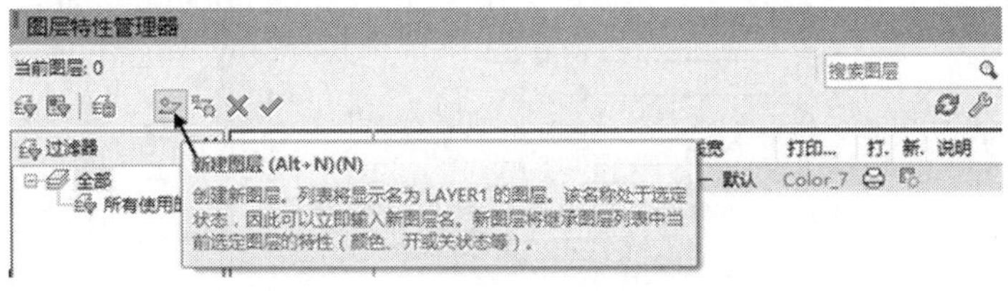

图 1-21

(3)修改图层。激活"图层 1"名称,输入 "虚线",如图 1-22 所示。

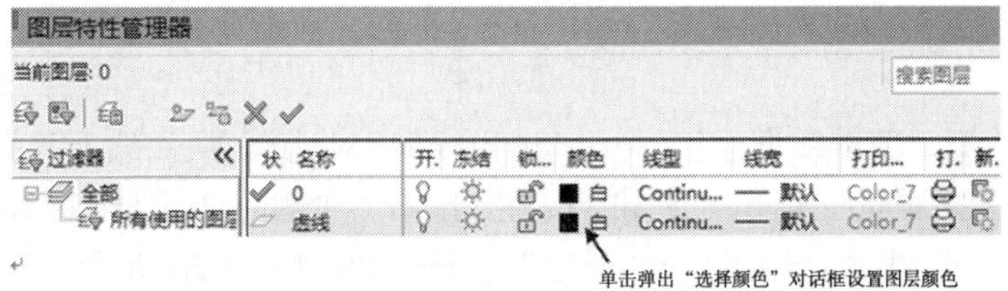

图 1-22

(4)设置颜色。单击颜色选项标签,弹出“选择颜色”对话框。有三种选色方式,在“索引颜色”选项卡里选择颜色,青色的索引色号为 4,还可以通过鼠标点选颜色,也可以在“颜色”中直接输入数字 4 或“青”字选色,如图 1-23 所示。

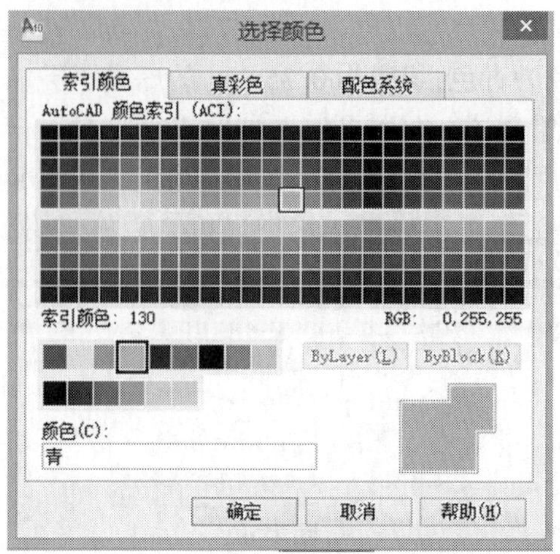

图 1-23

(5)设置线宽。单击线宽标签,弹出“线宽”对话框,选择线宽 0. 30 mm,如图 1-24 所示。

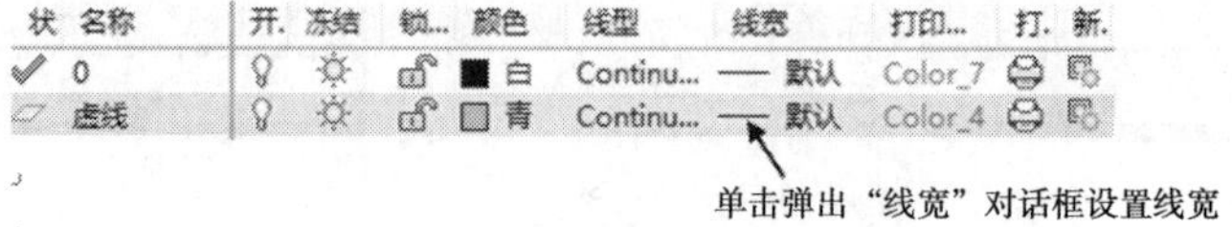

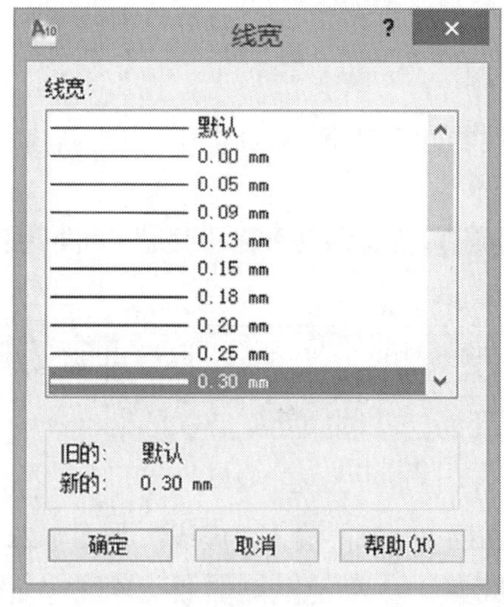

图 1-24

(6)设置线型。单击线型标签,弹出“选择线型”对话框,默认选项只有连续性线型,其他线型均需要加载。点击“加载”按钮,弹出“加载”对话框,选择虚线 ACAD_ISO02W100(第一条线),选中后单击“确定”,如图 1-25 和图 1-26 所示。

状	名称	开.	冻结	锁...	颜色	线型
✔	0				■ 白	Continu...
	虚线				□ 青	Continu...

点击弹出“选择线型”对话框，加载需要的线型

图 1-25

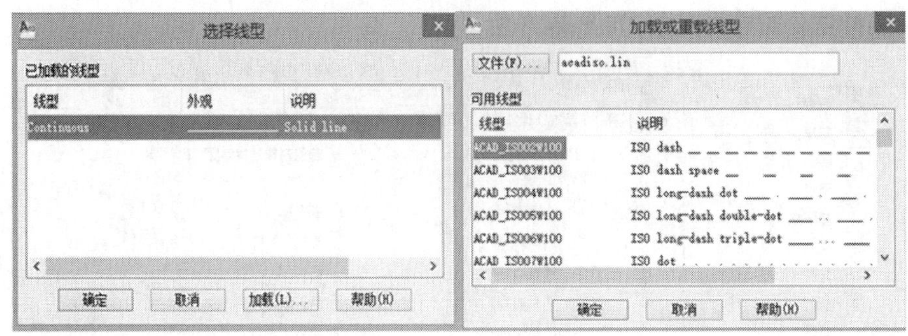

图 1-26

设置后效果如图 1-27 所示。

状态	名称	开	冻结	锁定	颜色	线型	线宽	打印...	打.	新.	说明
✔	0				■ 白	Continuous	—— 默认	Color_7			
	虚线				□ 青	ACAD_ISO02W100	—— 0.30 毫米	Color_4			

图 1-27

三、状态栏及显示控制

(一) 精确绘图工具

状态栏中提供的辅助绘图工具，能帮助设计者进行精确绘图，这些功能也可以通过文字形式显示出来。

1. 捕捉与栅格

“捕捉”与“栅格”通常一起使用。“栅格”是绘图区域内的点阵图案，开启后显示对象的大小及间距。开启“捕捉”后，光标在栅格点间“跳跃”式移动，准确捕捉栅格点，但无法捕捉到栅格点之间的对象。

2. 正交与极轴

“正交”与“极轴”不能同时开启，打开一个的同时，另一个自动关闭。“正交”功能开启后，光标只能在水平方向或垂直方向移动；“极轴”功能开启后，光标可沿设定的角度方向移动，并以虚线显示一条追踪路径。将极轴增量角度设置为 90°时，可替代正交功能作图。

极轴角度的设置可通过右键单击“极轴”按钮，在弹出的菜单中直接选择增量角度，也可在弹出的菜单中选择“设置”，弹出“草图设置”对话框，在“极轴追踪”选项卡的“增量角”下拉菜单中选择或输入需要的角度值。

3. 对象捕捉与对象追踪

开启“对象捕捉”功能后，光标能自动识别和捕捉中点、端点等特征点，当光标捕捉到这些点附近时，会自动显示其特征点。AutoCAD 共提供了 13 个对象捕捉模式，可根据绘图需要，开启捕捉点。捕捉点的设置可通过右键单击“对象捕捉”按钮，在弹出的菜单中进行选择，也可在弹出的菜单中单击“设置”，弹出“草图设置”对话框，在“对象捕捉”选项卡中，选择需要的捕捉对象，如图 1-28 所示。

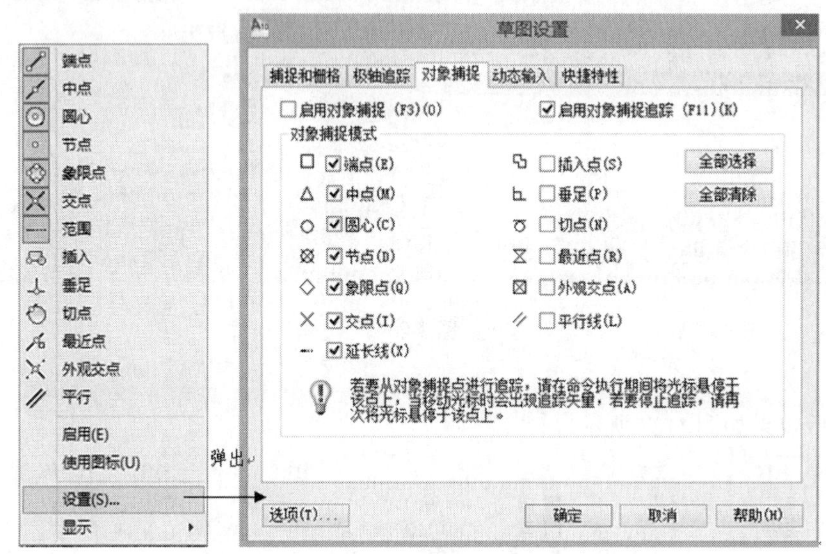

图 1-28　对象捕捉和追踪设置

如编辑对象时只是设置临时需要捕捉的对象，则可通过 Shift 加鼠标右键调出“对象捕捉”快捷菜单，选择需要捕捉的对象按钮。

“对象追踪”与“对象捕捉”通常一起使用，其追踪点的设置也同“对象捕捉”一致。开启“对象追踪”功能，当鼠标捕捉到特征点后，移动鼠标位置会以虚线显示一条追踪路径。

(二)显示控制

1. 视图的平移

当需要观察或修改图形的不同部位时，需要对视图进行平移，可在工具栏上单击“平移”按钮，此时光标变成“手”型，拖动鼠标进行平移。按住鼠标滚轮进行拖动，可快捷进行平移，如图 1-29 所示。

2. 视图的缩放

对图形进行编辑和查看时，有时需要局部显示某一部分或查看全图，这时需要对视图进行调整。放大或缩小视图，并不改变视图的实际大小，只改变其显示比例。

调整视图大小可以从菜单栏上“视图”下拉菜单或“标准”工具栏上的命令按钮执行，经常使用的是“全部”、“范围”、“窗口”和“实时”命令。“全部”和“范围”均能显示整个图形，“全部”将屏幕缩放到图形界限，显示图形界限及包含全图的最大区域；“范围”满屏显示图形，不受图形界限限制，也可通过双击鼠标滚轮的方式得到显示全图的效果。“窗

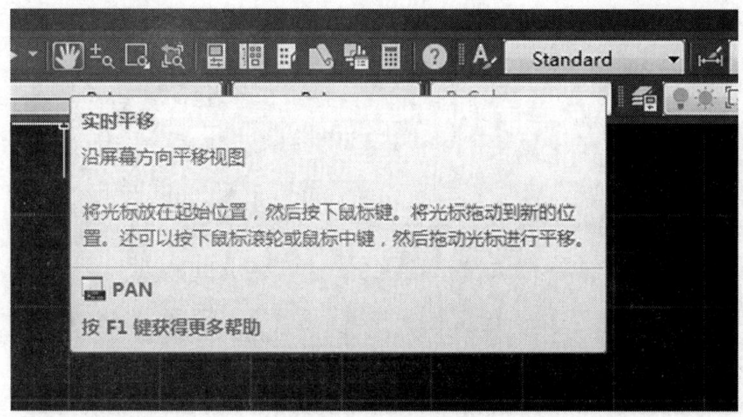

图 1-29　视图平移

口"是由鼠标确定的两个角点围成的矩形显示窗口的范围;"实时"命令可通过拖动光标移动实现放大、缩小视图的目的,也可以通过向前或向后推动鼠标滚轮的方式放大、缩小视图,如图 1-30 所示。

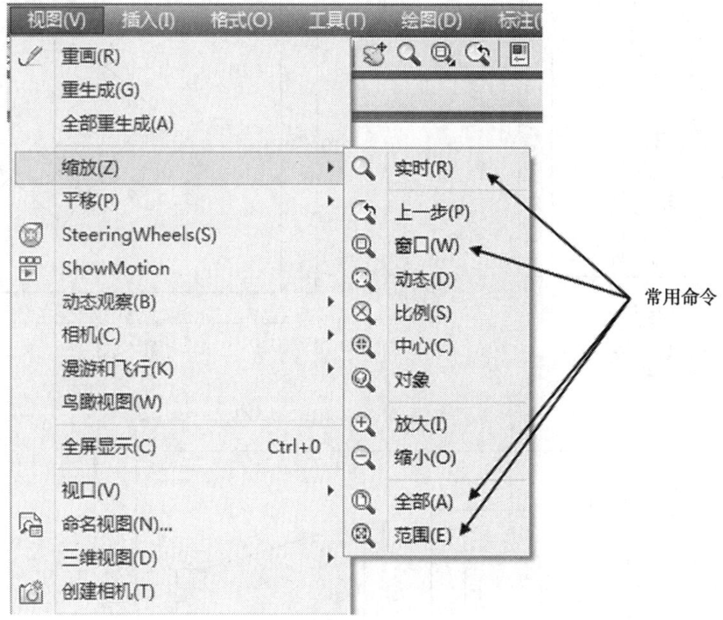

图 1-30　视图缩放

上机操作练习题

1. 练习:创建如图 1-31 所示图层。

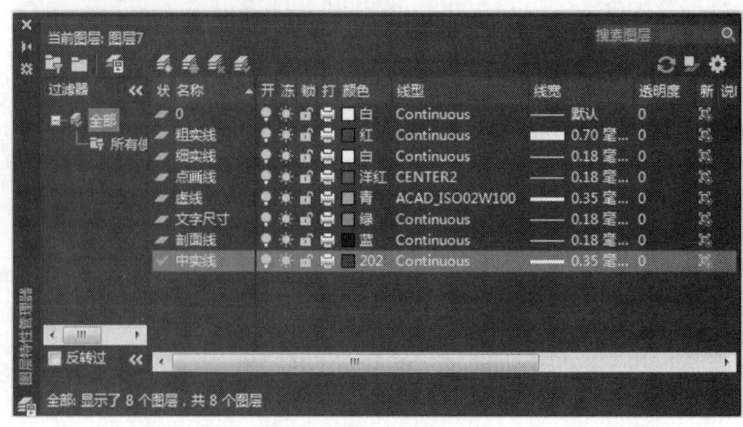

图 1-31

2. 按尺寸绘制图 1-32、图 1-33 和图 1-34 所示平面图，不标注尺寸，完成后命名并保存文件。

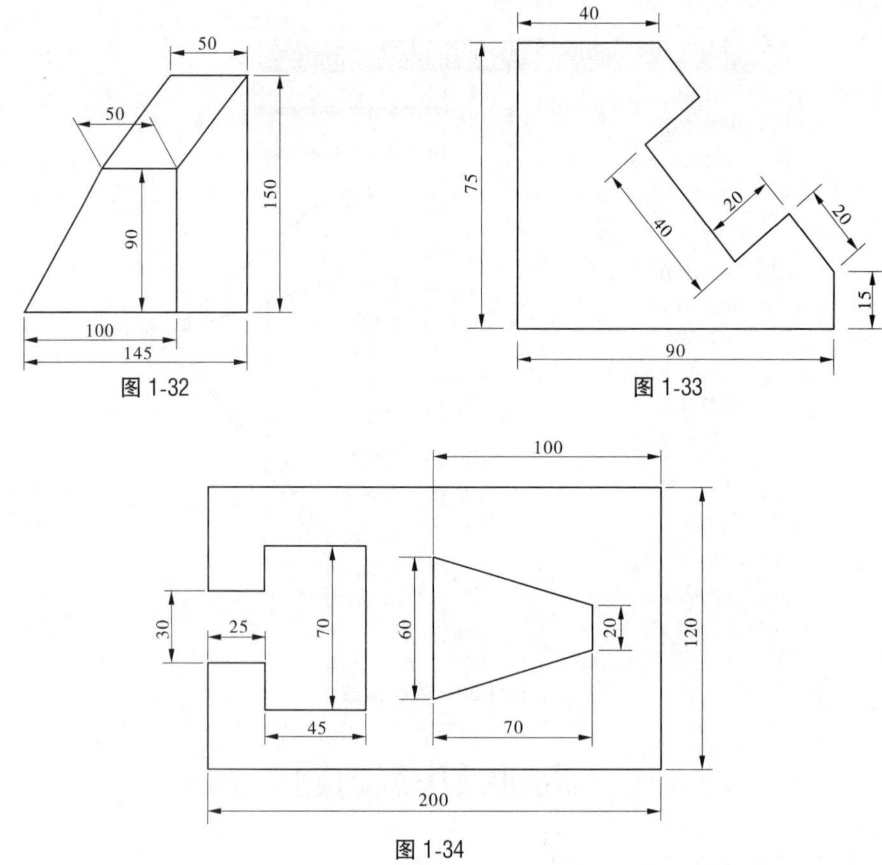

图 1-32

图 1-33

图 1-34

项目二　基本绘图命令

【学习目的】

掌握基本绘图命令的使用和各种技巧，熟悉基本命令，能够绘制各种简单的工程图，让学生养成良好的绘图习惯，提高绘图的效率。

【学习要点】

应用绘图菜单、工具栏按钮、命令等方式，绘制直线、圆、圆弧、矩形、正多边形、样条曲线、等分点等，线型对象、几何对象的绘制方法，多线及云线的修订方法。

绘制平面图形是建筑设计中最常见的工作，通常二维平面图形的形状都很简单，创建起来也很容易，但却是整个 AutoCAD 2021 的绘图基础。因此，只有熟练地掌握二维平面图形的绘制方法和技巧，才能够更好地绘制出复杂的图形。本项目主要详细讲解 AutoCAD 2021 的常用绘图命令。

执行 AutoCAD 2021 绘图命令常用的办法是从“绘图”下拉菜单中选择或单击“绘图”工具栏中相应图标，见图 2-1。

图 2-1　“绘图”工具栏

任务一　绘制射线、构造线、多段线和点

一、绘制射线

射线是以某点为起点，且在单方向上无限延伸的直线。

(一)执行途径

◆ 从“绘图”下拉菜单中选取“射线”命令；

◆ 命令行输入：“ray”↙(回车)。

(二)命令操作

执行命令后，命令行提示信息如下：

指定起点：(单击鼠标或从键盘输入起点的坐标，以指定起点)

指定通过点：(移动鼠标在合适位置单击，或输入点的坐标，即可指定通过点，画出一条射线)

连续移动鼠标并单击，即可通过该起点画出数条射线。

回车或按鼠标右键结束射线的操作。

二、绘制构造线

构造线是在两个方向上无限延长的直线，它可以按照指定的方式和距离画出。在实际工作中，常用于绘制三视图的辅助线或建筑工程图样的框架线。

(一)执行途径

- ◆ 在"绘图"工具栏或面板上单击"构造线"；
- ◆ 从"绘图"下拉菜单中选取"构造线"命令；
- ◆ 命令行输入："xline"↙(回车)。

(二)命令操作

执行命令后，命令行提示信息如下：

指定点或[水平(H)/垂直(V)/角度(A)/二等分(B)/偏移(O)]：

(1)缺省选项：

该选项可画一条或一组穿过起点和各通过点的无限长直线。执行过程：

指定点或[水平(H)/垂直(V)/角度(A)/二等分(B)/偏移(O)]：(给起始点)

指定通过点：(给通过点，画出一条构造线)

指定通过点：(给通过点，再画一条构造线或按 Enter 键结束)

(2)水平(H)：

该选项可画一条或一组通过指定点的水平构造线。执行过程：

指定点或[水平(H)/垂直(V)/角度(A)/二等分(B)/偏移(O)]：H↙

指定通过点：(给通过点，画一条水平线)

指定通过点：(给通过点，再画一条水平线或按 Enter 键结束)

(3)垂直(V)：

该选项可画一条或一组通过指定点的垂直构造线。执行过程：

指定点或[水平(H)/垂直(V)/角度(A)/二等分(B)/偏移(O)]：V↙

指定通过点：(给通过点，画一条垂直线)

指定通过点：(给通过点，再画一条垂直线或按 Enter 键结束)

(4)角度(A)：

该选项可画一条或一组指定角度的构造线。执行过程：

指定点或[水平(H)/垂直(V)/角度(A)/二等分(B)/偏移(O)]：A↙

输入构造线的角度(O)或[参照(R)]：(输入所画线的倾斜角度)

指定通过点：(给通过点，画出一条指定角度的斜线)

指定通过点：(给通过点，再画一条指定角度的斜线或按 Enter 键结束)

当命令行提示"输入构造线的角度(O)或[参照(R)]"：时键入"R"，命令行提示：

选择直线对象：(选择某一直线作为参照对象)

输入构造线的角度〈O〉：(给一角度)

指定通过点：(给通过点，画出与参照线倾斜指定角度的构造线)

指定通过点：(给通过点，再画一条与参照线倾斜指定角度的构造线或按 Enter 键结束)

(5)二等分(B)：

该选项指定三点画角平分线,该直线穿过第1点并平分以第1点为顶点,由第2点和第3点组成的夹角,如图2-2所示。

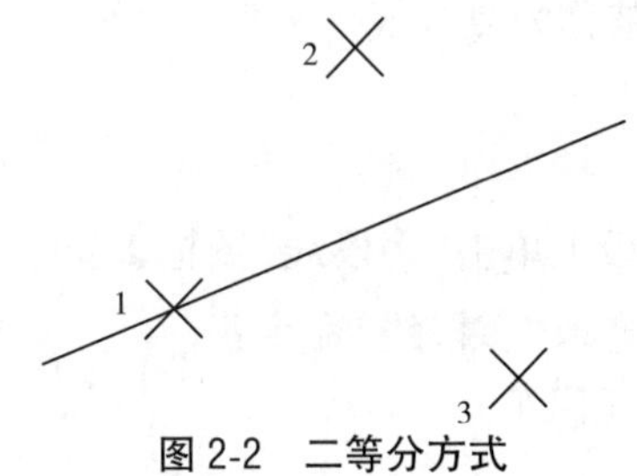

图2-2　二等分方式

执行过程：

指定点或[水平(H)/垂直(V)/角度(A)/二等分(B)/偏移(O)]:B↙

指定角的顶点:(给第1点)

指定角的起点:(给第2点)

指定角的端点:(给第3点,画一条角平分线)

指定角的端点:(按Enter键结束)

(6)偏移(O)：

该选项绘制与指定直线平行的构造线。

执行过程：

指定点或[水平(H)/垂直(V)/角度(A)/二等分(B)/偏移(O)]:O↙

此时有两种方式：

其一,通过指定点画所选直线的平行线：

指定偏移距离或[通过(T)]〈通过〉:T↙

选择直线对象:(选择一条构造线或其他直线)

指定通过点:(给通过点,画一条与所选直线平行的构造线)

指定通过点:(可同上操作再画一条线,或按Enter键结束)

其二,给定偏移距离画所选直线的平行线：

指定偏移距离或[通过(T)]〈通过〉:(给定偏移距离)

选择直线对象:(选择一条构造线或其他直线)

指定向哪侧偏移:(选择要偏移的一侧,单击鼠标左键)

说明：

(1)在AutoCAD 2021所有的命令操作中,只要遇到有选项的提示行,就可在绘图区单击鼠标右键弹出右键菜单,弹出的右键菜单中将显示与当前提示行相同的内容。可从右键菜单中选择所需的选项,而不必从键盘输入,这样可大大提高绘图的速度。

(2)在AutoCAD 2021所有的命令提示中,有多个选项时,缺省选项可以直接操作,不必选择;非缺省选项必须先选择,再进行相应操作。

以上两点是AutoCAD 2021命令的共同之处,以后不再提示。

三、绘制与编辑多段线

多段线是由宽窄相同或不同的直线段和圆弧段组成的线段。由起点到命令结束所画的线段为一个对象，因此它又被称为复合线。

（一）绘制多段线

1. 执行途径

◆ 在“绘图”工具栏或面板上单击“多段线”图标；

◆ 从“绘图”下拉菜单中选取“多段线”命令；

◆ 命令行输入：“pline”↙（回车）。

2. 命令操作

执行命令后，命令行提示信息如下：

指定起点：（给起点）

当前线宽为 0.0000（信息行）

指定下一个点或［圆弧（A）/闭合（C）/半宽（H）/长度（L）/放弃（U）/宽度（W）］：（给点或选项）

上一行称为直线方式提示行。此时有两种绘制方式：直线方式和圆弧方式。

1）直线方式提示行各选项含义

缺省选项“指定下一个点”：则该点为直线段的另一端点。命令行继续提示：

指定下一个点或［圆弧（A）/闭合（C）/半宽（H）/长度（L）/放弃（U）/宽度（W）］：

可继续给点画直线或按 Enter 键结束命令（与 Line 命令操作类同，并按当前线宽画直线）。

“C”选项：同 Line 命令的同类选项。

“W”选项：用于改变当前线宽。

输入选项“W”后，命令行提示：

指定起点线宽<0.0000>：（给起始线宽）

指定端点线宽<起点线宽>：（给端点线宽）

命令行继续提示：

指定下一个点或［圆弧（A）/闭合（C）/半宽（H）/长度（L）/放弃（U）/宽度（W）］：

如起点线宽与端点线宽相同，则画等宽线；如起点线宽与端点线宽不同，所画第一条线为不等宽线（如画箭头），后续线段将按端点线宽画等宽线。

“H”选项：该选项用来确定多段线的半宽度，操作过程同“W”。

“U”选项：可以删除多段线中刚画出的那段线。

“L”选项：用于确定多段线的长度，可输入一个数值，按指定长度延长上一条直线。

“A”选项：使 pline 命令转入画圆弧方式，并给出绘制圆弧的提示。

2）圆弧方式提示行各选项含义

［角度（A）/圆心（CE）/闭合（C）/方向（D）/半宽（H）/直线（L）/半径（R）/第二点（S）/放弃（U）/宽度（W）］：（给点或选项）

缺省选项：所给点是圆弧的端点。

“A”选项:输入所画圆弧的包含角。

“CE”选项:指定所画圆弧的圆心。

“R”选项:指定所画圆弧的半径。

“S”选项:指定按三点方式画圆弧的第二点。

“D”选项:指定所画圆弧起点的切线方向。

“L”选项:返回画直线方式,出现直线方式提示行。

“C”选项、“H”选项、“W”选项、“U”选项与直线方式中的同类选项相同。

说明:

(1)用 pline 命令画圆弧与 arc 命令画圆弧思路相同,可根据需要从提示中逐一选项,给足 3 个条件(包括起始点)即可画出一段圆弧。

(2)在执行同一次 pline 命令中所画各线段是一个对象。

【例 2-1】 用多段线命令绘制指北针。

(1)选择“圆”命令,绘制出一个半径为 12 的圆形。

(2)选择“多段线”命令,绘制出指针,命令行内容如下:

命令:pline

指定起点:(用鼠标单击确定)

当前线宽为 0.0000

指定下一个点或[圆弧(A)/闭合(C)/半宽(H)/长度(L)/放弃(U)/宽度(W)]:W↙

指定起点宽度<0,0000>:(按 Enter 键,表示设置起点宽度为 0)

指定端点宽度<0,0000>:3↙(输入端点宽度为 3)

指定下一个点或[圆弧(A)/闭合(C)/半宽(H)/长度(L)/放弃(U)/宽度(W)]:(鼠标单击进行绘制)。

效果如图 2-3 所示。

北

图 2-3　指北针

(二)编辑多段线

在 AutoCAD 2021 中,可以一次编辑一条或多条多段线。

1. 执行途径

◆ 在“修改Ⅱ”工具栏上单击“编辑多段线”按钮 ,如图 2-4 所示;

◆ 从“修改”下拉菜单中选取“对象”→“多段线”命令;

◆ 命令行输入:“pedit”↙(回车)。

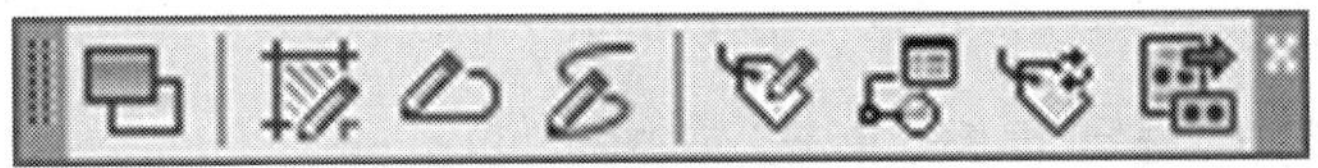

图 2-4　“修改Ⅱ”工具栏

2. 命令操作

调用编辑二维多段线命令后,用鼠标单击要编辑的多段线,将出现如图 2-5 所示的快捷菜单,选取相应的菜单命令,将得到不同的多段线编辑效果。

四、设置点样式及绘制点

在 AutoCAD 2021 中可按设定的点样式在指定位置绘制各种类型的点,包括单点、多点、等分点、等距点等。点样式决定所画点的形状和大小。执行画点命令之前,应先设定点样式。

(一)设置点样式

1. 执行途径

◆ 从"格式"下拉菜单中选取"点样式";

◆ 命令行输入:"ddptype"↙(回车)。

2. 命令操作

执行命令后,显示"点样式"对话框,如图 2-6 所示。

在 AutoCAD 2021 中,点的形状有 20 种,从中选取一种图案,单击"确定"按钮,即完成点样式的设定。

图 2-5 "编辑二维多段线"快捷菜单

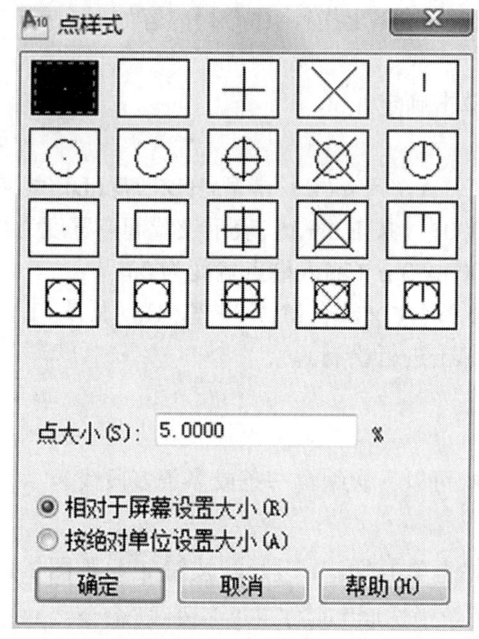

图 2-6 "点样式"对话框

(二)绘制点

1. 执行途径

◆ 在"绘图"工具栏或面板上单击"点"图标 · ;

◆ 从"绘图"下拉菜单中选取"点""多点""定数等分""定距等分"。

2. 命令操作

1)绘制单点

每次绘制一个点。

2)绘制多点

连续绘制点,只能按 Esc 键结束。

输入“point”命令后,提示行提示:

指定点:(指定点的位置,画出一个点)

指定点:(继续画点或按 Esc 键结束命令)

3)定数等分

在指定的对象上等间隔地放置点。

输入“divide”命令后,提示行提示:

选择要定数等分的对象:(选择图形对象)

输入线段数目或［块(B)］:(输入等分数目)

如图 2-7(a)所示。

4)定距等分

在指定的对象上按指定的距离放置点。

输入“measure”命令后,提示行提示:

选择要定距等分的对象:(选择图形对象)

输入线段长度或［块(B)］:(给定线段长度)

如图 2-7(b)所示。

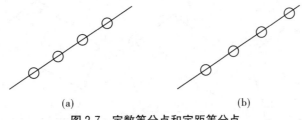

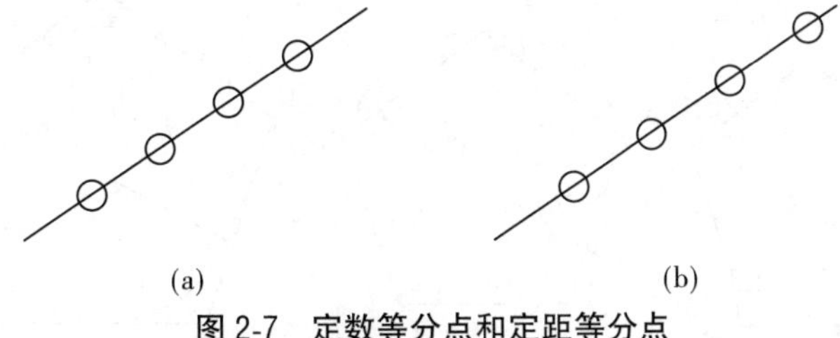

图 2-7　定数等分点和定距等分点

 任务二　绘制正多边形、矩形、样条曲线和圆

一、绘制正多边形

使用正多边形命令可按指定方式绘制出边数为 3~1 024 的正多边形。

(一)执行途径

- 在“绘图”工具栏或面板上单击“正多边形”图标⬠;
- 从“绘图”下拉菜单中选取“正多边形”命令;
- 命令行输入:“polygen”↙(回车)。

(二)命令操作

正多边形的绘制有三种方式,以绘制正五边形为例。

执行“polygen”命令后,命令行提示信息如下:

输入边的数目〈4〉:5↙

指定正多边形的中心点或[边(E)]:

1. 边(E)

该选项使用指定边长方式画正多边形 。

指定正多边形的中心点或[边(E)]:E↙(边长方式)

指定边的第一个端点:(给边上第 1 端点)

指定边的第二个端点:(给边上第 2 端点)

以“1”“2”为端点,距离为 18 的正五边形如图 2-8(a)所示。

2. 内接于圆方式

指定正多边形的中心点或[边(E)]:(指定多边形的中心点)

输入选项[内接于圆(I)/外切于圆(C)]:I↙(内接于圆方式)

指定圆的半径:18↙(给圆半径值)

内接于半径为 18 的圆的正五边形如图 2-8(b)所示。

3. 外切于圆方式

在给定边数和指定多边形的中心点后,提示:

输入选项[内接于圆(I)/外切于圆(C)]:C↙(外切于圆方式)

指定圆的半径:18↙(给圆半径值)

外切于半径为 18 的圆的正五边形如图 2-8(c)所示。

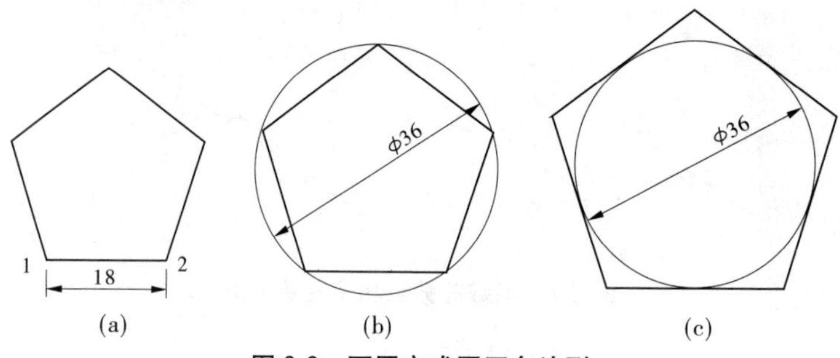

图 2-8 不同方式画正多边形

说明:

(1)用“I”和“C”方式画正多边形时圆并不画出;对于“指定圆的半径”,也可以用光标拖动,这样能够控制多边形的方向。

(2)用边长方式画正多边形时,按逆时针方向画出。

二、绘制矩形

用户可以绘制直角矩形,还可以直接绘制圆角矩形、倒角矩形、宽度矩形等,如图 2-9 所示。

(一)执行途径

◆ 在“绘图”工具栏或面板上单击“矩形”图标▭;

◆ 从“绘图”下拉菜单中选取“矩形”命令;

◆ 命令行输入:“rectangle”↙(回车)。

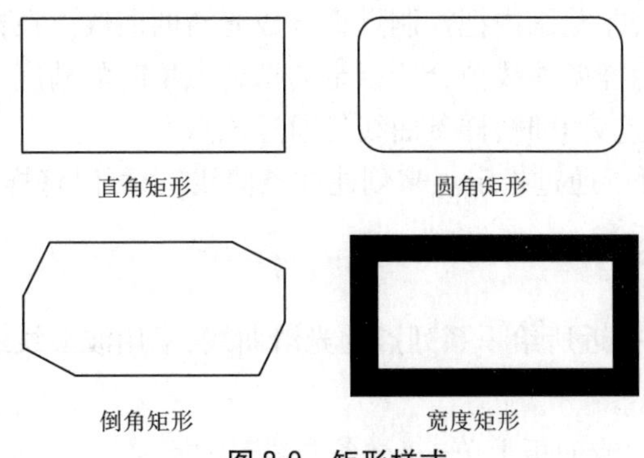

图 2-9 矩形样式

(二)命令操作

执行命令后,命令行提示信息如下:

指定第一角点或[倒角(C)/标高(E)/圆角(F)/厚度(T)/宽度(W)]:(给定第1点)

指定另一个角点或[尺寸(D)]:(给定第2点)

(1)缺省选项。该选项将按所给两对角点及当前线宽绘制一个矩形。

如果选择"D",需根据提示分别输入矩形的长和宽。

(2)倒角(C)。该选项按指定的倒角距离,画出一个四角为倒斜角的矩形。在命令提示行后选择"C"选项,则提示:

指定矩形的第一个倒角距离〈0.0000〉:(给第1倒角距离)

指定矩形的第二个倒角距离〈0.0000〉:(给第2倒角距离)

指定第一角点或[倒角(C)/标高(E)/圆角(F)/厚度(T)/宽度(W)]:(给定第1角点与第2角点)

(3)圆角(F)。该选项按指定的圆角半径,画出一个四角为相同半径的圆角的矩形。在命令提示行后选择"F",则提示:

指定矩形的圆角半径〈0.0000〉:(给圆角半径)

指定第一角点或[倒角(C)/标高(E)/圆角(F)/厚度(T)/宽度(W)]:(给定第1角点与第2角点)

(4)宽度(W)。该选项可重新指定线宽画矩形。在命令提示行后选择"W",则提示:

指定矩形的线宽〈0.0000〉:(给定一线宽数值)

指定第一角点或[倒角(C)/标高(E)/圆角(F)/厚度(T)/宽度(W)]:(给定第1角点与第2角点)

说明:该命令行中的"标高(E)"选项用于设置3D矩形离地面的高度,"厚度(T)"选项用于设置矩形的3D厚度。

三、绘制与编辑样条曲线

在建筑制图中,常用样条曲线来绘制局部剖视图的边界。样条曲线是一种通过或接近指定点的拟合曲线,适用于表达具有不规则变化曲率半径的曲线。通过指定一系列的控制点,可以在指定的公差范围内把控制点拟合成光滑的曲线。在样条曲线中,引入了公差的概念,即公差是表示样条曲线拟合所指定的拟合点集时的精度。公差越小,样条曲线与拟合点越接近。当公差为 0 时,样条曲线将通过该点。

AutoCAD 2021 中可以通过指定点来创建样条曲线,也可以将样条曲线起点和端点重合而形成封闭的图形。

(一)绘制样条曲线

样条曲线是通过或接近所给一系列点的光滑曲线,常用波浪线绘制不规则的曲线。

1. 执行途径

◆ 在“绘图”工具栏或面板上单击“样条曲线”图标 ~;

◆ 从“绘图”菜单中选取“样条曲线”命令;

◆ 命令行输入:“spline”↙(回车)。

2. 命令操作

执行命令后,命令行提示信息如下:

指定第一个点或[对象(O)]:(指定第 1 点作为样条曲线的起点)

指定下一点:(指定第 2 点)

指定下一点或[闭合(C)/拟合公差(F)] <起点切向>:(依次指定第 3 点、第 4 点和第 5 点,最后按 Enter 键结束绘制)

指定起点切向:(可用鼠标单击的方式确定起始点的切线方向,也可输入点的坐标)

指定端点切向:(同上)

绘制的样条曲线如图 2-10 所示。

(二)编辑样条曲线

1. 执行途径

◆ 从“修改”菜单中选取“对象”→“样条曲线”命令;

◆ 命令行输入:“splinedit”↙(回车)。

2. 命令操作

样条曲线编辑命令是一个单对象编辑命令,一次只能编辑一条样条曲线对象。执行该命令并选择需要编辑的样条曲线后,在曲线周围将显示控制点,出现样条曲线编辑快捷菜单,同时命令行显示如下提示信息:

输入选项[拟合数据(F)/闭合(C)/移动顶点(M)/精度(R)/反转(E)/放弃(U)]:

图 2-11 是样条曲线修改后的效果。

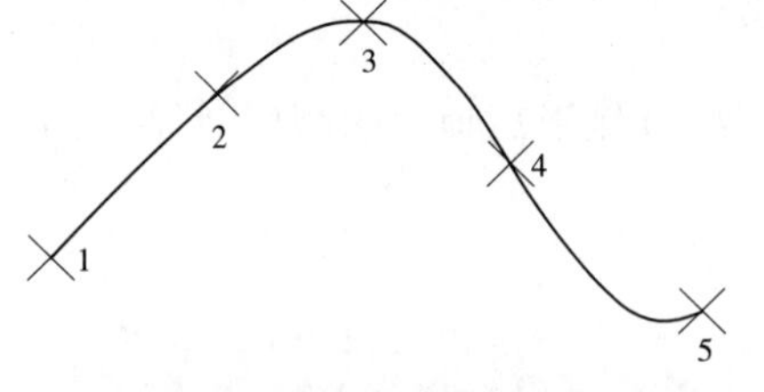

图 2-10　样条曲线的绘制

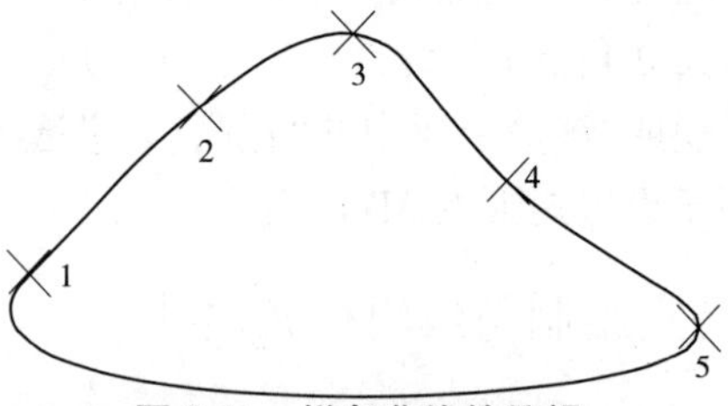

图 2-11　样条曲线的编辑

说明:也可以使用夹点对样条曲线进行修改。

四、绘制圆

（一）执行途径

◆ 在“绘图”工具栏或面板上单击“圆”图标；

◆ 从“绘图”下拉菜单中选取“圆”命令；

◆ 命令行输入：“circle”↙（回车）。

在 AutoCAD 2021 中，共有 6 种方法绘制圆，分别是：指定圆心和半径，指定圆心和直径，指定两点，指定三点，指定两个相切对象和半径，指定三个相切对象。

（二）命令操作

执行命令后，命令行提示信息如下：

指定圆的圆心或[三点（3P）/两点（2P）/相切、相切、半径（T）]：

（1）缺省选项，指定圆的圆心、半径（或直径）方式画圆。

指定圆心后，提示如下：

指定圆的半径[直径（D）]：（给出半径完成画圆）或：

指定圆的半径[直径（D）]：D↙（给出直径完成画圆）

（2）选项“3P”，给定三点方式画圆，如图 2-12（a）所示。

在命令提示行下选择“3P”，则提示：

指定圆的第一点：（给第 1 点）

指定圆的第二点：（给第 2 点）

指定圆的第三点：（给第 3 点）

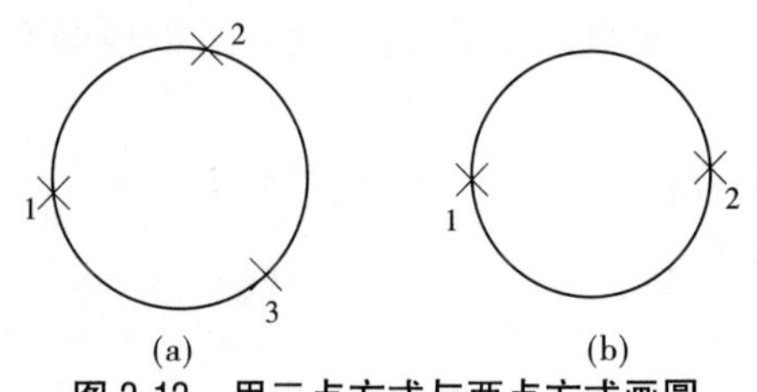

图 2-12 用三点方式与两点方式画圆

（3）选项“2P”，给定两点方式画圆（确定圆的直径），如图 2-12（b）所示。

在命令提示行下选择“2P”，则提示：

指定圆的第一点：（给第 1 点）

指定圆的第二点：（给第 2 点）

（4）选项“T”，相切、相切、半径方式画圆 ，如图 2-13（a）所示。

在命令提示行下选择“T”，则提示：

指定对象与圆的第一个切点：（选择第一个实体）

指定对象与圆的第二个切点：（选择第二个实体）

指定圆的半径：（给出半径）

另外，还有“相切、相切、相切”方式。此种方式要从“绘图”下拉菜单中选取 “圆”→“相切、相切、相切”命令。CAD 将自动画出与指定边界相切的圆，如图 2-13（b）所示。

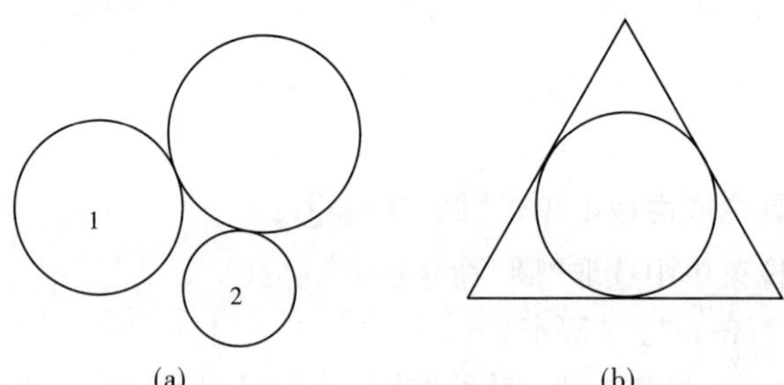

图 2-13 用“相切、相切、半径”及“相切、相切、相切”方式画圆

说明：

(1)画公切圆选择相切目标时，选目标的小方框要落在对象上并靠近切点，相切圆半径要大于两切点距离的1/2。

(2)用两点方式或三点方式画圆时的“点”可以是已知对象的“几何特征点”，这时下拉菜单中的第六种方式“相切、相切、相切”与“3P”方式等同。

(3)画相切圆时的相切对象，可以是直线、圆、圆弧、椭圆等图线，这种绘制圆的方法在圆弧连接时经常使用。

任务三 绘制圆弧、椭圆、椭圆弧、云线和多线

一、圆弧

AutoCAD 2021 提供了 11 种画圆弧的方法，用户可以根据不同情况选择不同的方式：

(1)三点(3P)；

(2)起点、圆心、端点(S)；

(3)起点、圆心、角度(T)；

(4)起点、圆心、长度(A)；

(5)起点、端点、角度(N)；

(6)起点、端点、方向(D)；

(7)起点、端点、半径(R)；

(8)圆心、起点、端点(C)；

(9)圆心、起点、角度(E)；

(10)圆心、起点、长度(L)；

(11)连续(O)。

上述选项的(8)、(9)、(10)与(2)、(3)、(4)中三个条件相同，只是操作命令时提示顺序不同。因此，AutoCAD 2021 实际提供的是 8 种画圆弧方式。

(一)执行途径

◆ 在“绘图”工具栏或面板上单击“圆弧”图标 ；

◆ 从“绘图”下拉菜单中选取“圆弧”命令，再从子菜单中选取画圆弧方式，AutoCAD

2021 将按所取方式依次提示,给足三个条件即可绘制一段圆弧;

◆ 命令行输入:"arc"↙(回车)。

(二)命令操作

执行命令后,命令行提示信息如下:

指定圆弧的起点或[圆心(CE)]:(给第 1 点)

指定圆弧的第二点或[圆心(CE)/端点(EN)]:(给第 2 点)

指定圆弧的端点:(给第 3 点,完成画圆弧)

(1)缺省选项,三点方式画圆弧,如图 2-14(a)所示。

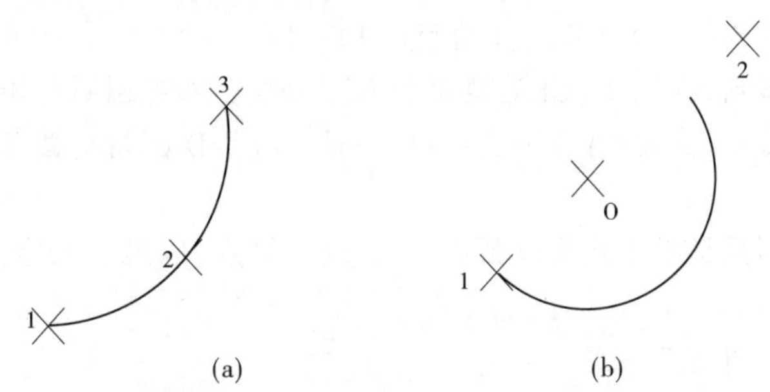

图 2-14 三点及"起点、圆心、端点"方式

(2)"起点、圆心、端点"方式。

指定圆弧的起点或[圆心(CE)]:(给起点 1)

指定圆弧的第二点或[圆心(CE)/端点(EN)]:CE↙(指定圆弧的圆心 O)

指定圆弧的端点或[角度(A)/弦长(L)]:(给终点 2)

所画圆弧以"1"为圆弧起点,"O"点为圆心,逆时针画弧,圆弧的终点落在圆心"O"及终点"2"的连线上,如图 2-14(b)所示。

(3)"起点、圆心、角度"方式。

指定圆弧的起点或[圆心(CE)]:(给起点)

指定圆弧的第二点或[圆心(CE)/端点(EN)]:CE↙指定圆弧的圆心:(给圆心)

指定圆弧的端点或[角度(A)/弦长(L)]:A↙指定包含角:(给角度)

(4)"起点、圆心、长度"方式。

指定圆弧的起点或[圆心(CE)]:(给起点 1)

指定圆弧的第二点或[圆心(CE)/端点(EN)]:CE↙指定圆弧的圆心:(给圆心 O)

指定圆弧的端点或[角度(A)/弦长(L)]:L↙指定弦长:(给弦长)

这种方式是从起点开始逆时针方向画圆弧。弦长为正值,画小于半圆的圆弧;弦长为负值,画大于半圆的圆弧,如图 2-15 所示。

(5)"起点、端点、角度"方式。

指定圆弧的起点或[圆心(CE)]:(给起点 1)

指定圆弧的第二点或[圆心(CE)/端点(EN)]:EN↙指定圆弧的端点:(给终点 2)

指定圆弧的圆心或[角度(A)/方向(D)/半径(R)]:A↙指定包含角:(给定角度)。

这种方式所画圆弧以 1 点为起点,2 点为终点,以指定角度为圆弧的包含角度。

(6)"起点、端点、方向"方式。

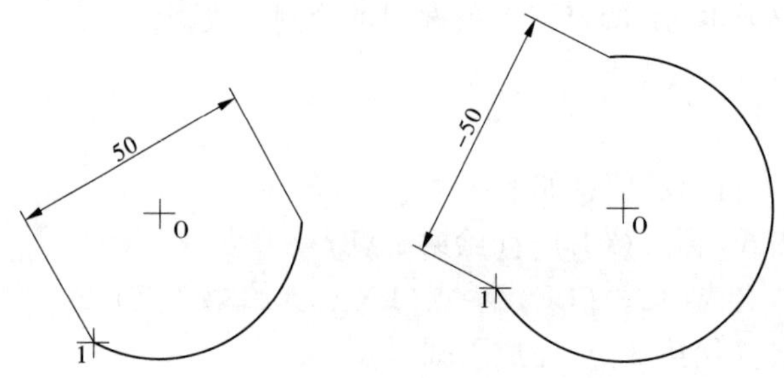

图 2-15 “起点、圆心、长度”方式

指定圆弧的起点或[圆心(CE)]:(给起点 1)

指定圆弧的第二点或[圆心(CE)/端点(EN)]:EN↙指定圆弧的端点:(给终点 2)

指定圆弧的圆心或[角度(A)/方向(D)/半径(R)]:D↙指定圆弧的起点切向:(给方向点 3)

这种方式所画圆弧是以 1 点为圆弧起点,2 点为终点,以最后给定点 3 为圆弧方向,如图 2-16(a)所示。

(7)“起点、端点、半径”方式。

指定圆弧的起点或[圆心(CE)]:(给起点 1)

指定圆弧的第二点或[圆心(CE)/端点(EN)]:EN↙指定圆弧的端点:(给终点 2)

指定圆弧的圆心或[角度(A)/方向(D)/半径(R)]:R↙指定圆弧的半径:(给半径)

这种方式所画圆弧是以 1 点为圆弧起点,2 点为终点,给定值为半径,如图 2-16(b)所示。

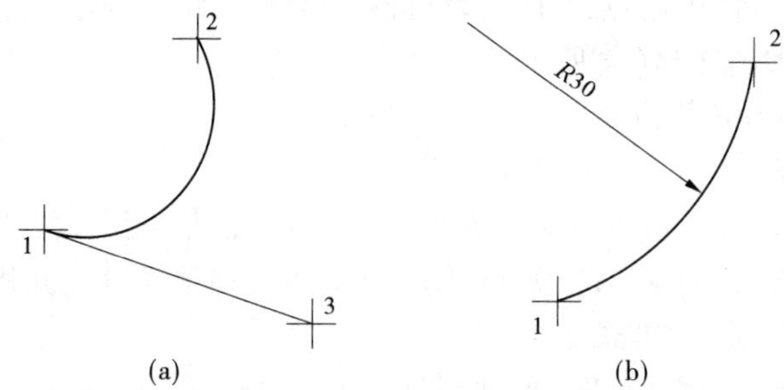

图 2-16 “起点、端点、方向”及“起点、端点、半径”方式

(8)用“连续”方式画圆弧。

这种方式用最后一次所画的圆弧或直线(如图 2-17 中虚线)的终点为起点,再按提示给出圆弧的终点,所画圆弧将与上段线相切,如图 2-17 所示。

说明:

①有些圆弧不适合用 arc 命令绘制,而适合用 circle(圆)命令结合 trim(修剪)命令生成。

②AutoCAD 2021 采用逆时针方向绘制圆弧(三点画圆弧除外)。

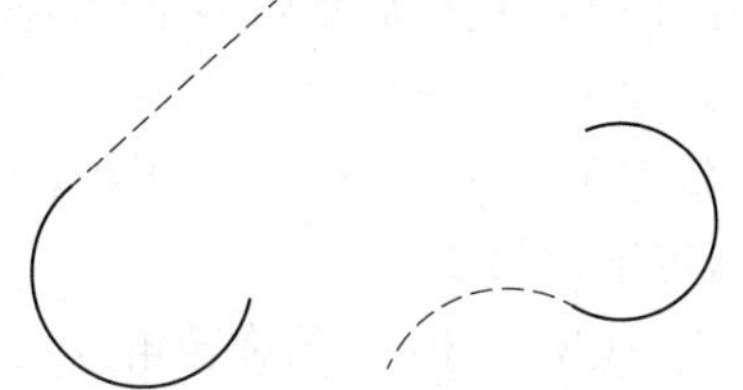

图 2-17　连续方式画圆弧

二、椭圆

AutoCAD 2021 提供了三种画椭圆的方式。

(一) 执行途径

◆ 在"绘图"工具栏或面板上单击"椭圆"图标；

◆ 从"绘图"下拉菜单中选取"椭圆"命令；

◆ 命令行输入："ellipse"↙(回车)。

(二) 命令操作

(1) 缺省选项，轴端点方式画椭圆，如图 2-18 所示。

该方式指定一个轴的两个端点及另一个轴的半轴长度画椭圆。

执行画椭圆命令后，系统提示：

指定椭圆的轴端点或[圆弧(A)/中心点(C)]：(给第 1 点)

指定轴的另一个端点：(给该轴上第 2 点)

指定另一条半轴长度或[旋转(R)]：(给第 3 点，定另一轴的半轴长度)

(2) 椭圆中心方式画椭圆。

该方式是指定中心点和两轴的端点(即两半轴长)画椭圆。

执行画椭圆命令，系统提示：

指定椭圆的轴端点或[圆弧(A)/中心点(C)]：C↙(选椭圆中心方式)

指定椭圆的中心点：(给椭圆中心点 O)

指定轴的端点：(给定一个轴的端点 1 或半轴长)

指定另一条半轴长度或[旋转(R)]：(给定另一个轴的端点 2 或半轴长)

结果如图 2-19 所示。

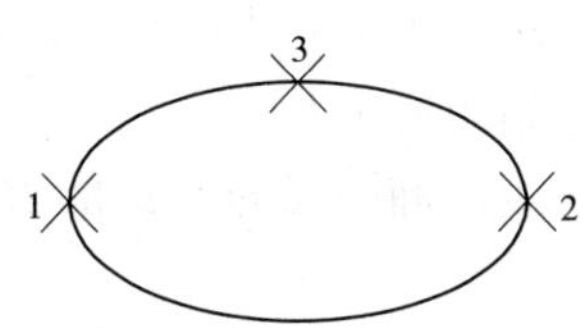

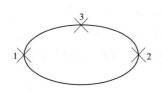

图 2-18　轴端点方式画椭圆

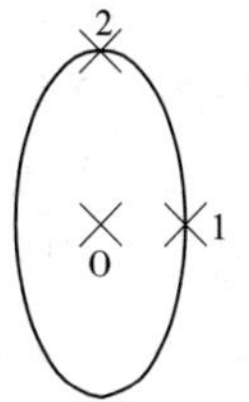

图 2-19　椭圆中心方式画椭圆

(3) 旋转方式画椭圆。

该方式是先定义一个轴的两个端点,然后指定一个旋转角度来画椭圆。

执行画椭圆命令,系统提示:

指定椭圆的轴端点或[圆弧(A)/中心点(C)]:(给第1点)

指定轴的另一个端点:(给定轴上第2点)

指定另一条半轴长度或[旋转(R)]:R↙(选旋转角方式)

指定绕长轴旋转:(给定旋转角)

结果如图2-20所示。

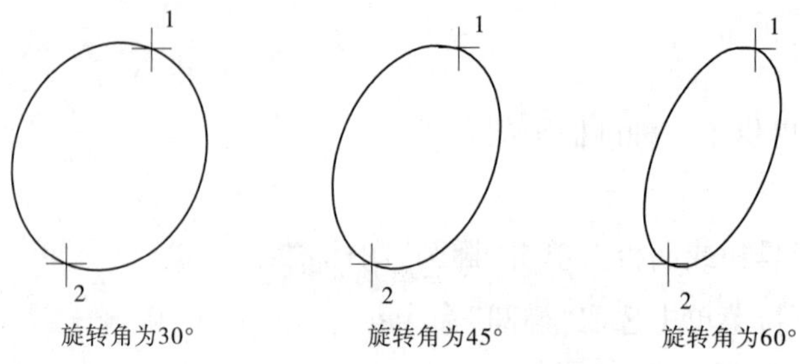

图2-20　旋转方式画椭圆

说明:

绕长轴旋转角度确定的是椭圆长轴和短轴的比例。旋转角度值越大,长轴和短轴的比值就越大,当旋转角度为0°时,该命令绘制的图形为圆。

三、椭圆弧

在AutoCAD 2021中,椭圆弧的绘图命令和椭圆的绘图命令都是ellipse,但命令行的提示不同。

(一)执行途径

- ◆ 在"绘图"工具栏或面板上单击"椭圆弧"图标;
- ◆ 从"绘图"下拉菜单中选取"椭圆"→"圆弧"命令;
- ◆ 命令行输入:"ellipse"↙(回车)。

(二)命令操作

1. 缺省选项

指定椭圆弧的轴端点或[中心点(C)]:(给第1点)

指定轴的另一个端点:(给该轴上第2点)

指定另一条半轴长度或[旋转(R)]:(给第3点,定另一轴的半轴长度)

指定起始角度或[参数(P)]:0↙(表示椭圆弧的起始角度为0°)

指定终止角度或[参数(P)/包含角度(I)]:330↙(表示椭圆弧的终止角度为330°)

结果如图2-21(a)所示。

2. 中心点方式画椭圆弧

指定椭圆弧的轴端点或[中心点(C)]:C↙(选椭圆中心点方式)

指定椭圆弧的中心点:(给椭圆中心1点)

指定轴的端点:(给该轴上第 2 点作为轴的端点)
指定另一条半轴长度或 [旋转(R)]:(给第 3 点确定另一条半轴的长度)
指定起始角度或 [参数(P)]:0↙(表示椭圆弧的起始角度为 0°)
指定终止角度或 [参数(P)/包含角度(I)]:330↙(表示椭圆弧的终止角度为 330°)
结果如图 2-21(b)所示。

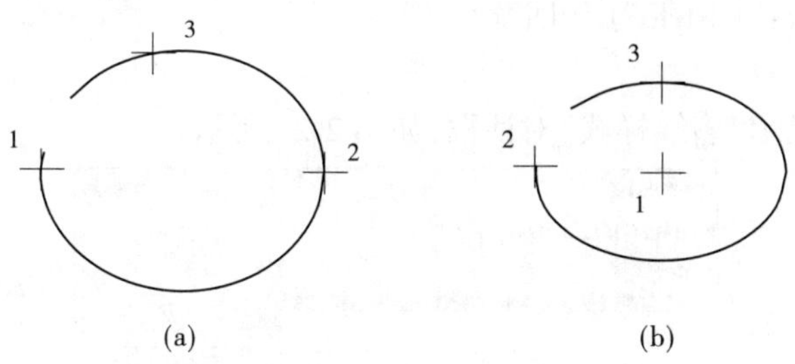

图 2-21 缺省选项及中心点方式画椭圆弧

四、云线

"修订云线"命令可以用连续的圆弧组成多段线以构成云形线,用于绘制或将已有的单个封闭对象(如圆、矩形或封闭的样条曲线等)转换成云线。该命令在建筑制图中多用于自由图案的绘制。

(一)执行途径

◆ 在"绘图"工具栏或面板上单击"修订云线"图标;
◆ 从"绘图"菜单中选取"修订云线"命令;
◆ 命令行输入:"revcloud" ↙(回车)。

(二)命令操作

执行命令后,命令行提示信息如下:
最小弧长:15 最大弧长:15 样式:普通
指定起点或 [弧长(A)/对象(O)/样式(S)] <对象>:
沿云线路径引导十字光标...
反转方向 [是(Y)/否(N)] <否>:Y
命令中的各选项含义如下:
(1)弧长(A):指定云线中弧线的长度。系统要求指定最小弧长值与最大弧长值,其中最大弧长值不能大于最小弧长值的 3 倍。
(2)对象(O):指定要转换为云线的单个封闭对象。
(3)样式(S):选择云线的样式。

五、多线

多线是一种由多条平行线组成的组合对象,在 AutoCAD 2021 中,多线可由 1~16 条平行线组成。建筑制图中多线常用于绘制墙体。多线中包含直线的数量、线型、颜色、平行线之间的间隔、端口形式等要素,这些要素称为多线样式。因此,绘制多线之前需进行样式设置。

(一)创建多线样式

1. 执行途径

◆ 从“格式”下拉菜单中选取“多线样式”;

◆ 命令行输入:“mlstyle”↙(回车)。

2. 命令操作

执行命令后,显示“多线样式”对话框,如图 2-22 所示。

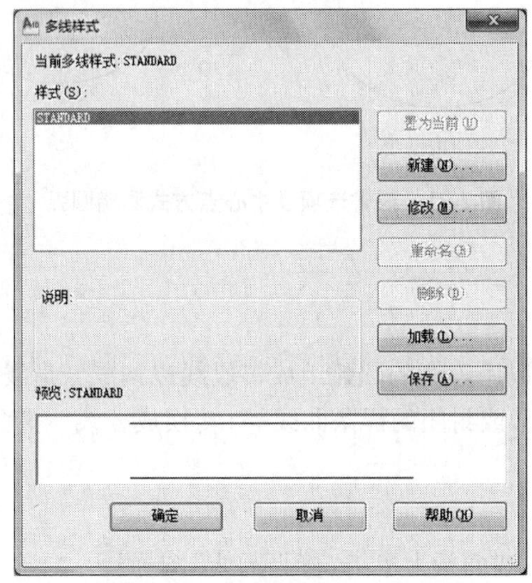

图 2-22 “多线样式”对话框

(1)单击“新建”按钮,打开“创建新的多线样式”对话框,如图 2-23 所示。在“新样式名”的文本框中插入光标,输入新样式名称:“建筑墙体”。

图 2-23 “创建新的多线样式”对话框

(2)单击“继续”按钮,进入“新建多线样式:建筑墙体”对话框,见图 2-24。

(3)单击“0.5 随层 ByLayer”行的任意位置选中该项,在下面的“偏移”框中输入 120 按 Enter 键;再单击“-0.5 随层 ByLayer”行的任意位置确认输入,同样将“-0.5 随层 ByLayer”行的“偏移”值修改为“-120”。

(4)同时在“说明”文本框中输入必要的文字说明,单击“确定”返回“多线样式”对话框。此时,新建样式名“建筑墙体”将显示在“样式”文字编辑框中,单击“置为当前”按

图 2-24　“新建多线样式:建筑墙体”对话框

钮,单击“确定”按钮,AutoCAD 2021 将此“多线样式”保存并设成当前“多线样式”,完成设置。

说明:

①在此对话框中可设置平行线的数量、距离、颜色、线型等。在默认情况下,多线由两条平行线组成,颜色为白色,线型为实线。

②如果设置多线样式时将定位轴线一并考虑,需要单击“添加”按钮, 在元素栏内添加一条线作为轴线,“偏移”距离为“0”,“线型”为“点画线”,“颜色”为“红色”等,以便在打印图形时将不同颜色图线以不同线宽打印出来。

(二)绘制多线

1. 执行途径

◆ 从“绘图”下拉菜单中选取“多线”命令 。

◆ 命令行输入:“mline”↙(回车)。

2. 命令操作

执行命令后,命令行提示信息如下:

当前设置:对正 = 上,比例 = 20,样式 = WQ(信息行)

指定起点或[对正(J)/比例(S)/样式(ST)]:J↙

输入对正类型[上(T)/无(Z)/下(B)]<上>:Z↙

指定起点或[对正(J)/比例(S)/样式(ST)]:S↙

输入多线比例<20>:1↙

指定起点或[对正(J)/比例(S)/样式(ST)]:(给起点 1)

指定下一点:(给第 2 点)

……

指定下一点或[闭合(C)/放弃(U)]:C↙

结果如图 2-25 所示。

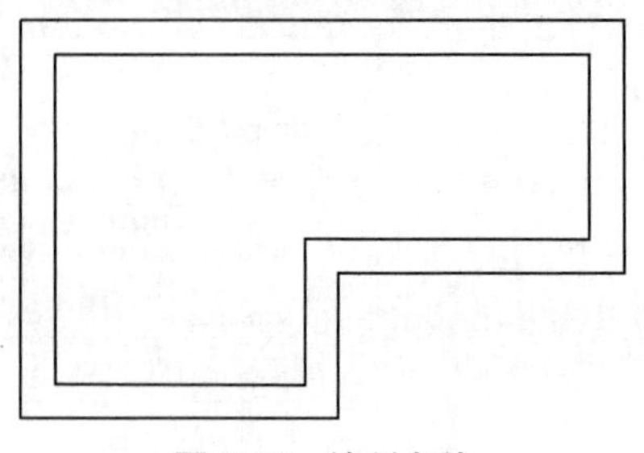

图 2-25　绘制多线

各选项的含义如下：

(1)指定起点：执行该选项即输入多线的起点，系统会以当前的多线样式、比例和对正方式绘制多线。

(2)对正(J)：与绘制直线相同，绘制多线也要输入多线的端点，但多线的宽度较大，需要清楚拾取点在多线的哪一条线上，即多线的对正方式。缺省为"上(T)"。AutoCAD 2021 提供了 3 种对齐方式以供选择，如图 2-26 所示。

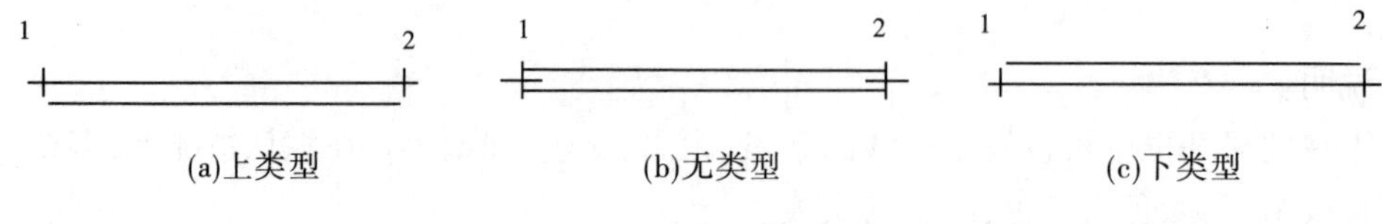

图 2-26　多线的对齐方式

选项"T"：顶线对正，拾取点通过多线的顶线。

选项"Z"：零线对正，拾取点通过多线中间那条线，这是实际应用最多的一种对齐方式。

选项"B"：底线对正，拾取点通过多线的底线。

(3)比例(S)：该选项用来确定所绘多线相对于定义(或缺省)的多线的比例系数，缺省为"20"。用户可以通过给定不同的比例改变多线的宽度。

(4)样式(ST)：该选项用来确定所绘多线时所选定的多线样式，缺省样式为"STANDARD"。执行该选项后，根据系统提示，输入设置过的多线样式名称。

(三)编辑多线对象

mledit 命令是一个专用于多线对象的编辑命令，选择下拉菜单"修改"→"对象"→"多线"命令，可打开"多线编辑工具"对话框，如图 2-27 所示。该对话框将显示多线编辑工具，并以四列显示样例图像。第一列控制交叉的多线，第二列控制 T 形相交的多线，第三列控制角点结合和顶点，第四列控制多线中的打断。该对话框中的各个图像按钮形象地说明了编辑多线的方法。

多线编辑时，先选取图中的多线编辑样式，再用鼠标选中要编辑的多线即可。

图 2-28(a)是编辑前的图形，共由三条多线组成。图 2-28(b)是选中"角点结合"和"T 形打开"方式编辑后的多线样式。

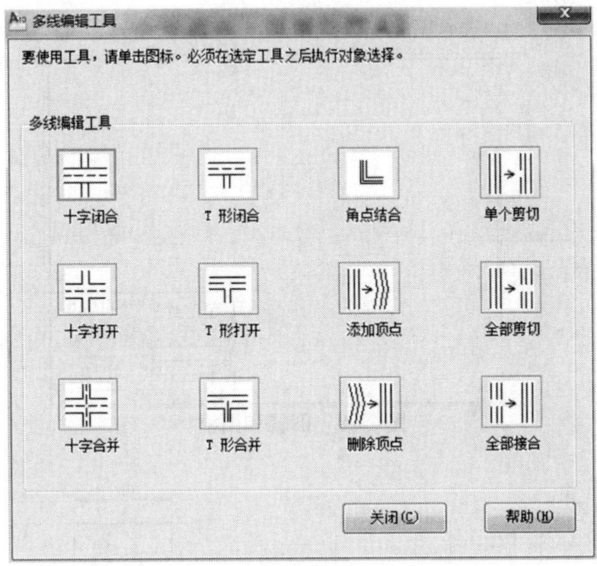

图 2-27　“多线编辑工具”对话框

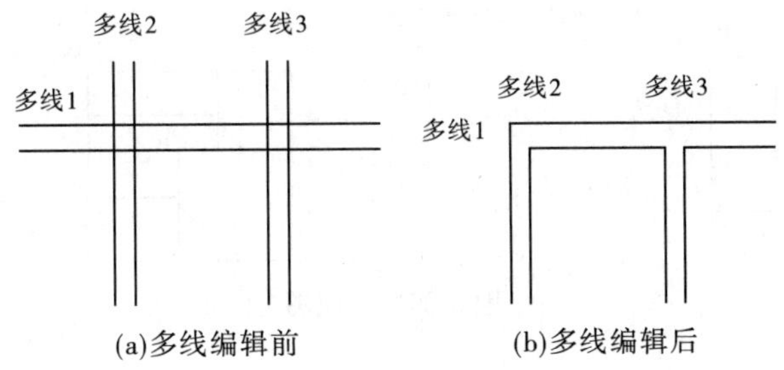

图 2-28　多线编辑

上机操作练习题

1. 按尺寸画图 2-29 所示 A3 图幅、图框（297 mm × 420 mm），并命名保存（图中 a:25 mm，c:5 mm）。

2. 按图 2-30 给定的尺寸，按照 1:1的比例绘制下列三视图（不标注尺寸）。

3. 按图 2-31 给定的尺寸，绘制扭面三视图（不标注尺寸）。

4. 按图 2-32 给定的尺寸，运用“圆”“相切圆”“圆弧”等命令按照 1:1的比例绘制图形（不标注尺寸）。

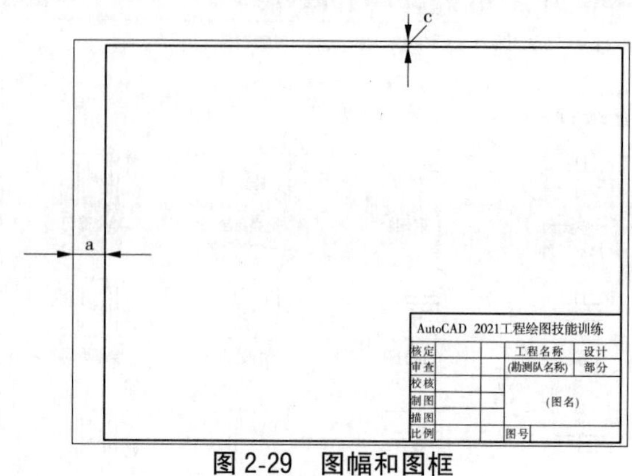

图 2-29 图幅和图框

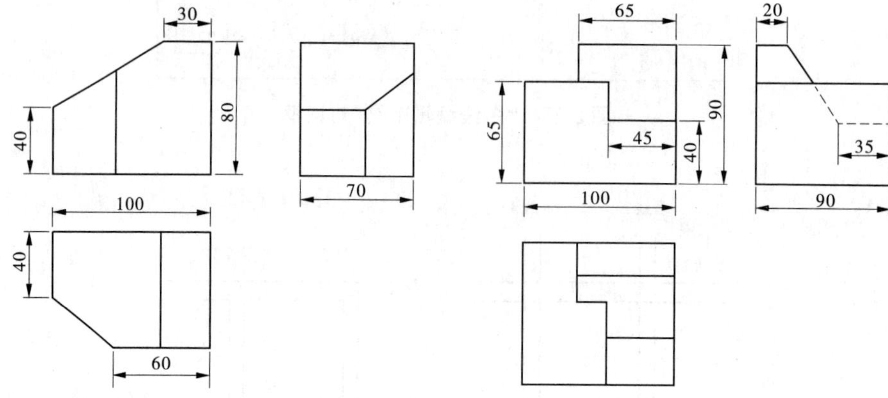

图 2-30 三视图

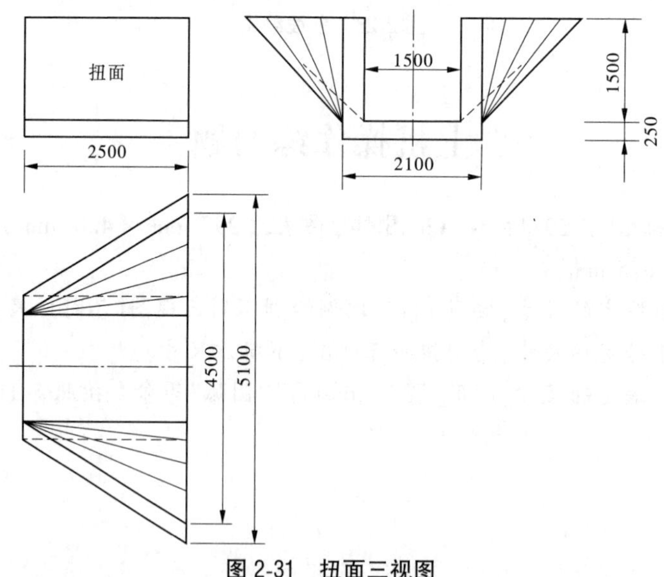

图 2-31 扭面三视图

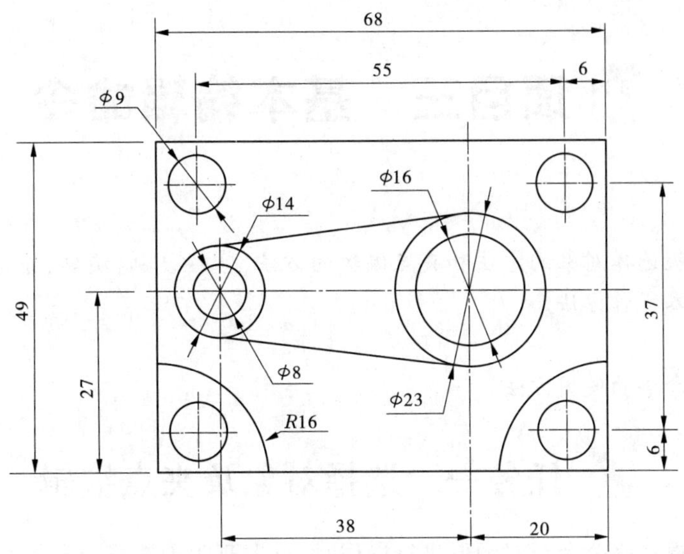

图 2-32 圆的相关命令练习

项目三　基本编辑命令

【学习目的】

熟悉并掌握选择对象的方法和夹点编辑的方法，掌握复制、旋转、镜像、拉伸、缩放等编辑命令的基本操作方法。

【学习要点】

常用编辑命令的使用方法。

任务一　选择对象及夹点编辑

在使用编辑和修改命令对图形进行操作时，首先要明确选择对象。AutoCAD 2021 中选择对象的方法有多种，常用的有单选、多选和全部选择。

一、选择对象的方法

（一）点选

点选是一种直接选取对象的方法，一般用于单个对象的选择，或选择若干重叠对象中的某几个对象。

当命令行出现提示“选择对象”时，默认情况下，可以用鼠标逐个单击对象来直接选择，此时十字光标表现为一个小方框（即拾取框）。选择时，拾取框必须与对象上的某一部分接触。例如，要选择圆，需要在圆周上单击，而不是在圆的内部某位置单击，被选定的对象将高亮显示。

这种方法方便直观，但精确程度不高，尤其在对象排列比较密集的地方，往往容易选错或多选。当选错或多选时可以按下 Ctrl 键并依次单击这些对象，直到所需对象亮显为止。

若要取消多个选择对象中的某一个对象，只需按下 Shift 键，并单击要取消选择的对象即可。

（二）矩形框选

框选是利用选择窗口进行对象选择的一种方式。利用这种方法一次可以选择多个对象，选择效率较高。

当命令行出现提示“选择对象”时，通过鼠标左键拖动指定对角点定义一个矩形选择区域，选择包含于该矩形方框范围内的对象。矩形框选方式有两种，分别是矩形“窗口”方式和矩形“窗交”方式。

（1）矩形“窗口”方式。从左向右选择（此时矩形框为蓝色），只有完全包含在矩形方框中的对象才会被选中，如图 3-1 所示。

（2）矩形“窗交”方式。从右向左选择（此时矩形框为绿色），包含在矩形方框内以及

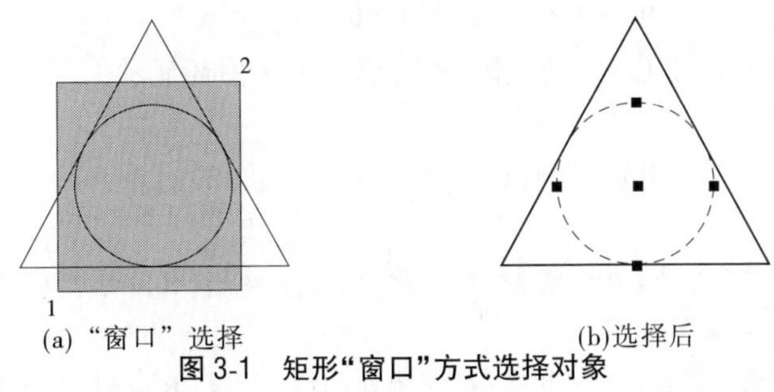

图 3-1　矩形“窗口”方式选择对象

与矩形方框相交的所有对象都将被选中，如图 3-2 所示。

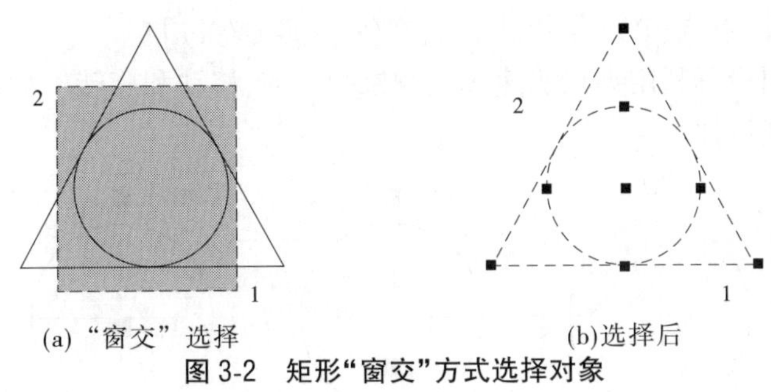

图 3-2　矩形“窗交”方式选择对象

(三) 多边形框选

多边形框选是以指定若干边界点的方式定义一个多边形选择区域，选择包含于该多边形范围内的对象。多边形框选方式有两种，分别是多边形“窗口”方式和多边形“窗交”方式。

(1)多边形“窗口”方式。当命令行出现提示“选择对象”时，输入 WP 并按 Enter 键，即可指定多边形的边界点，此时多边形边界显示为实线边界。只有完全包含在该多边形窗口内的对象才能被选中。

(2)多边形“窗交”方式。当命令行出现提示“选择对象”时，输入 CP 并按 Enter 键，即可指定多边形的边界点，此时多边形边界显示为虚线边界。包含在多边形窗口内及与多边形窗口相交的所有对象都能被选中。

(四) 全部选择对象

当命令行出现提示“选择对象”时，输入 All 并按 Enter 键，即可全部选中对象。

二、夹点编辑

在不输入任何命令的状态下，直接选择对象，则被选择对象呈虚线状态，同时虚线上出现小方块，这些小方块被称为夹点。AutoCAD 2021 的夹点功能是一种非常灵活的编辑功能，利用它可以实现对象的拉伸、移动、旋转、镜像、缩放、复制操作。

直接选择对象后，被拾取的对象上首先显示蓝色夹点标记，称为“冷夹点”，如果再次单击对象上某个冷夹点则其会变为红色，称为“暖夹点”。

当出现“暖夹点”时，命令行就会出现提示：

＊＊拉伸＊＊

指定拉伸点或[基点(B)/复制(C)/放弃(U)/退出(X)]:

在这个提示下连续按 Enter 键或按空格,提示依次循环显示:

* * 移动 * *

指定移动点或[基点(B)/复制(C)/放弃(U)/退出(X)]:

* * 旋转 * *

指定旋转角度或[基点(B)/复制(C)/放弃(U)/参照(R)/退出(X)]:

* * 比例缩放 * *

指定比例因子或[基点(B)/复制(C)/放弃(U)/参照(R)/退出(X)]:

* * 镜像 * *

指定第二点或[基点(B)/复制(C)/放弃(U)/退出(X)]:

通常情况下用户可利用夹点快速实现对象的拉伸、移动和旋转。如图 3-3 所示,利用夹点功能快速实现拉伸。

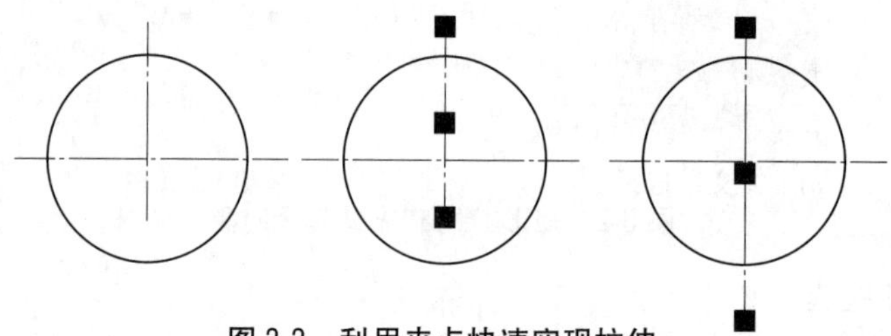

图 3-3 利用夹点快速实现拉伸

任务二 偏移、复制和移动

在绘图过程中经常使用偏移、复制和移动等命令对图形进行必要的编辑和修改。

一、偏移

偏移命令是对已有对象进行平行(如线段)或同心(如圆)复制。

(一)命令的操作

1. 执行途径

◆ "修改"工具栏:"偏移"按钮;

◆ 菜单:"修改"→"偏移";

◆ 命令行输入:"offset" ↙(回车)。

2. 操作步骤

执行命令后,命令行提示信息如下:

当前设置:删除源=否　图层=源　OFFSETGAPTYPE=0

指定偏移距离或[通过(T)/删除(E)/图层(L)] <通过>:(输入偏移量,可以直接输入一个数值或通过两点的距离来确定偏移量)

选择要偏移的对象,或[退出(E)/放弃(U)] <退出>:(按 Enter 键)

指定要偏移的那一侧上的点,或[退出(E)/多个(M)/放弃(U)] <退出>:(确定偏

移后的对象位于原对象的哪一侧,单击即可)

说明:偏移命令与其他编辑命令有所不同,只能采用直接拾取的方式一次选择一个对象进行偏移,不能偏移点、图块、属性和文本。

(二)示例

【例 3-1】 将直线按指定距离偏移复制,如图 3-4 所示。

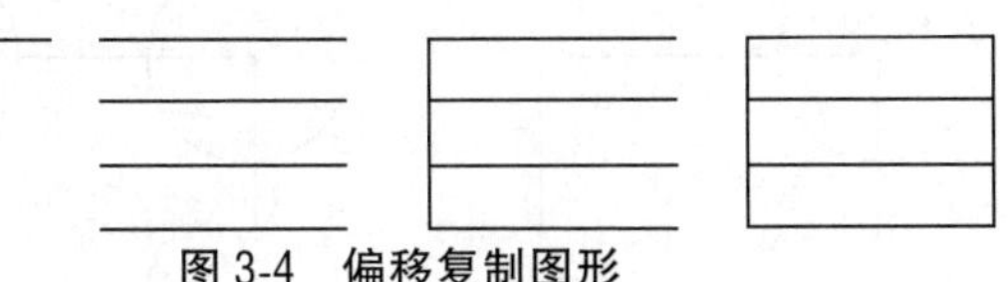

图 3-4　偏移复制图形

(1)画一条长为 100 个单位的直线。

(2)执行“偏移”命令。

(3)在“指定偏移距离或[通过(T)/删除(E)/图层(L)] <通过>:”提示下,输入偏移距离 20。

(4)选择要偏移的线段。

(5)在原线段下方单击。

(6)再次选择偏移对象(刚偏移的这条直线),并在该线段下方单击(重复偏移两次)。

(7)连接第一条线段与最后一条线段的左端点。

(8)用“指定偏移距离”方式(单击线段的左、右两端点)偏移这条竖直线段到原线段右边,完成作图。

二、复制

复制命令是指将选定对象一次或多次重复绘制。

(一)命令的操作

1. 执行途径

◆ “修改”工具栏:“复制”按钮;

◆ 菜单:“修改”→“复制”;

◆ 命令行输入:“copy” ↙(回车)。

2. 操作步骤

执行命令后,命令行提示信息如下:

选择对象:(选择要复制的图形对象)

选择对象:(按 Enter 键)

当前设置:复制模式=多个

指定基点或[位移(D)/模式(O)] <位移>:(指定基点)

指定第二个点或 <使用第一个点作为位移>:(指定复制的基点)

指定第二个点或[退出(E)/放弃(U)] <退出>:(指定复制的目标点)

(二)示例

【例 3-2】 复制图形,将图 3-5(a)左上角的圆复制到正方形其他三个目标点上。

(1)执行“复制”命令。

(2)在“选择对象”提示下,选择圆。

(3)在“指定基点或位移”提示下,选取圆心为复制基点。

(4)在“指定第二个点”提示下,确定其余三个目标点为复制图形的圆心终点位置。结果如图 3-5(b)所示。

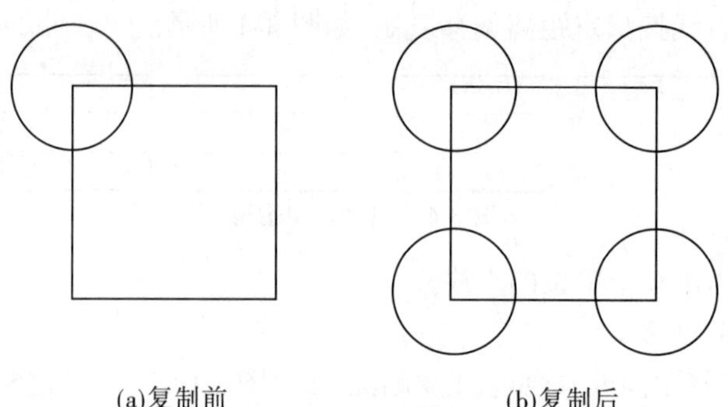

(a)复制前　　(b)复制后

图 3-5　复制图形

三、移动

移动命令是将图形从当前位置移动到指定位置,但不改变图形的方向和大小。

(一)命令的操作

1. 执行途径

- “修改”工具栏:“移动”按钮;
- 菜单:“修改”→“移动”;
- 命令行输入:“move”↙(回车)。

2. 操作步骤

执行命令后,命令行提示信息如下:

选择对象:(选择需要移动的对象)

选择对象:(按 Enter 键)

指定基点或 [位移(D)] <位移>:(指定移动的基点)

指定第二个点或 <使用第一个点作为位移>:(指定移动的目标点)

其中:

指定基点:可通过目标捕捉选择特征点。

位移(D):确定移动终点,可输入相对坐标或通过目标捕捉来准确定位终点位置。

(二)示例

【例 3-3】　将图 3-6(a)矩形中的圆形移动到矩形的左上角,如图 3-6(b)所示。

(1)执行“移动”命令。

(2)在“选择对象”提示下,选择圆。

(3)在“指定基点或位移”提示下,捕捉圆心为移动的基点。

(4)在“指定第二个点或 <使用第一个点作为位移>”提示下,单击圆心并移动到矩形左上角点后按 Enter 键即可。

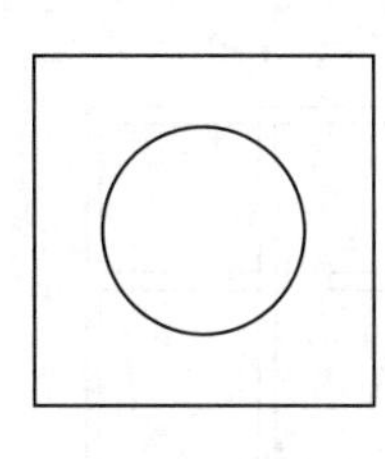

(a)移动前

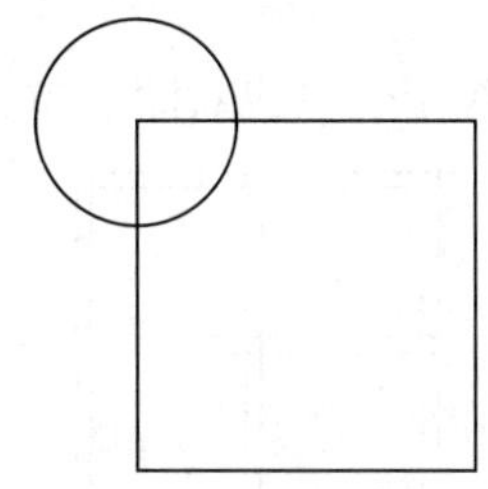

(b)移动后

图 3-6　移动图形

任务三　修剪、镜像、阵列和旋转

一、修剪

使用修剪命令可以将指定边界外的对象修剪掉。

(一) 命令的操作

1. 执行途径

◆ “修改”工具栏:“修剪”按钮 -/--;

◆ 菜单:“修改”→“修剪”;

◆ 命令行输入:“trim” ↙(回车)。

2. 操作步骤

执行命令后,命令行提示信息如下:

当前设置:投影=UCS,边=无

选择剪切边...:(修剪必须在两条线相交的情况下使用)

选择对象或 <全部选择>:(选择指定的边界)

选择对象:(按 Enter 键)

选择要修剪的对象,或按住 Shift 键选择要延伸的对象,或[栏选(F)/窗交(C)/投影(P)/边(E)/删除(R)/放弃(U)]:(选择要修剪的对象)

其中:

全部选择:使用该选项将选择所有可见图形对象作为剪切边界。

栏选(F):选择与选择栏相交的所有对象。

窗交(C):以右框选的方式选择要剪切的对象。

投影(P):指定剪切对象时使用的投影方式,在三维绘图时才会用到该选项。

边(E):确定是在另一对象的隐含边处修剪对象,还是仅修剪到三维空间中与其实际相交的对象处,在三维绘图时才会用到该选项。

删除(R):从已选择的图形对象中删除某个对象。此选项提供了一种用来删除不需要的对象的简便方式,而无须退出 Trim 命令。

放弃(U):取消上一次的修剪操作。

(二)示例

【例 3-4】 用修剪命令完成对图 3-7(a)的修剪。

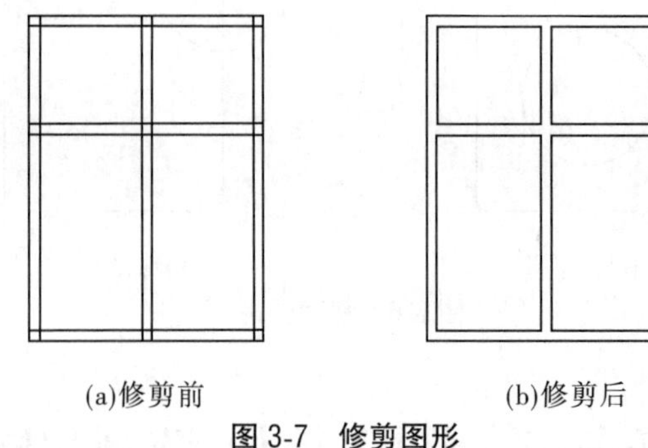

(a)修剪前　　(b)修剪后

图 3-7　修剪图形

(1)执行"修剪"命令。

(2)在"选择剪切边..."提示下,按 Enter 键可以快速全部选择。

(3)在"选择要修剪的对象"提示下,选取要修剪的对象。

(4)完成操作,得到如图 3-7(b)所示的图形。

二、镜像

镜像命令是指在复制对象的同时将其沿指定的镜像线进行翻转处理。例如,在绘制对称的图形时,只需要绘制其中一侧,另一侧即可通过镜像命令获得。

(一)命令的操作

1. 执行途径

◆ "修改"工具栏:"镜像"按钮 ;

◆ 菜单:"修改"→"镜像";

◆ 命令行输入:"mirror" ↙(回车)。

2. 操作步骤

执行命令后,命令行提示信息如下:

选择对象:(选择需要镜像的图形对象)

选择对象:(按 Enter 键)

指定镜像线的第一点:(确定镜像线的起点位置)

指定镜像线的第二点:(确定镜像线的终点位置)

要删除源对象吗?[是(Y)/否(N)]<N>:(选择是否保留原有的图形对象)

(二)示例

【例 3-5】 使用镜像命令复制图形,如图 3-8 所示。

(1)执行"镜像"命令。

(2)在"选择对象"提示下,选择要镜像的图形。

(3)在"指定镜像线的第一点"提示下,点击直线上端点 A。

(4)在"指定镜像线的第二点"提示下,点击直线下端点 B。

(5)在"要删除源对象吗?"提示下,选择 Y 得到如图 3-8(b)所示的图形,选择 N 得到

如图 3-8(c)所示的图形。

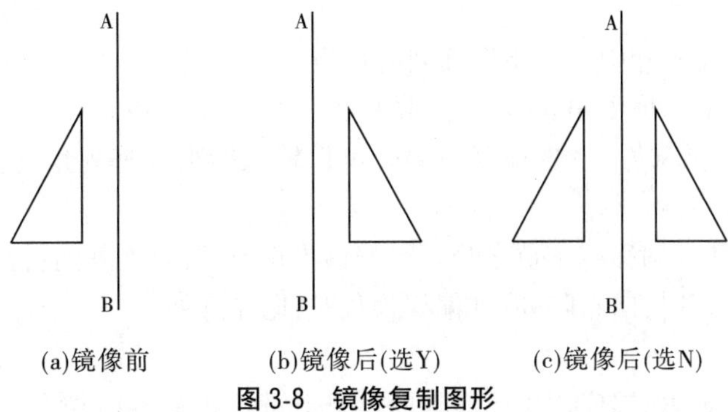

(a)镜像前　　(b)镜像后(选Y)　　(c)镜像后(选N)

图 3-8　镜像复制图形

三、阵列

使用阵列命令可以快速复制出与已有图形相同,且按一定规律分布的多个图形对象。阵列命令包括矩形阵列和环形阵列两种方式。

(一)命令的操作

1. 执行途径

◆ “修改”工具栏:“阵列”按钮;

◆ 菜单:“修改”→“阵列”;

◆ 命令行输入 :“array” ↙(回车)。

2. 操作步骤

执行命令后,打开“阵列”对话框,如图 3-9 所示。

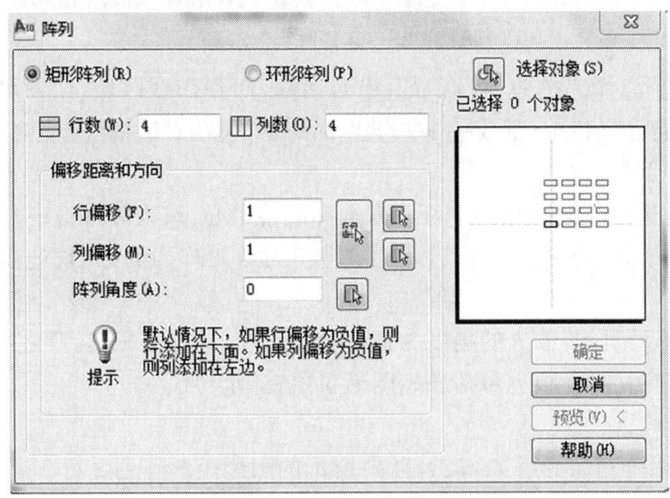

图 3-9　“阵列”对话框

1)矩形阵列步骤

(1)在对话框中,选中“矩形阵列”单选按钮,以矩形阵列方式复制对象。

(2)单击“选择对象”按钮,将临时退出对话框,回到作图区域,用户可以选择要矩形阵列的图形,确定后按 Enter 键或单击右键,返回对话框,此时在“选择对象”按钮的下方将显示选中目标的个数。

(3)在“行数”文本框中输入矩形阵列的行数。

(4)在“列数”文本框中输入矩形阵列的列数。

(5)在“偏移距离和方向”选项区域中既可以输入距离和阵列角度,也可以用鼠标点击选取。

说明:行偏移和列偏移有正负之分。行偏移为正值时,向上阵列;行偏移为负值时,向下阵列。列偏移为正时,向右阵列;列偏移为负时,向左阵列。

2)环形阵列步骤

(1)在“阵列”对话框中选中“环形阵列”单选按钮,如图 3-10 所示。

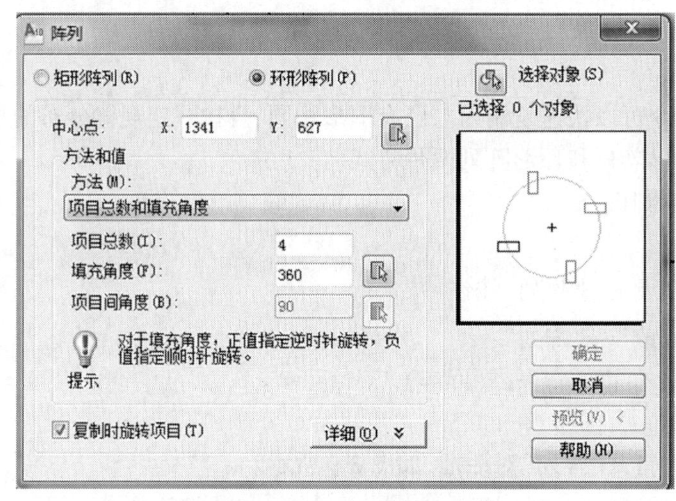

图 3-10 “环形阵列”选项

(2)单击“选择对象”按钮,将临时退出对话框,回到作图区域,用户可以选择要环形阵列的图形,确定后按 Enter 键或单击右键返回对话框,在对话框“选择对象”按钮下方将显示选中目标的个数。

(3)中心点:选择环形阵列的中心。需选择旋转中心,选物体本身中心无效。

(4)在“方法和值”选项区域中,“项目总数”为需要阵列的数目,还需输入环形阵列的角度。

说明:环形阵列时,若输入的角度为正值,则沿逆时针方向旋转,反之则沿顺时针方向旋转。环形阵列的复制个数也包括原始图形对象在内。

(二)示例

【例 3-6】 用阵列命令将如图 3-11(a)所示的图形矩形阵列 2 行 3 列。

(1)执行“阵列”命令,打开“阵列”对话框。

(2)选中“矩形阵列”单选按钮。

(3)选择矩形对象,按 Enter 键或单击右键确定。

(4)输入 2 行 3 列。

(5)行偏移:100;列偏移:150。

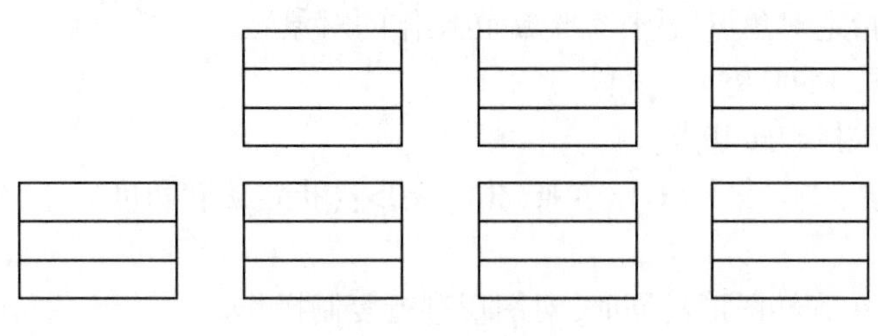
(a)阵列前　　(b)阵列后

图 3-11　矩形阵列

(6)阵列角度:0。

(7)单击“确定”按钮完成操作,得到如图 3-11(b)所示的图形。

【例 3-7】　用环形阵列命令将圆阵列 5 个,如图 3-12 所示。

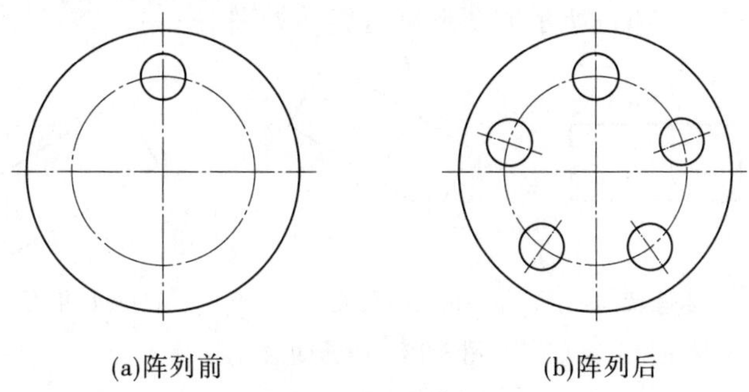
(a)阵列前　　(b)阵列后

图 3-12　环形阵列

(1)执行“阵列”命令。

(2)在“阵列”对话框中选中“环形阵列”单选按钮。

(3)选择对象:选择小圆和轴线,按 Enter 键或单击右键确定。

(4)选择中心点:选择大圆的圆心。

(5)项目总数:5。

(6)填充角度:360°。

(7)单击“确定”按钮完成操作,修改轴线的长度后如图 3-12(b)所示。

四、旋转

旋转命令可以使图形围绕指定的点进行旋转。

(一)命令的操作

1. 执行途径

- “修改”工具栏:“旋转”按钮;
- 菜单:“修改”→“旋转”;
- 命令行输入:“rotate”↙(回车)。

2. 操作步骤

执行命令后,命令行提示信息如下:

UCS 当前的正角方向: ANGDIR=逆时针　ANGBASE=0

选择对象:(指定对角点,选择需要旋转操作的对象)
选择对象:(按 Enter 键)
指定基点:(选择旋转基点)
指定旋转角度,或[复制(C)/参照(R)] <0>:(指定旋转角度)
其中:
复制(C):可在旋转图形的同时,对图形进行复制操作。
参照(R):以参照方式旋转图形,需要依次指定参照方向的角度值和相对于参照方向的角度值。
说明:旋转角度有正、负之分,若输入的角度是正值,则图形旋转的方向是逆时针,反之则是顺时针。

(二)示例

【例 3-8】 对图 3-13(a)所示的图形进行旋转处理。

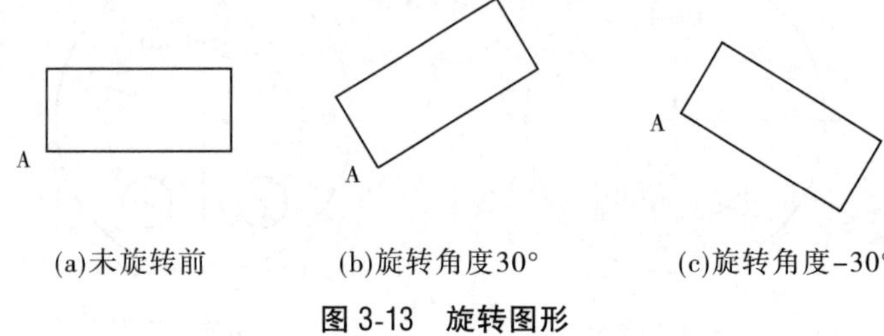

(a)未旋转前 (b)旋转角度30° (c)旋转角度-30°

图 3-13 旋转图形

(1)执行“旋转”命令。
(2)在“选择对象”提示下,选择左边的旋转基点 A。
(3)在“指定旋转角度”提示下,输入 30°得到如图 3-13(b)所示的图形,输入-30°得到如图 3-13(c)所示的图形。
说明:
(1)有些图形编辑命令如删除、复制、移动等,在使用时可以先选择对象再执行命令,也可以先执行命令再根据提示选择对象。
(2)使用图形编辑命令时,有时会由于错误操作修改或编辑了一些有用的图形对象,如果想回到之前,可以使用“标准”工具栏中的“放弃”命令恢复前面的操作。

任务四 缩放、拉伸、拉长和延伸

一、缩放

使用缩放命令可以改变所选一个或多个对象的大小,即在 X、Y 和 Z 方向上等比例放大或缩小对象。

(一)命令的操作

1. 执行途径

◆ “修改”工具栏:“缩放”按钮;

◆ 菜单:“修改”→“缩放”;

◆ 命令行输入:“scale” ↙(回车)。

2. 操作步骤

执行命令后,命令行提示信息如下:

选择对象:(选择要缩放的对象)

选择对象:(按 Enter 键)

指定基点:(指定缩放基点)

指定比例因子或［复制(C)/参照(R)］<1.0000>:

若直接给出比例因子,即为缩放倍数;如果输入 C 进行复制,则首先复制图形,然后再缩放;如果输入 R 参照选项,则需要依次输入或指定参照长度的值和新的长度值,系统根据“参照长度与新长度的比值”自动计算比例因子来缩放对象。

说明:比例因子大于 1 时,图形放大;比例因子小于 1 时,图形缩小。

(二)示例

【例 3-9】　用缩放命令的参照方式绘制图 3-14(b)所示的图形。

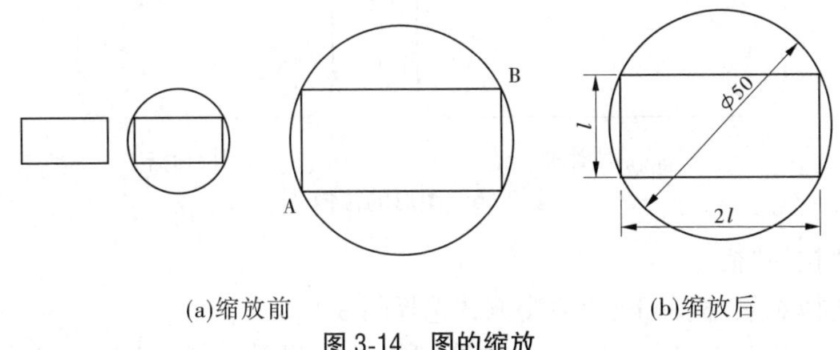

(a)缩放前　　(b)缩放后

图 3-14　图的缩放

(1)执行“矩形”命令。

(2)绘制矩形(长度任意,但长短边比例为 2:1)。

(3)用两点方式绘制圆。

(4)执行“缩放”命令,选择要缩放的对象并指定圆心为基点。

(5)在“指定比例因子或［复制(C)/参照(R)］”提示下,输入 R。

(6)在“指定参照长度”提示下,用鼠标点取 A 和 B。

(7)在“指定新的长度或［点(P)］”提示下,输入 50。

(8)完成操作,得到如图 3-14(b)所示图形。

二、拉伸

使用拉伸命令可以将建筑图形按指定的方向和角度进行拉长和缩短。在选择拉伸对象时,必须用矩形或多边形窗交方式选择需要拉长和缩短的对象。

(一)命令的操作

1. 执行途径

◆ “修改”工具栏:“拉伸”按钮;

◆ 菜单:“修改”→“拉伸”;

◆ 命令行输入:“stretch” ↙(回车)。

2. 操作步骤

执行命令后,命令行提示信息如下:

以交叉窗口或交叉多边形选择要拉伸的对象...

选择对象:(以窗交方式选择对象)

选择对象:(按 Enter 键)

指定基点或[位移(D)]<位移>:(选择拉伸的基点)

指定第二个点或<使用第一个点作为位移>:(鼠标点击定位或输入拉伸位移点坐标)

(二)示例

【例 3-10】 用拉伸命令将图 3-15(a)向左拉伸 30 个单位,如图 3-15(b)所示。

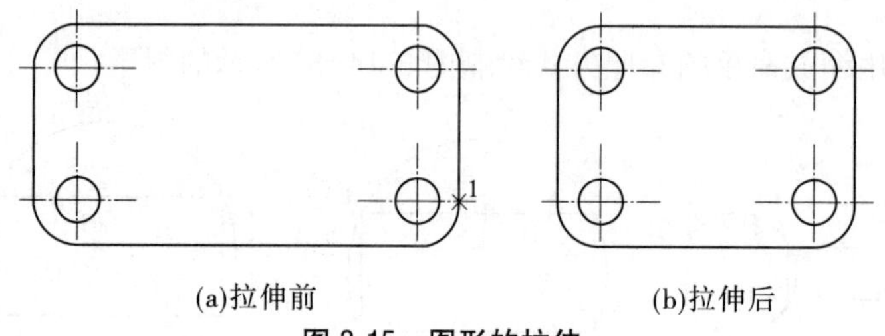

(a)拉伸前　　(b)拉伸后

图 3-15　图形的拉伸

(1)执行“拉伸”命令。

(2)在“选择对象”提示下,以窗交方式选择图 3-15(a)。

(3)在“指定基点或[位移(D)]<位移>”提示下,指定 1 点。

(4)在“指定第二个点或<使用第一个点作为位移>”提示下,鼠标向左移输入 30。

(5)完成操作,得如图 3-15(b)所示图形。

三、拉长

使用拉长命令可以拉长或缩短直线类型的图形对象,也可以改变圆弧的圆心角。在执行该命令选择对象时,只能用直接点取的方式,且一次只能选择一个对象。

(一)执行途径

◆ 菜单:“修改”→“拉长”;

◆ 命令行输入:“lengthen” ↙(回车)。

(二)操作步骤

执行命令后,命令行提示信息如下:

选择对象或[增量(DE)/百分数(P)/全部(T)/动态(DY)]:

其中:

增量(DE):指定修改对象的长度,距离从最近端点开始测量。

百分数(P):按照对象长度的指定百分数设置对象长度。

全部(T):拉长后对象的长度等于指定的总长度。

动态(DY):通过拖动选定对象的端点之一来改变原长度,其他端点保持不变。

四、延伸

使用延伸命令可以将直线、圆弧和多段线等对象延伸到指定的边界。

(一)命令的操作

1. 执行途径

◆ “修改”工具栏:“延伸”按钮 --/;

◆ 菜单:“修改”→“延伸”;

◆ 命令行输入:“extend” ↙(回车)。

2. 操作步骤

执行命令后,命令行提示信息如下:

当前设置:投影=UCS,边=无

选择边界的边...:(选择延伸边界,按 Enter 键结束选择)

选择对象或 <全部选择>:(找到 1 个)

选择对象:(按 Enter 键)

选择要延伸的对象,或按住 Shift 键选择要修剪的对象,或[栏选(F)/窗交(C)/投影(P)/边(E)/放弃(U)]:(选择需要延伸的对象,按 Enter 键结束选择)

其中:

栏选(F):选择与选择栏相交的所有对象。

窗交(C):以右框选的方式选择延伸的对象。

投影(P):指定延伸对象时使用的投影方式,在三维绘图时才会用到该选项。

边(E):将对象延伸到另一个对象的隐含边,或仅延伸到三维空间中与其实际相交的对象处,在三维绘图时才会用到该选项。

放弃(U):取消上一次的延伸操作。

(二)示例

【例 3-11】 用延伸命令将直线向下延伸到边界,如图 3-16 所示。

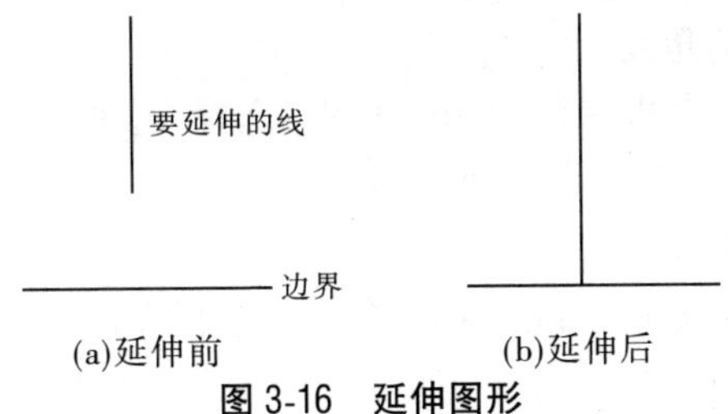

图 3-16　延伸图形

(1)执行“延伸”命令。

(2)在“选择边界的边...”提示下,选择下边的直线,按 Enter 键结束选择。

(3)在“选择要延伸的对象”提示下,选取要延伸的直线的下端点。

(4)完成操作,如图 3-16(b)所示。

任务五　倒角、圆角、打断、合并和分解

一、倒角

使用倒角命令可以为两条不平行的直线或多段线做出指定的倒角。

(一)命令的操作

1. 执行途径

◆ “修改”工具栏:“倒角”按钮;

◆ 菜单:“修改”→“倒角”;

◆ 命令行输入:“chamfer”↙(回车)。

2. 操作步骤

执行命令后,命令行提示信息如下:

(“修剪”模式) 当前倒角距离 1 = 0.0000,距离 2 = 0.0000

选择第一条直线或[放弃(U)/多段线(P)/距离(D)/角度(A)/修剪(T)/方式(E)/多个(M)]:D↙

指定第一个倒角距离 <0.0000>:2↙(输入第一个倒角的距离)

指定第二个倒角距离 <2.0000>:(输入第二个倒角的距离。如果直接按 Enter 键,表示第二个倒角距离为默认的 2)

选择第一条直线或[放弃(U)/多段线(P)/距离(D)/角度(A)/修剪(T)/方式(E)/多个(M)]:(点击要倒角的第一条直线)

选择第二条直线,或按住 Shift 键选择要应用角点的直线:(点击要倒角的第二条直线)

其中:

放弃(U):放弃刚才所进行的操作。

多段线(P):以当前设置的倒角大小对多段线的各顶点(交角)修倒角。

距离(D):设置倒角时的距离。

角度(A):设置倒角的角度。

修剪(T):确定倒角后是否保留原边。其中,选择“修剪(T)”,表示倒角后对倒角边进行修剪;选择“不修剪(N)”,表示不进行修剪。

方式(E):确定倒角方式。

多个(M):在不结束命令的情况下对多个对象进行操作。

(二)示例

【例 3-12】 用倒角命令倒出水平距离为 4、垂直距离为 8 的斜角,如图 3-17 所示。

(1)执行“倒角”命令。

(2)设置如下:

当前倒角距离 1 = 0.0000,距离 2 = 0.0000

选择第一条直线或[放弃(U)/多段线(P)/距离(D)/角度(A)/修剪(T)/方式(E)/

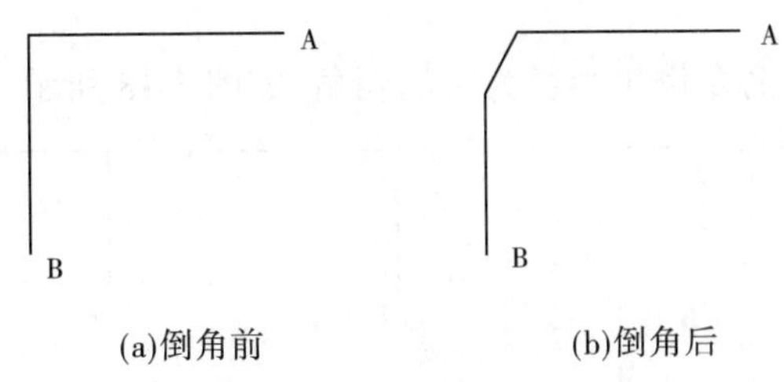

(a)倒角前 (b)倒角后

图 3-17 对图形倒角

多个(M)]:D↙

指定第一个倒角距离 <0.0000>:4↙

指定第二个倒角距离 <2.0000>:8↙

选择第一条直线或[放弃(U)/多段线(P)/距离(D)/角度(A)/修剪(T)/方式(E)/多个(M)]:(选择直线 A)

选择第二条直线,或按住 Shift 键选择要应用角点的直线:(选择直线 B)

(3)完成操作,结果如图 3-17(b)所示。

二、圆角

使用圆角命令可以将两个线性对象用圆弧连接起来。

(一)命令的操作

1. 执行途径

◆ "修改"工具栏:"圆角" ;

◆ 菜单:"修改"→"圆角";

◆ 命令行输入:"fillet" ↙(回车)。

2. 操作步骤

执行命令后,命令行提示信息如下:

当前设置:模式 = 修剪,半径 = 0.0000

选择第一个对象或[放弃(U)/多段线(P)/半径(R)/修剪(T)/多个(M)]:(选择要进行圆角操作的第一个对象)

选择第二个对象,或按住 Shift 键选择要应用角点的对象:(选择要进行圆角操作的第二个对象)

其中:

放弃(U):撤销上一次的圆角操作。

多段线(P):以当前设置的圆角半径对多段线的各顶点(交角)加圆角。

半径(R):按照指定半径把已知对象光滑地连接起来。

修剪(T):设置圆角后是否保留原拐角边。选择"修剪(T)",表示加圆角后不保留原对象,对圆角边进行修剪;选择"不修剪(N)",表示保留原对象,不进行修剪。

多个(M):在不结束命令的情况下对多个对象进行操作。

(二)示例

【例 3-13】 用圆角命令倒出半径为 8 的圆角,如图 3-18 所示。

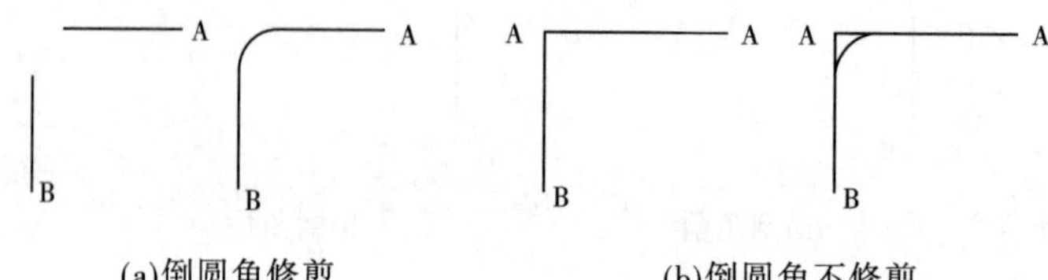

(a)倒圆角修剪　　(b)倒圆角不修剪

图 3-18　对图形倒圆角

(1)执行“圆角”命令。

(2)圆角修剪设置如下:

当前设置:模式 = 修剪,半径 = 0.0000

选择第一个对象或[放弃(U)/多段线(P)/半径(R)/修剪(T)/多个(M)]:R↙

指定圆角半径 <0.0000>:8↙

选择第一个对象或[放弃(U)/多段线(P)/半径(R)/修剪(T)/多个(M)]:(选直线A)

选择第二个对象,或按住 Shift 键选择要应用角点的对象:(选直线 B)

(3)圆角不修剪设置如下:

当前设置:模式 = 修剪,半径 = 8.0000

选择第一个对象或[放弃(U)/多段线(P)/半径(R)/修剪(T)/多个(M)]:T↙

输入修剪模式选项[修剪(T)/不修剪(N)] <修剪>:N↙

选择第一个对象或[放弃(U)/多段线(P)/半径(R)/修剪(T)/多个(M)]:(选直线A)

选择第二个对象,或按住 Shift 键选择要应用角点的对象:(选直线 B)

(4)完成操作,结果如图 3-18 所示。

三、打断

使用打断命令可以将直线、多段线、射线、样条曲线、圆和圆弧等图形分成两个对象或删除对象中的一部分。

(一)命令的操作

1. 执行途径

- ◆ “修改”工具栏:“打断”按钮;
- ◆ 菜单:“修改”→“打断”;
- ◆ 命令行输入:“break”↙(回车)。

2. 操作步骤

执行命令后,命令行提示信息如下:

选择对象:(点取要断开的对象)

指定第二个打断点或[第一点(F)]:(直接点取所选对象上的一点,则 CAD 将选择对象时的点取作第一点,该输入点为第二点。如输入 F 则重新定义第一点)

说明：

(1)如果断开的对象是圆，则 AutoCAD 2021 将按逆时针方向删除圆上第一个打断点到第二个打断点之间的部分，从而将圆转换成圆弧。

(2)使用“打断于点”按钮时，可以将图形打断于一点，打断后的图形从表面上看并未断开。

(二)示例

【例 3-14】　使用打断命令修改图 3-19(a)，结果如图 3-19(b)所示。

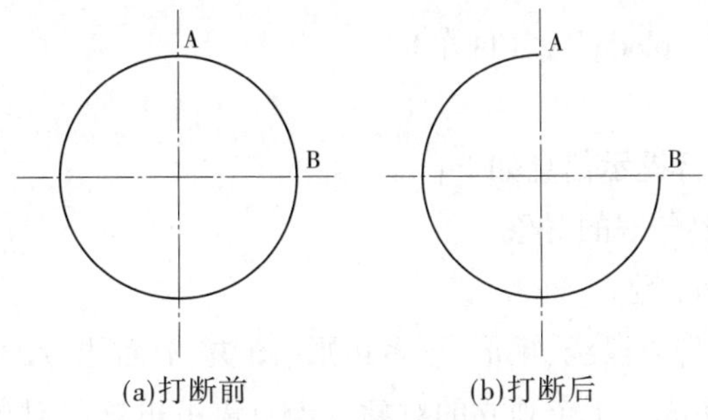

图 3-19　打断命令修改图形

(1)执行“打断”命令。

(2)将圆转换成圆弧，操作如下：

选择对象：(选择圆)

指定第二个打断点或［第一点(F)］：F↙

指定第一个打断点：(选点 B)

指定第二个打断点：(选点 A)

四、合并

使用合并命令可以将对象合并，以形成一个完整的对象。

(一)执行途径

◆ “修改”工具栏：“合并”按钮；

◆ 菜单：“修改”→“合并”；

◆ 命令行输入：“join” ↙(回车)。

(二)命令操作

执行命令后，命令行提示信息如下：

选择源对象：(可以是直线、开放的多段线、圆弧、椭圆弧或开放的样条曲线，选择受支持的对象)

选择要合并到源的对象：找到 1 个

选择要合并到源的对象：(按 Enter 键)

1 条线段已添加到多段线

五、分解

使用分解命令可以将由多个对象组合的图形(如多段线、矩形、多边形和图块等)进行分解。

(一)执行途径

◆ “修改”工具栏:“分解”按钮;

◆ 菜单“修改”→“分解”;

◆ 命令行输入:“explode” ↙(回车)。

(二)命令操作

执行命令后,命令行提示信息如下:

选择对象:(选择要分解的对象)

选择对象:(按 Enter 键)

说明:分解命令可将多段线、矩形、正多边形、图块、剖面线、尺寸、多行文字等包含多项内容的一个对象分解成若干个独立的对象。当只需编辑这些对象中的一部分时,可先选择该命令分解对象。

上机操作练习题

1. 按 1:1 的比例绘制图 3-20、图 3-21 和图 3-22 所示图形,不标注尺寸,完成后命名保存。

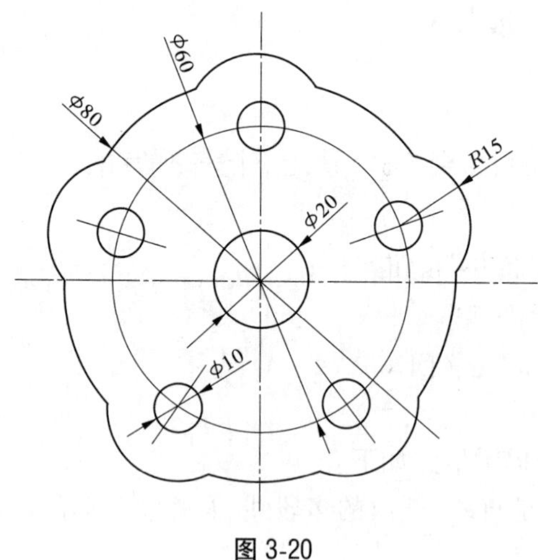

图 3-20

2. 按尺寸绘制图 3-23 所示房屋建筑图楼梯立面图,并命名保存。

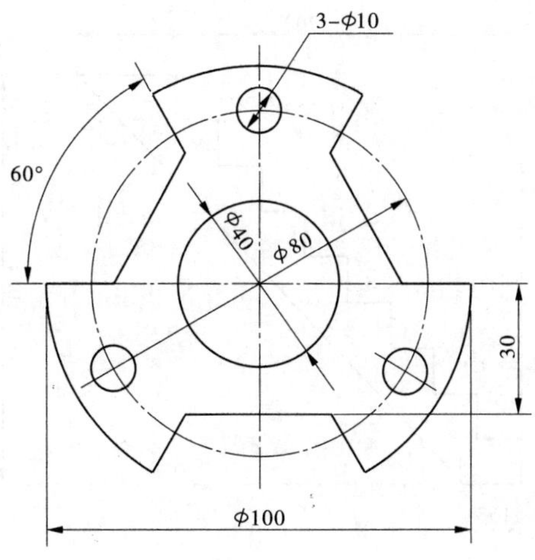

图 3-21

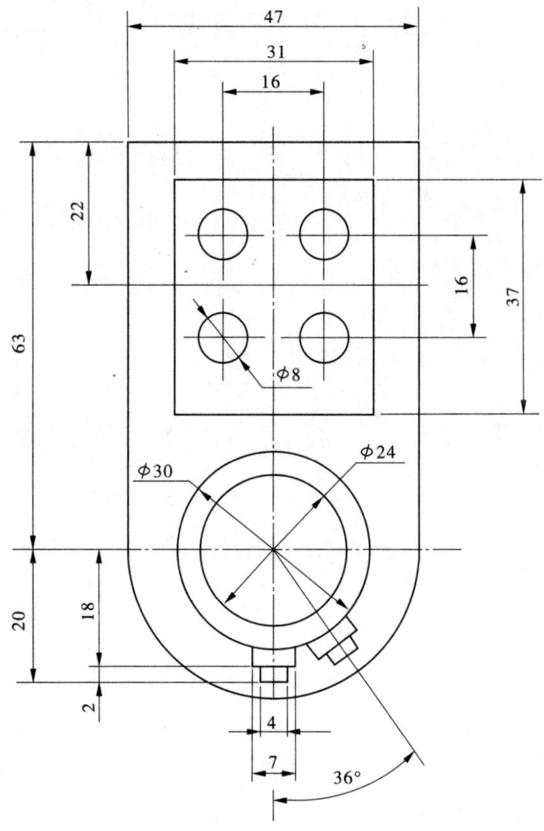

图 3-22

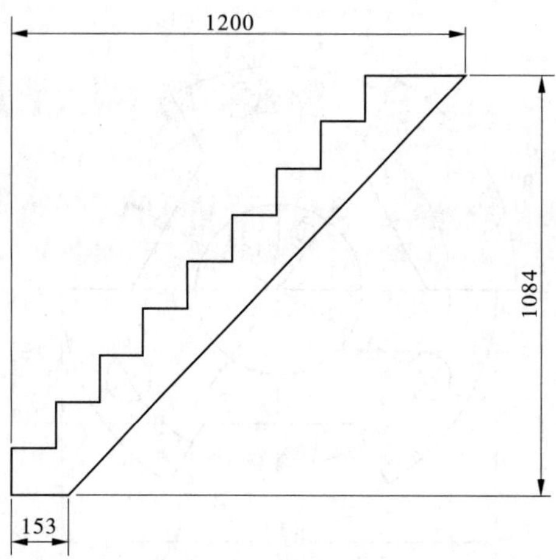

图 3-23　楼梯立面图

项目四　文字、表格及尺寸标注的应用

【学习目的】

掌握文字样式、表格样式、标注样式创建方法，掌握输入文字、创建表格及常用尺寸标注的方法和修改方法。

【学习要点】

文字样式、表格样式、标注样式的创建及文字、表格和尺寸标注的应用。

任务一　文字样式的设置及应用

图形中的所有文字都具有与之相关联的文字样式。输入文字时，默认使用当前的文字样式—— Standard 样式，用户可以重新设置字体、高度、倾斜角度、方向和其他文字特征等。

一、文字样式的设置

（一）命令的操作

1. 执行途径

- “样式”工具栏：“文字样式”按钮；
- 菜单：“格式”→“文字样式”；
- 命令行输入：“st”或“style” ↙（回车）。

2. 操作步骤

执行命令后，显示“文字样式”对话框，如图 4-1 所示。

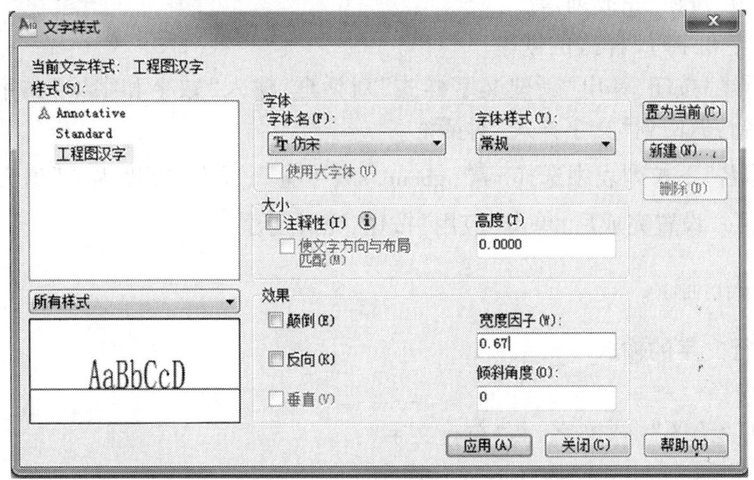

图 4-1　“文字样式”对话框

对话框中常用选项含义如下：

当前文字样式：列出当前文字样式，默认为“Standard”。

样式：显示图形中已定义的样式。双击样式列表中的某一文字样式，可以将其置为当前样式。

字体：更改字体的样式。

宽度因子：改变文字的宽高比。输入小于 1.0 的值文字将变窄；输入大于 1.0 的值文字将变宽。

倾斜角度：设置文字的倾斜角。

置为当前：将在“样式”列表下选定的样式置为当前。

新建：显示“新建文字样式”对话框，定义新的文字样式名。

删除：删除未使用的文字样式。

(二)应用举例

【例 4-1】 创建“工程图汉字”和“数字和字母”两种文字样式。

(1)执行“文字样式”命令。

(2)“工程图汉字”样式的创建。

单击“新建”按钮，弹出“新建文字样式”对话框，如图 4-2 所示。输入“样式名”为“工程图汉字”，单击“确定”按钮，返回“文字样式”对话框。

图 4-2 “新建文字样式”对话框

在“字体名”下拉列表中选择“T 仿宋”字体(注意：不要选成“T@ 仿宋”字体)；在“宽度因子”文本框中设置宽度比例值为“0.67”，其他使用默认值，如图 4-1 所示。设置完成后，单击“应用”按钮，完成创建。

(3)“数字和字母”样式的创建。

单击“新建”按钮，弹出“新建文字样式”对话框，输入“数字和字母”文字样式名，单击“确定”按钮，返回到“文字样式”对话框。

在“字体名”下拉列表中选择“ gbeitc.shx 字体”，设置“宽度因子”值为“1.00”，其他使用默认值。设置完成后，单击“应用”按钮，完成创建。

二、文字的输入

(一)单行文字的输入

1.执行途径

◆ 菜单：“绘图”→“文字”→“单行文字”；

◆ 命令行输入：“dtext”或“text”↙(回车)。

2. 操作步骤

执行命令后,命令行提示信息如下:

当前文字样式:"Standard" 文字高度:2.5000 注释性:否

指定文字的起点或[对正(J)/样式(S)]:(指定书写文字的起点)

指定高度 <7.0000>:(输入文字新的高度值)

指定文字的旋转角度 <0>:(按 Enter 键,表示文字不旋转)

开始输入正文,每一行结尾按 Enter 键换行。

其中:

对正(J):设置单行文字的对齐方式。选择该选项后,命令行提示:"[对齐(A)/调整(F)/中心(C)/中间(M)/右(R)/左上(TL)/中上(TC)/右上(TR)/左中(ML)/正中(MC)/右中(MR)/左下(BL)/中下(BC)/右下(BR)]",从中选择对齐方式。

样式(S):如果创建了多个文字样式,选择该选项后可以选择要使用的文字样式。

说明:

(1)当前文字样式没有设置固定高度时,才会显示"指定高度"提示。

(2)可以在命令行中输入数字或通过在屏幕上指定两点来确定文字高度。

(3)根据需要可以连续输入多行文字。其中,每行文字都是独立的对象,可对其进行重新定位、调整格式或进行其他编辑。

(4)AutoCAD 提供了一些特殊字符的注写方法,常用的有:

%%C:注写"ϕ"直径符号;

%%D:注写"°"角度符号;

%%P:注写"±"上下偏差符号;

%%%:注写"%"百分比符号。

注:特殊字符中直径符号"ϕ"不是中文文字,所以其在中文文字中显示为"?"。

(二)多行文字的输入

多行文字可以包含一个或多个文字段落,且各段落作为单一对象处理。使用"多行文字"命令,用户可以输入或粘贴其他文件中的文字,还可以设置制表符、调整段落和行距、设置文字对齐方式等。

1. 执行途径

◆ "绘图"工具栏:"多行文字"按钮 A;

◆ 菜单:"绘图"→"文字"→"多行文字";

◆ 命令行输入:"mtext" ↙(回车)。

2. 操作步骤

执行命令后,命令行提示信息如下:

当前文字样式:"Standard" 文字高度:2.5000 注释性:否

指定第一角点:(指定矩形框的第一个角点)

指定对角点或[高度(H)/对正(J)/行距(L)/旋转(R)/样式(S)/宽度(W)/栏(C)]:(指定矩形框的另一个对角点)

指定矩形框的两个对角点后,弹出如图 4-3 所示的"文字格式"对话框。在该对话框内可输入和编辑多行文字,并进行文字参数的多种设置。

图 4-3 “文字格式”对话框

(1)确定文字样式。单击 Standard ▾ 中的小黑三角选择合适的样式,该样式一定是事先定义好的。

(2)选择字体。除可以通过文字样式确定文字字体外,用户还可以通过单击 T宋体 ▾,选择需要的字体。

(3)确定文字高度。单击 2.5 ▾ 中的小黑三角选择需要的高度值,或者在文本框中直接输入具体数值来确定文字的高度。

(4)改变文字颜色。通过单击 ■ ByLayer ▾ 中的小黑三角选择合适的颜色。

(5)文字加粗。选中要加粗的文字,单击 **B** 按钮即可。

(6)文字倾斜。要倾斜文字,有两种方法:一是先选中文字,再单击 *I* 按钮,则文字倾斜 15°;二是先选中文字,在倾斜文本框 0/ 0.0000 中输入具体数值(可正可负)来确定文字倾斜的角度。

(7)添加文字上画线和下画线。选中要编辑的文字,单击工具栏中的按钮 U 给文字加下画线,单击按钮 Ō 给文字加上画线。

(8)文字堆叠。通过单击工具栏中的按钮 $\frac{b}{a}$,可以将选中文字设置成堆叠效果,即将文字设置成分式效果,如图 4-4 所示。

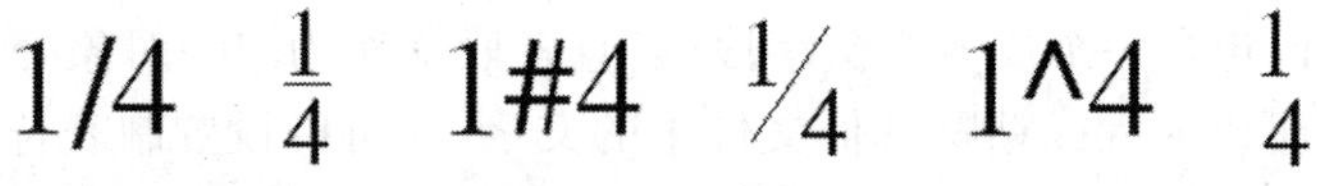

1/4 $\frac{1}{4}$ 1#4 ¼ 1^4 $\begin{matrix}1\\4\end{matrix}$

(a) 水平线分隔堆叠 (b) 对角线分隔堆叠 (c) 公差方式堆叠

图 4-4 文字堆叠效果

注意:堆叠对象中间可以用字符“/”“#”“^”分隔。

“/”(斜杠):以垂直方式堆叠文字,由水平线分隔。

“#”(井号):以对角方式堆叠文字,由对角线分隔。

“^”(插入符):以公差方式堆叠文字,不用直线分隔。

(9)插入特殊字符。在输入文字内容时,要插入特殊的符号和字符,可单击按钮 @▾,在弹出的快捷菜单中选择需要插入的字符。

如果需要的字符不在快捷菜单中,用户还可以单击快捷菜单最下方的“其他(O)...”按钮,打开如图 4-5 所示的“字符映射表”窗口。在窗口中选择一种字体,然后在其中的列表中选择字符后单击“选择”按钮,再单击“复制”按钮,将所选择字符复制到底部的“复制

字符”文本框中。关闭对话框，在编辑框中右击，在弹出的快捷菜单中选择“粘贴”命令，即可插入所选择的字符。

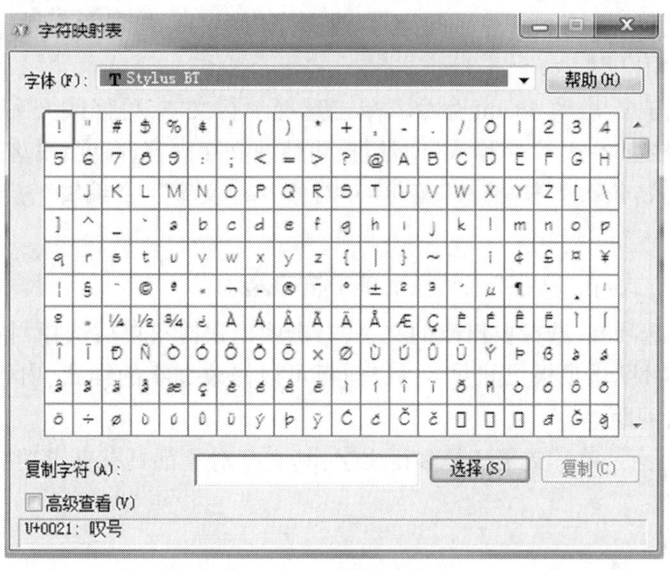

图 4-5　字符映射表

(10)多行文字对齐：单击工具栏中的按钮，显示“多行文字对正”菜单，共有九个对齐选项可用。“左上”为默认。

(11)设置段落格式。与单行文字不同，多行文字可以设置段落缩进、行间距等段落格式。通过单击工具栏中的按钮，弹出“段落”对话框，可以为段落和段落的第一行设置缩进，指定制表位和缩进，控制段落对齐方式、段落间距和段落行距等。

(12)左对齐、居中、右对齐、两端对齐和分散对齐：通过单击工具栏中对应的按钮，可以设置当前段落或选定段落的左、中或右文字边界的对正和对齐方式。

(13)设置行间距：通过单击工具栏中对应的按钮，可以设置当前段落或选定段落的行间距。

(14)编号：对于多行文本中若干个并列的项目，可以像 Word 等字处理软件一样使用列表来编号排列。通过单击工具栏中对应的按钮，可以将选定的并列项目自动按照数字方式、字母方式、项目符号等标记顺序进行排列。

(15)设置文字间距。通过在工具栏对应的文本框 a•b 1.0000 中输入数值，可以改变文字之间的距离。注意：该数值为 0.75 ~ 4.00。

(16)设置宽度因子。通过在工具栏对应的文本框 1.0000 中输入数值，可以改变文字的宽高比。

三、文字的修改

无论哪种方法创建的文字，都可以像其他对象一样进行修改，用户可以通过以下方法修改文字：

（1）鼠标单击或双击：单击单行文本，进入编辑状态，可修改文字内容；双击多行文本，打开多行文字“文字格式”对话框，可修改文字内容、高度、段落间距等。鼠标单双击是修改文字的常用方法。

（2）命令行方式：启动 ddedit 命令。单击选择单行文本，可修改文字内容；双击选择多行文本，打开多行文字“文字格式”对话框，可修改文字内容、高度、段落间距等。

（3）菜单方式：依次单击“修改”菜单→“对象”→“文字”→“编辑”，启动 ddedit 命令，操作方法同上。

（4）工具栏方式：在“文字”工具栏上单击按钮。

（5）“特性”选项板：选择要修改的文字，右击弹出快捷菜单后选择“特性”选项（或按 Ctrl+1），弹出“特性”选项板，通过“文字”面板可以修改文字的样式、内容、高度、对正方式、旋转角度、行间距等。

（6）夹点：无论是单行文字还是多行文字，其文字对象都具有夹点功能，可用于移动、缩放和旋转。

任务二　表格样式的设置及应用

表格的外观由表格样式控制。用户可以使用默认表格样式 Standard，也可以创建自己的表格样式。

在表格样式中，用户可以指定标题行、列标题行和数据行的格式，可以为不同行的文字和网格线指定不同的对齐方式和外观。

一、表格样式的设置

（一）执行途径

- “样式”工具栏：“表格样式”按钮；
- 菜单：“格式”→“表格样式”；
- 命令行输入：“tablestyle” ↙（回车）。

（二）操作步骤

执行命令后，显示“表格样式”对话框，如图 4-6 所示。

单击“新建”按钮，打开“创建新的表格样式”对话框，如图 4-7 所示。

在“基础样式”下拉列表框中选择一个表格样式，为新的表格样式提供默认设置，然后输入新样式名：“我的表格”。

单击“继续”按钮，打开“新建表格样式：我的表格”对话框，如图 4-8 所示。

对话框中常用选项含义如下：

“表格方向”：用来设置表格方向。“向下”：创建由上而下读取的表格，标题行和列标题行位于表格的顶部。“向上”：创建由下而上读取的表格，标题行和列标题行位于表格的底部。

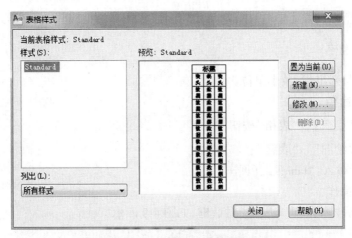

图 4-6 “表格样式”对话框

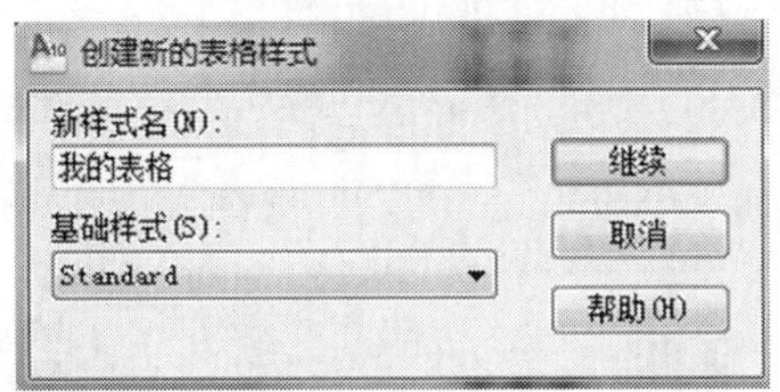

图 4-7 “创建新的表格样式”对话框

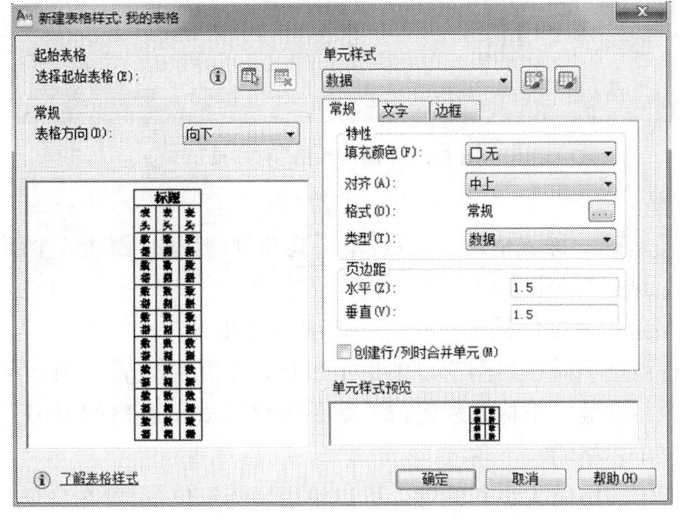

图 4-8 “新建表格样式:我的表格”对话框

“单元样式”:表格由标题、表头、数据等三个单元组成。在“单元样式”下拉列表中依次选择这三种单元,通过“常规”“文字”“边框”三个选项卡便可对每个单元样式进行设置。

“页边距”用来控制单元边界和单元内容之间的间距,边距设置应用于表格中的所有单元,默认设置为 0.06(英制)和 1.5(公制)。“水平”选项设置单元中的文字或块与左右单元边界之间的距离;“垂直”选项设置单元中的文字或块与上下单元边界之间的距离。

根据需要全部设置完毕后,单击“确定”按钮,关闭对话框,新的表格样式创建完毕。

二、绘制表格

表格由行与列组成,最小单位为单元。

(一)执行途径

◆ “绘图”工具栏:“表格”按钮;

◆ 菜单:“绘图”→“表格”;

◆ 命令行输入:“table”↙(回车)。

(二)命令操作

执行命令后,显示“插入表格”对话框,如图 4-9 所示。

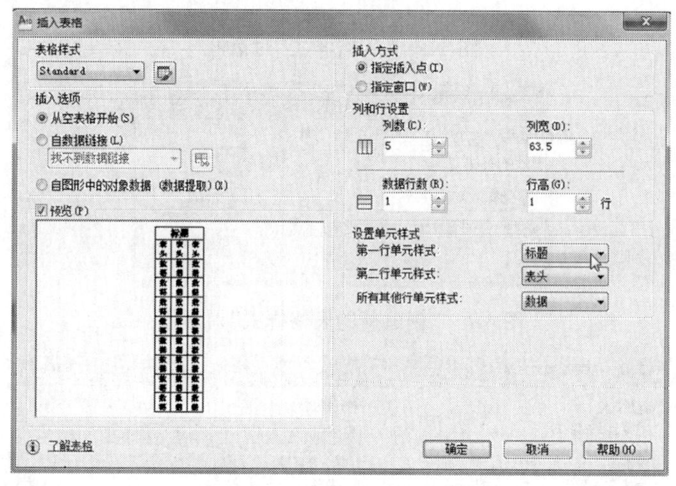

图 4-9 “插入表格”对话框

1. 绘制空表格

“表格样式”:选择一种表格样式,或者单击其右侧的按钮,创建一个新的表格样式。

“插入选项”:选择“从空表格开始”选项。

“插入方式”:选择表格的插入方法。各选项含义如下:

指定插入点:该选项需在绘图窗口中指定表格左上角的位置。用户可以使用鼠标定位,也可以在命令行中输入坐标值来定位。如果表格样式将表格的方向设置为由下而上读取,则插入点位于表格的左下角。

指定窗口:指定表格的大小和位置。可以使用鼠标定位,也可在命令行提示下输入坐标值。选定此选项时,行数、列数、列宽和行高取决于窗口大小以及列和行的设置。

“列和行设置”:用于设置列和行的数目和大小。

列数、列宽:分别用于指定列数和列的宽度。如果选定“指定窗口”选项,则用户可以指定列数或列宽,但是不能同时选择两者。

数据行数、行高:分别用于指定行数和行高。如果选定“指定窗口”选项,则行数由用户指定的窗口尺寸和行高决定。

“设置单元样式”:用于设置第一行、第二行、所有其他行的单元样式,默认设置为第

一行为标题行,第二行为表头行,其他行均为数据行。

2. 链接 Excel 数据表格

在“插入选项”中选择“自数据链接”选项,可以将外部制作好的 Excel 表格插入进来。

三、编辑表格

表格创建完成后,用户可以单击该表格上的任意网格线以选中该表格,然后通过使用“特性”选项板或夹点来修改该表格。

(一)夹点操作

被选中的表格上显示若干夹点,通过调整夹点,可以修改表格对象。表格不同位置上的夹点的作用分别如图 4-10 所示。

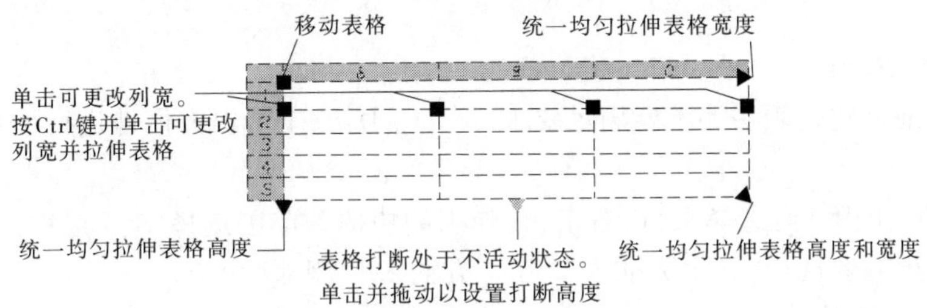

图 4-10　表格控制夹点的位置与作用

表格中的最小列宽不能小于单个字符的宽度,空白表格的最小行高是文字的高度加上单元边距。调整完毕后,按 Esc 键可以退出选择状态。

(二)单元操作

1. 选择单元、整行、整列

选择单个单元:单击相应的单元即可。

选择连续单元:单击第一个单元,按住 Shift 键并在另一个单元处单击,即可选中这两个单元以及它们之间的所有单元;单击第一个单元,然后拖动鼠标到要选择的单元,释放鼠标,选中第一个和最后一个单元之间的所有单元。

选择整行:单击该行表头即可选中整行。

选择整列:单击该列表头即可选中整列。

2. 修改单元

改变单元大小:拖动单元选区底部或顶部的夹点可以改变单元的行高,拖动单元选区左边或右边的夹点可以改变单元的列宽,如图 4-11 所示。

3. 合并单元

选择要合并的单元,右击,在弹出的快捷菜单中选择“合并”命令,并在弹出的子菜单中选择“全部”“按行”“按列”命令。被合并的单元组合成一个大的矩形。用户还可以取消合并,选择合并后的单元,右击,在弹出的快捷菜单中选择“取消合并”命令,则恢复合并前的状态。

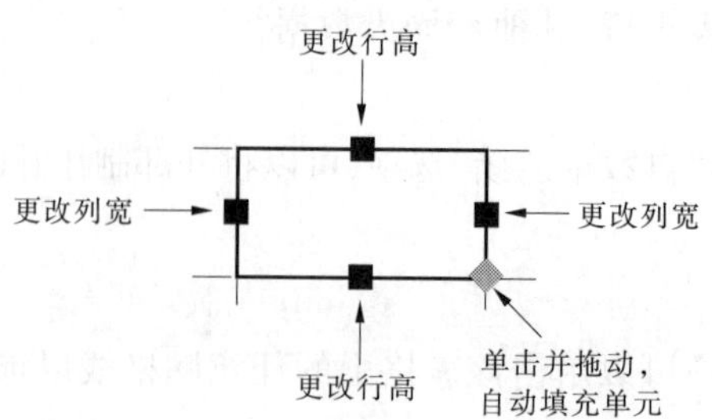

图 4-11　单元控制夹点的位置与作用

4. 修改单元边框样式

选择要修改的单元，右击，在弹出的快捷菜单中选择"边框"命令，打开"单元边框特性"对话框，通过对话框可以改变单元的边框类型和边框的粗细、边框的线型、边框的颜色等。

(三)行列操作

如果当前创建的表格还不能满足要求，AutoCAD 2021 可以方便地进行增加行列或删除行列操作。

(1)增加、删除行：选择某行，右击，在弹出的快捷菜单中选择"行"选项，并在弹出的子菜单中根据需要选择"在上方插入""在下方插入""删除"命令。

(2)增加、删除列：选择某列，右击，在弹出的快捷菜单中选择"列"选项，并在弹出的子菜单中根据需要选择"在左侧插入""在右侧插入""删除"命令。

注意：单元、行列的修改除可以用上述方法外，还可以通过工具栏进行修改。单击单元后，在表格上方会出现"表格"工具栏，如图 4-12 所示。

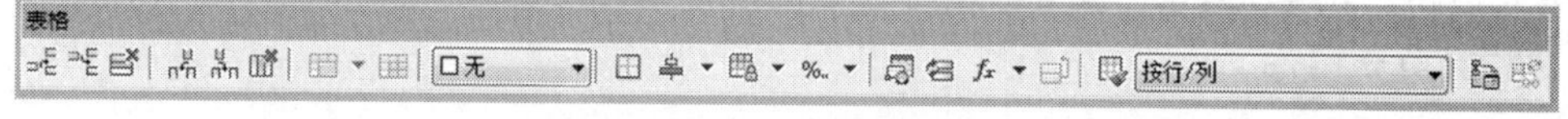

图 4-12　"表格"工具栏

四、向表格中添加文字

在表格单元内双击，然后开始输入文字。输入文字时，可以使用箭头键在文字中移动光标，按 Enter 键，可以使光标垂直移动到下一个单元；如需换行，可按 Alt+Enter 组合键；按 Tab 键可以移动到下一个单元，按 Shift+Tab 组合键可以将光标移动到上一个单元；如果光标在表格的最后一个单元中，按 Tab 键可以添加一个新行。

要编辑表格文字，可在该单元内双击；或者选择该单元，单击鼠标右键，然后单击"编辑单元"，可以编辑该单元的文字。

任务三　标注样式的设置及应用

完整的尺寸标注通常由尺寸界线、尺寸线、尺寸起止符号和尺寸数字四要素构成，四要素的外观与方式通过尺寸标注样式来控制。AutoCAD 2021 中，在"标注样式管理器"对话框中可以创建符合各行业标准的标注样式。

一、标注样式的设置

(一)命令的操作

1. 执行途径

◆ “样式”工具栏:“标注样式”按钮;

◆ 菜单:“标注”→“标注样式”;

◆ 命令行输入 :“dimstyle” ↙(回车)。

2. 操作步骤

执行命令后,显示“标注样式管理器”对话框,可在对话框中创建或修改标注样式,如图 4-13 所示。

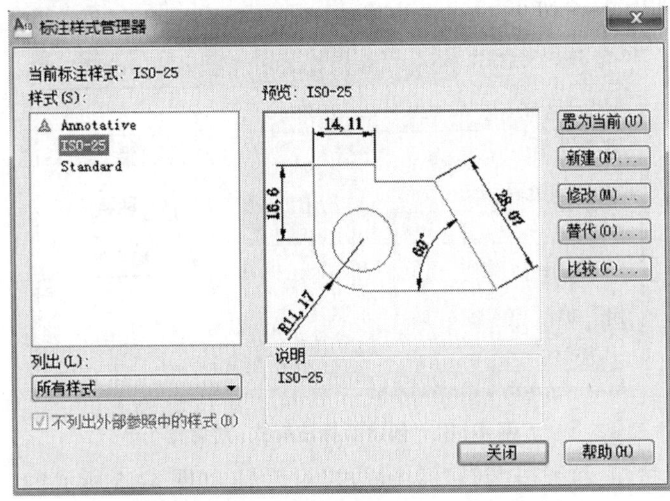

图 4-13　“标注样式管理器”对话框

对话框中常用选项含义如下:

“当前标注样式”:显示当前标注样式的名称。

“样式”:列出图形中的标注样式。当前样式被亮显。在列表中单击鼠标右键可显示快捷菜单及选项,可用于设置当前标注样式、重命名样式和删除样式。但不能删除当前样式或当前图形使用的样式。

“列出”:用于控制“样式”列表栏中所显示的标注样式。如果要查看图形中所有的标注样式,请选择“所有样式”。如果只希望查看图形中当前使用的标注样式,请选择“正在使用的样式”。

“预览”:显示当前标注样式的示例。

“置为当前”:单击该按钮,将所选定的标注样式设置为当前标注样式。当前样式将应用于所创建的标注。

“新建”:显示“创建新标注样式”对话框,从中可以定义新的标注样式。

“修改”:显示“修改标注样式”对话框,从中可以修改标注样式。“修改标注样式”对话框选项与“新建标注样式”对话框中的选项相同。

"替代":显示"替代当前样式"对话框,从中可以设置标注样式的临时替代。"替代当前样式"对话框选项与"新建标注样式"对话框中的选项相同。替代样式是对已有标注样式进行局部修改,并用于当前图形的尺寸标注,但替代后的标注样式不会存储在系统文件中,下一次使用时,仍然采用已保存的标注样式进行尺寸标注。

"比较":显示"比较标注样式"对话框,从中可以比较两个标注样式或列出一个标注样式的所有特性。

(二)创建标注样式

进行尺寸标注前,首先应设置尺寸标注样式。AutoCAD 默认的标注样式是"ISO-25",可以根据行业制图标准在此基础上创建新的标注样式。

在"标注样式管理器"对话框中单击"新建"按钮,将显示"创建新标注样式"对话框,输入新样式名,如图 4-14 所示。

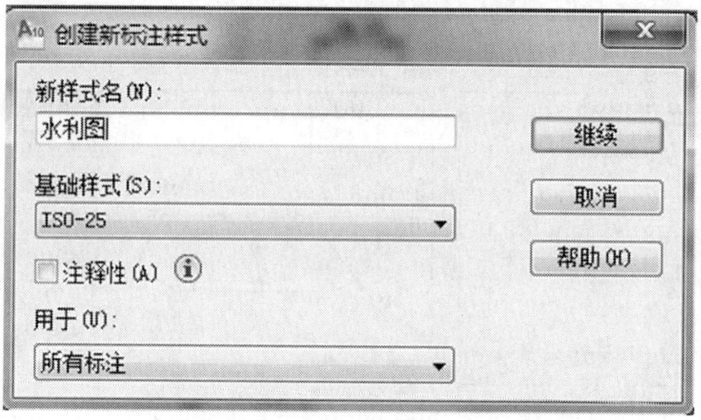

图 4-14 "创建新标注样式"对话框

单击"继续"按钮,将弹出"新建标注样式"对话框,如图 4-15 所示。

在"新建标注样式"对话框中有 7 个选项卡,利用这 7 个选项卡可以设置不同的尺寸标注样式,最后,单击"确定"按钮,返回"标注样式管理器" 对话框。

1."线"选项卡

"线"选项卡用来设置尺寸线和尺寸界线,如图 4-15 所示,各选项的含义如下:

(1)"尺寸线"设置包括尺寸线的颜色、线型、线宽等,通常设为"随层 ByLayer"。

"超出标记"设置尺寸线超出尺寸界线的距离;"基线间距"设置基线标注中各尺寸线之间的距离,默认值为 3.75;"隐藏"则分别指定第一、二条尺寸线是否被隐藏。

(2)"延伸线"设置主要包括尺寸界线的颜色、线型、线宽等,通常设为"随层 ByLayer"。

"超出尺寸线"指定尺寸界线在尺寸线上方伸出的距离,默认值为 1.25,可输入数值 2;

"起点偏移量"指定尺寸界线到该标注的轮廓线起点的偏移距离,默认值为 0.625,可输入数值 1;

"隐藏"选项则分别指定第一、二条尺寸界线是否被隐藏;

"固定长度的延伸线"选项中可设置尺寸界线的固定长度值。

2."符号和箭头"选项卡

"符号和箭头"选项卡用来设置箭头、圆心标记、弧长符号和半径折弯标注的格式和

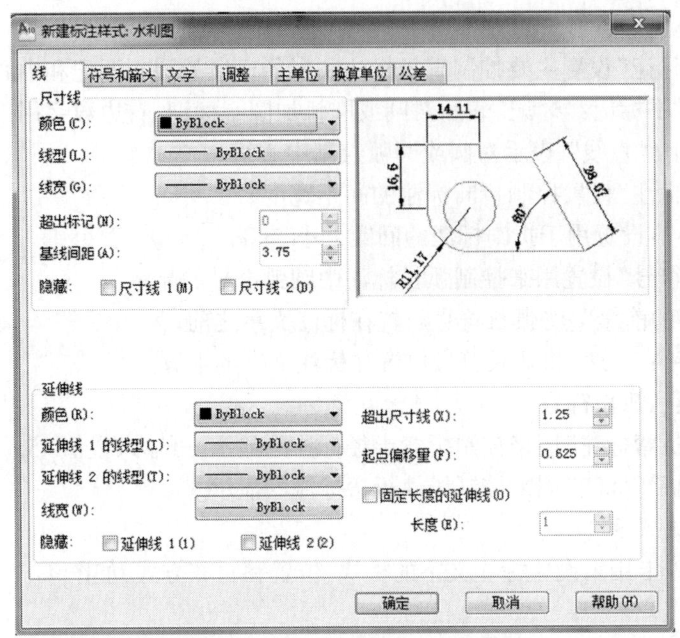

图 4-15　“新建标注样式”对话框

位置,如图 4-16 所示,各选项的含义如下:

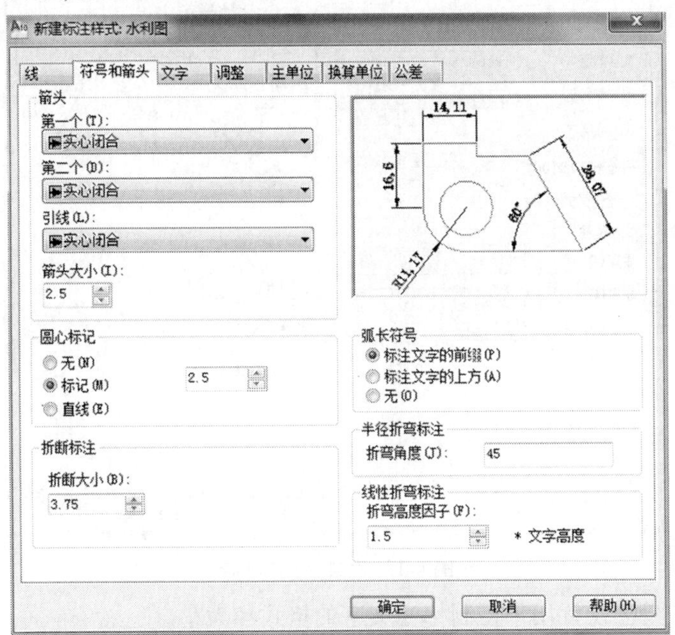

图 4-16　“符号和箭头”选项卡

(1)“箭头”设置主要控制标注箭头的外观。

“第一个”:设置第一条尺寸线的箭头类型,且第二个箭头自动改变以匹配第一个箭头。

“第二个”:设置第二条尺寸线的箭头类型,且不影响第一个箭头的类型。

“引线”:设置引线的箭头类型。

“箭头大小”:设置箭头的大小。

(2)“圆心标记”设置主要控制直径标注和半径标注的圆心标记和中心线的外观。

“无”:表示不标记;“标记”表示对圆或圆弧加圆心标记,右边数字用于设置圆心标记或中心线的大小;“直线” 表示对圆或圆弧绘制中心线。

(3)“折断标注”设置控制折断标注的间距宽度。

“折断大小”:设置用于折断标注的间距大小。

(4)“弧长符号”设置用来控制弧长标注中圆弧符号的显示。

“标注文字的前缀”:将弧长符号放置在标注文字之前。

“标注文字的上方”:将弧长符号放置在标注文字的上方。

“无”:不显示弧长符号。

(5)“半径折弯标注”用来控制折弯半径标注的显示,可输入数值 45。

(6)“线性折弯标注”用来控制线性折弯标注的显示。

3.“文字”选项卡

“文字”选项卡用来设置标注文字的格式、位置和对齐方式,如图 4-17 所示,各选项的含义如下:

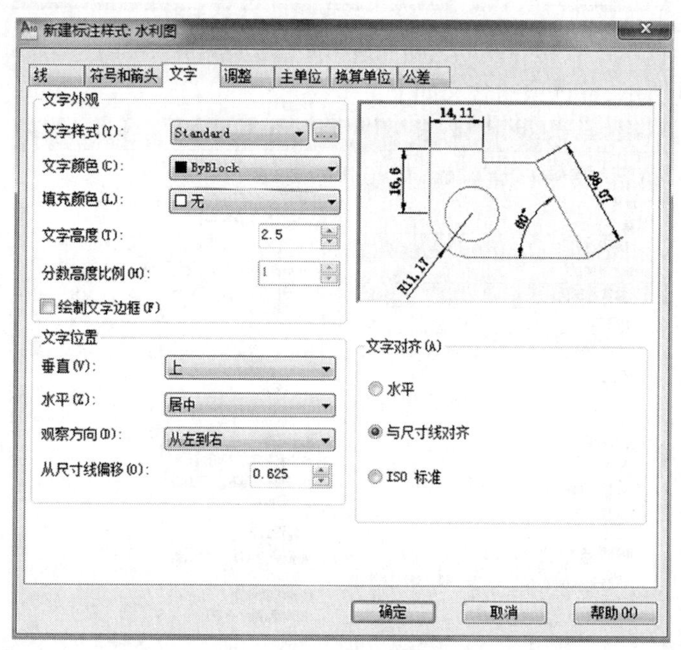

图 4-17 “文字”选项卡

(1)“文字外观”设置用来控制标注文字的格式和大小。

“文字样式”:设置当前标注的文字样式,可从列表中选择一种样式。要创建和修改标注文字样式,请选择列表旁边的“...”按钮。

“文字颜色”:设置标注文字的颜色。通常选择“随层 ByLayer”。用户可以单击其右侧的下三角按钮,在弹出的下拉列表中选择所需的颜色。

“填充颜色”:设置标注中文字背景的颜色。默认为“无”。

“文字高度”：设置当前标注文字样式的高度，在文本框中输入值。如果在“文字样式”中将文字高度设置为固定值，则该高度将替代此处设置的文字高度。如果要使用在“文字”选项卡上设置的高度，请确保“文字样式”中的文字高度设置为 0。

“分数高度比例”：设置相对于标注文字的分数比例。仅当在“主单位”选项卡上选择“分数”作为“单位格式”时，此选项才可用。在此处输入的值乘以文字高度，可确定标注分数相对于标注文字的高度。

“绘制文字边框”：如选此项，将在标注文字周围绘制一个边框，默认为不加边框。

(2)“文字位置”设置用来控制标注文字相对尺寸线的位置。

“垂直”包括“居中”“上方”“外部”，还有按照日本工业标准（JIS）放置标注文字的 JIS 标准。默认为“上方”。

“水平”包括居中、第一条尺寸界线、第二条尺寸界线、第一条尺寸界线上方、第二条尺寸界线上方。默认为“居中”。

“从尺寸线偏移”：设置当前字线间距。

(3)“文字对齐”设置用来控制标注文字的方向。

“水平” 表示标注文字始终沿水平位置放置。

“与尺寸线对齐” 表示标注文字始终与尺寸线对齐。

“ISO 标准” 表示当标注文字在尺寸界线内侧时，标注文字与尺寸线对齐；当标注文字在尺寸界线外侧时，标注文字水平放置。

4.“调整”选项卡

“调整”选项卡用来控制标注文字、箭头、引线和尺寸线的放置，如图 4-18 所示，各选项的含义如下：

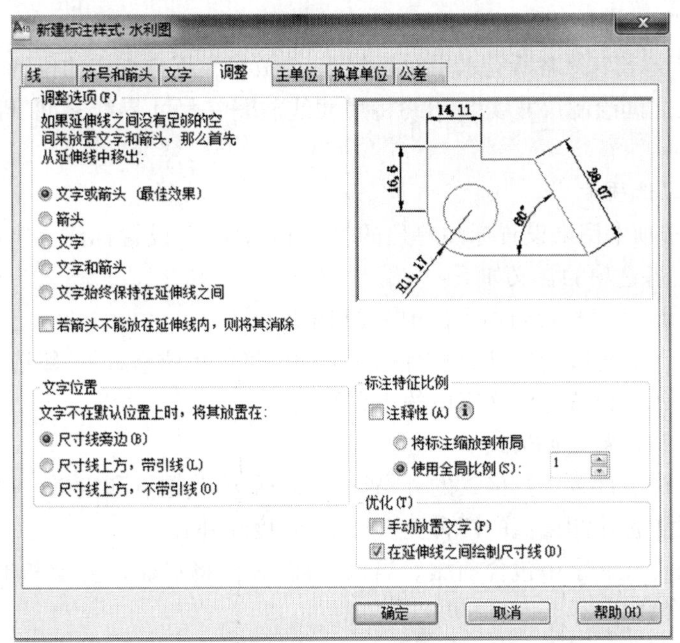

图 4-18　“调整”选项卡

(1)“调整选项”:如果有足够大的空间,文字和箭头都将放在尺寸界线内;否则,将按照“调整选项”放置文字和箭头。“调整选项”的作用就是根据两条尺寸界线间的距离确定文字和箭头的位置。

“箭头”:尺寸界线间距离仅够放下箭头时,箭头放在尺寸界线内而文字放在尺寸界线外;否则,文字和箭头都放在尺寸界线外。

“文字”:尺寸界线间距离仅够放下文字时,文字放在尺寸界线内而箭头放在尺寸界线外;否则,文字和箭头都放在尺寸界线外。

“文字和箭头”:当尺寸界线间距离不足以放下文字和箭头时,文字和箭头都放在尺寸界线外。

“文字始终保持在延伸线之间”:强制文字放在尺寸界线之间。

“若箭头不能放在延伸线内,则将其消除”:如果尺寸界线内没有足够空间,则隐藏箭头。

(2)“文字位置”:设置当标注文字不在默认位置时的位置,有三种方式,即“尺寸线旁边”“尺寸线上方,带引线”“尺寸线上方,不带引线”。

(3)“标注特征比例”用来设置全局标注比例或图纸空间比例。

“注释性”:选中此特性,用户可以自动完成缩放注释的过程,从而使注释能够以正确的大小在图纸上打印或显示。

“将标注缩放到布局”:根据当前模型空间视口和图纸空间之间的比例确定比例因子。

“使用全局比例”:设置指定大小、距离或包含文字的间距和箭头大小等所有标注样式的比例。

(4)“优化”:对标注尺寸和尺寸线进行细微调整。

“手动放置文字”:忽略所有水平对正放置,而放置在用户指定的位置。

“在延伸线之间绘制尺寸线”:始终将尺寸线放置在尺寸界线之间,即使箭头位于尺寸界线外。

5.“主单位”选项卡

“主单位”选项卡用来设置标注单位的格式和精度,并设置标注文字的前缀和后缀,如图 4-19 所示,各选项的含义如下:

(1)“线性标注”:设置线性标注的格式和精度。

“单位格式”:设置除角度外的所有标注类型的当前单位格式,一般选择“小数”。

“精度”:显示和设置标注文字中的小数位数。

“分数格式”:设置分数格式。

“小数分隔符”:设置小数格式的分隔符号,包括句点、逗点和空格三种。

“舍入”:设置标注测量值的四舍五入规则(角度除外)。

“前缀”:在标注文字中包含前缀。当输入前缀时,将覆盖在直径和半径等标注中使用的任何默认前缀。

“后缀”:设置文字后缀,可以输入文字或用控制代码显示特殊符号。

(2)“测量单位比例”:用于确定测量时的缩放系数。实际标注值等于测量值与该比

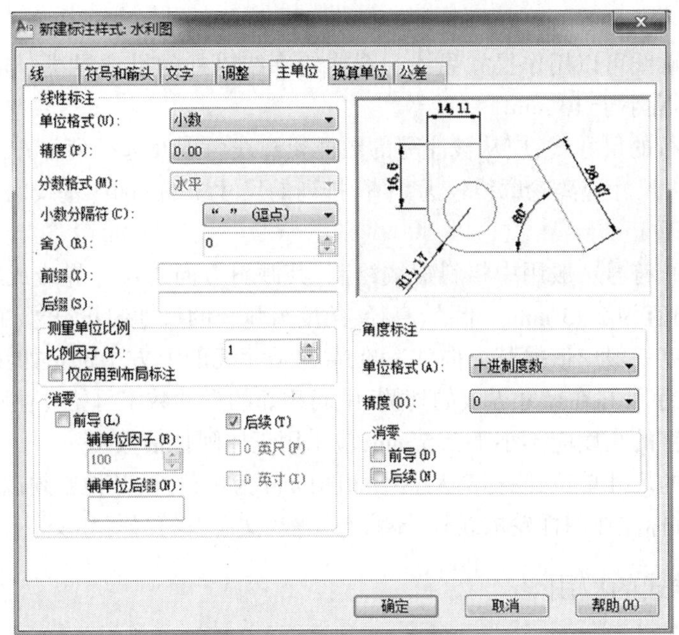

图 4-19　“主单位”选项卡

例的乘积。

“比例因子”:设置线性标注测量值的比例因子。该值不应用到角度标注。

“仅应用到布局标注”:用于控制是否将所设置的比例因子仅应用在图纸空间。

(3)“消零”:用于控制是否显示前导零或后续零。

“前导”:将小数点的第一位零省略,如“0.234”将变为“.234”。

“后续”:将小数点后无意义的零省略,如“0.230”将变为“0.23”。

(4)“角度标注”:用于设置角度标注的角度格式、精度以及是否消零。

“单位格式”:设置角度单位格式。

“精度”:设置角度测量值的精度。

6.“换算单位”选项卡

“换算单位”选项卡用于指定换算单位的显示,并设置其格式、精度以及位置等,其在特殊情况下才使用。

7.“公差”选项卡

“公差”选项卡用于控制在标注文字中是否显示公差及其格式等,主要用于机械图。

说明:

在《建筑制图标准》(GB/T 50104—2010)中,对尺寸标注的规定如下:

(1)尺寸线应用细实线绘制,一般应与被注长度平行,图样本身的任何图线均不得用作尺寸线。

(2)尺寸界线应用细实线绘制,一般应与被注长度垂直,其一端离开图样轮廓线(起点偏移量)不小于 2 mm,另一端宜超出尺寸线 2~3 mm。

(3)总尺寸的尺寸界线应靠近所指部位,中间部分尺寸的尺寸界线可稍短,但其长度应相等。

(4)图样轮廓线可以用作尺寸界线。图样轮廓线以外的尺寸界线,与图样最外轮廓线之间的距离不宜小于 10 mm。

(5)互相平行的尺寸线,应从被注写的图样轮廓线由近及远排列整齐,较小尺寸应离轮廓线较近,较大尺寸应离轮廓线较远;平行排列的尺寸线的间距(基线间距)宜为 7～10 mm,并应保持一致。

(6)尺寸起止符号一般用中粗斜短线绘制,其倾斜方向与尺寸界线成顺时针 45°角,长度(箭头大小)宜为 2～3 mm。半径、直径、角度与弧长的尺寸起止符号,宜用箭头表示。

(7)尺寸数字一般应依据其方向注写在靠近尺寸线的上方中部。如注写位置不够,最外边的尺寸数字可写在尺寸界线的外侧,中间相邻的尺寸数字可错开注写。

(8)标注文字的高度应不小于 2. 5 mm,应采用正体阿拉伯数字。

(9)图样上的尺寸单位,除标高及总平面图以 m 为单位外,其他必须以 mm 为单位。

(10)尺寸宜标注在图样轮廓线外,不宜与图线、文字及符号等相交。

二、标注样式的应用

根据所标注的线段不同,尺寸标注命令可以分为直线标注、圆弧标注、角度标注、引线标注、坐标标注和公差标注等。

执行途径如下:

(1)在“标注”工具栏中单击相应的标注命令按钮,“标注”工具栏如图 4-20 所示;

(2)从“标注”下拉菜单点击相对应的命令;

(3)命令行中输入对应的标注命令。

图 4-20 “标注”工具栏

(一)线性标注

线性标注用于标注水平、垂直或倾斜的线性尺寸,标注示例如图 4-21 所示。

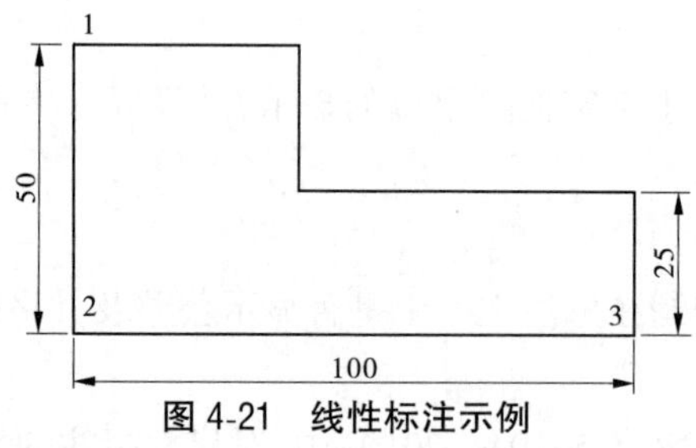

图 4-21 线性标注示例

执行命令后,命令行提示信息如下:

命令:dimlinear↙

指定第一条延伸线原点或 <选择对象>:(指定图 4-21 中 1 点)

指定第二条延伸线原点:(指定图 4-21 中 2 点)

指定尺寸线位置或

[多行文字(M)/文字(T)/角度(A)/水平(H)/垂直(V)/旋转(R)]:
标注文字 = 50↙
命令:dimlinear↙
指定第一条延伸线原点或 <选择对象>:(指定图 4-21 中 2 点)
指定第二条延伸线原点:(指定图 4-21 中 3 点)
指定尺寸线位置或
[多行文字(M)/文字(T)/角度(A)/水平(H)/垂直(V)/旋转(R)]:
标注文字 = 100↙
其中:
多行文字(M):选择该选项后,弹出"文字格式"对话框,可以输入和编辑标注文字。
文字(T):根据命令行的提示输入新的标注文字内容。
角度(A):根据命令行的提示输入标注文字角度来修改尺寸的角度。
水平(H):用于将尺寸文字水平放置。
垂直(V):用于将尺寸文字垂直放置。
旋转(R):用于创建具有倾斜角度的线性尺寸标注。

(二)对齐标注

对齐标注用于标注与指定位置或对象平行的尺寸标注。标注示例如图 4-22 所示。

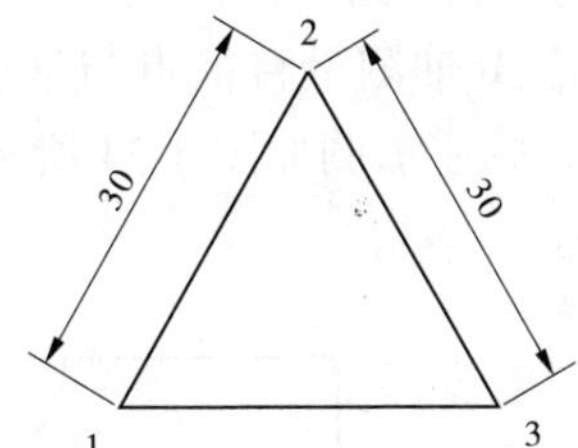

图 4-22　对齐标注示例

执行命令后,命令行提示信息如下:
命令:dimaligned↙
指定第一条延伸线原点或 <选择对象>:(指定图 4-22 中 1 点)
指定第二条延伸线原点:(指定图 4-22 中 2 点)
指定尺寸线位置或
[多行文字(M)/文字(T)/角度(A)]:
标注文字 = 30↙
命令:dimaligned↙
指定第一条延伸线原点或 <选择对象>:(指定图 4-22 中 2 点)
指定第二条延伸线原点:(指定图 4-22 中 3 点)
指定尺寸线位置或
[多行文字(M)/文字(T)/角度(A)]:
标注文字=30↙
其中:各选项的含义与线性标注中各选项的含义相同,在此不再重复。

(三)弧长标注

弧长标注用于标注圆弧或多段线弧线段上的距离。标注示例如图 4-23 所示。

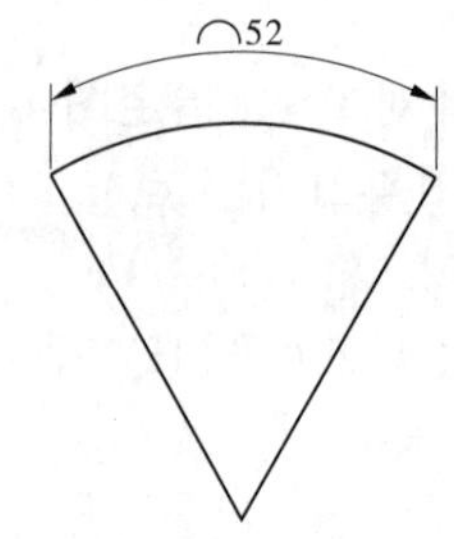

图 4-23　弧长标注示例

执行命令后,命令行提示信息如下:

命令:dimarc ↙

选择弧线段或多段线弧线段:(选择图 4-23 中的圆弧)

指定弧长标注位置或[多行文字(M)/文字(T)/角度(A)/部分(P)/]:

标注文字 = 52 ↙

(四)坐标标注

坐标标注用于显示原点(称为基准)到特征点的 *X* 或 *Y* 坐标。坐标标注由 *X* 值或 *Y* 值和引线组成。*X* 基准坐标标注沿 *X* 轴测量特征点与基准点的距离,*Y* 基准坐标标注沿 *Y* 轴测量特征点与基准点的距离。标注示例如图 4-24 所示。

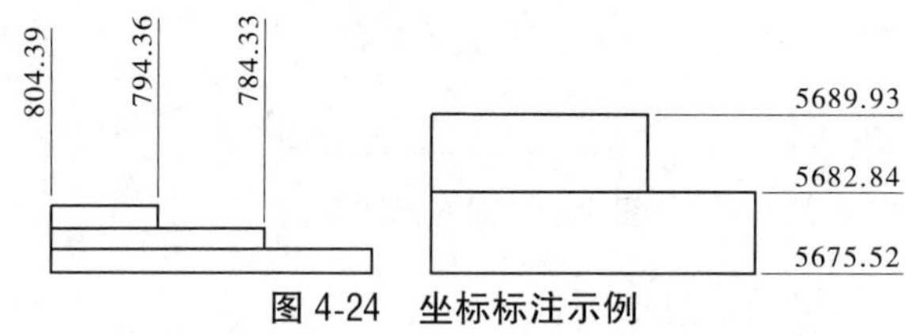

图 4-24　坐标标注示例

执行命令后,命令行提示信息如下:

命令:dimordinate ↙

指定点坐标:

指定引线端点或[X 基准(X)/Y 基准(Y)/多行文字(M)/文字(T)/角度(A)]:

标注文字=804. 39 ↙

其中:

指定引线端点:确定引线端点。系统将根据所确定的两点之间的坐标差确定它是 *X* 坐标标注还是 *Y* 坐标标注,并将该坐标尺寸标注在引线的终点处。如果 *X* 坐标之差大于 *Y* 坐标之差,则标注 *X* 坐标,反之标注 *Y* 坐标。

X 基准(*X*):标注 *X* 坐标并确定引线和标注文字的方向。

Y 基准(*Y*):标注 *Y* 坐标并确定引线和标注文字的方向。

(五)半径标注、直径标注和折弯标注

半径标注用于标注圆或圆弧的半径尺寸;直径标注用于标注圆或圆弧的直径尺寸。

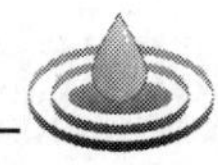

当圆或圆弧的中心位于布局之外且无法在其实际位置显示时,可用折弯标注,标注示例如图 4-25 所示。

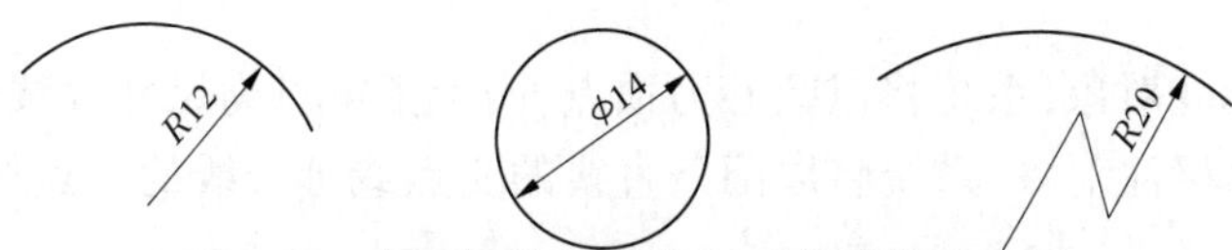

图 4-25　半径标注、直径标注和折弯标注示例

1. 创建半径标注的步骤

执行半径标注命令后,命令行提示信息如下:

命令:dimradius ↙
选择圆弧或圆:
标注文字=12 ↙
指定尺寸线位置或[多行文字(M)/文字(T)/角度(A)]:

2. 创建直径标注的步骤

执行直径标注命令后,命令行提示信息如下:

命令:dimdiameter ↙
选择圆弧或圆:
标注文字=14 ↙
指定尺寸线位置或[多行文字(M)/文字(T)/角度(A)]:

3. 创建折弯标注的步骤

在"新建标注样式"对话框中"符号和箭头"选项卡的"半径折弯标注"下,用户可以控制折弯的角度。

执行折弯标注命令后,命令行提示信息如下:

命令:dimjogged ↙
选择圆弧或圆:
指定图示中心位置:
标注文字 = 20 ↙
指定尺寸线位置或[多行文字(M)/文字(T)/角度(A)]:
指定折弯位置:(用鼠标点取)

(六)角度标注

角度标注用于标注两条直线或三个点之间的精确角度,标注示例如图 4-26 所示。

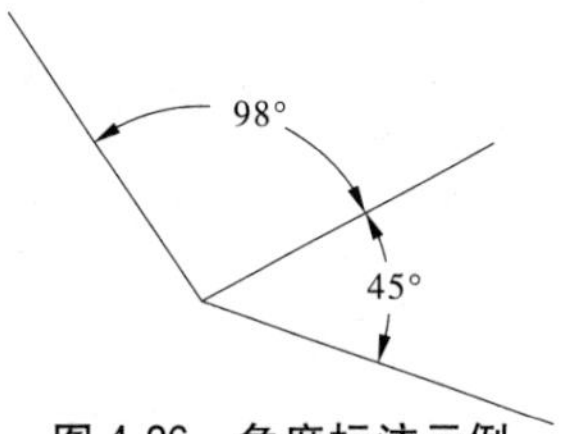

98°
45°
图 4-26　角度标注示例

执行命令后,命令行提示信息如下:

命令:dimangular ↙
选择圆弧、圆、直线或 <指定顶点>:
选择第二条直线:
指定标注弧线位置或[多行文字(M)/文字(T)/角度(A)/象限点(Q)]:
标注文字=98 ↙

其中：

如选择圆弧为标注对象，系统将以圆弧的两个端点作为角度尺寸的两条界线的起始点。

如选择圆为标注对象，系统将以圆心为顶点，两个指定点为尺寸界线的原点。

如选择直线为标注对象，系统将以两条直线的交点或延长线的交点作为顶点，两条直线作为尺寸界线。

指定顶点：直接指定顶点、角的第一个端点和角的第二个端点来标注角度。

象限点：指定圆或圆弧上的象限点来标注弧长，尺寸线将与圆弧重合。

（七）快速标注

一次选择多个对象，可同时标注多个相同类型的尺寸。

执行命令后，命令行提示信息如下：

命令：qdim↙

选择要标注的几何图形：指定对角点：找到 14 个

选择要标注的几何图形：(按 Enter 键结束选取)

指定尺寸线位置或［连续(C)/并列(S)/基线(B)/坐标(O)/半径(R)/直径(D)/基准点(P)/编辑(E)/设置(T)］<连续>：

其中：

连续、并列、基线、坐标、半径和直径对应着相应的标注。

基准点：用来为基线标注和连续标注确定一个新的基准点。

编辑：用来对快速标注的选择集进行修改。

设置：用来设置关联标注的优先级。

（八）基线标注和连续标注

基线标注用于标注有公共的第一条尺寸界线（作为基线）的一组尺寸线，连续标注用于从选定的标注基线处创建一系列首尾相连的多个标注。在进行基线或连续标注之前，首先要创建线性、对齐或角度标注作为基准标注的基准。标注示例如图 4-27 所示。

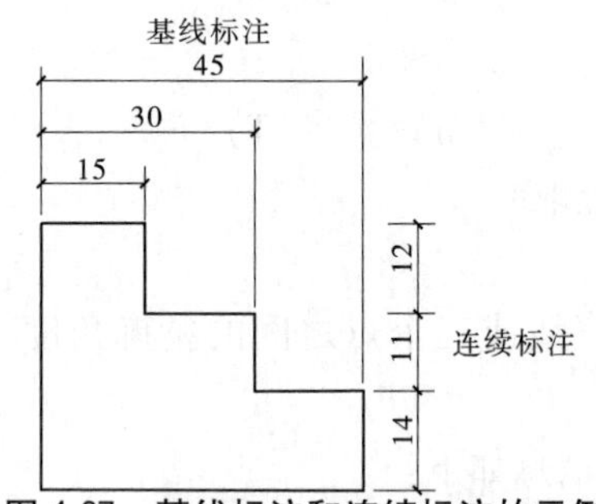

图 4-27　基线标注和连续标注的示例

1. 创建基线标注的步骤

执行命令后，命令行提示信息如下：

命令：dimbaseline↙

指定第二条延伸线原点或［放弃(U)/选择(S)］<选择>：

标注文字 = 30↙

指定第二条延伸线原点或［放弃(U)/选择(S)］<选择>:

标注文字 = 45↙

其中:

指定第二条延伸线原点:使用对象捕捉选择第二条延伸线的原点,将在指定距离处自动放置第二条尺寸线。默认下,所选择的基准标注的原点自动成为新基线标注的第一条尺寸界线。

选择:用来重新选择线性、对齐或角度标注作为基准标注的基准。

2. 创建连续标注的步骤

执行命令后,命令行提示信息如下:

命令:dimcontinue↙

指定第二条延伸线原点或［放弃(U)/选择(S)］<选择>:

标注文字 = 11↙

指定第二条延伸线原点或［放弃(U)/选择(S)］<选择>:

标注文字 = 12↙

各选项含义与基线标注相同。

(九)等距标注

当图形中的标注较多时,对尺寸标注之间的间距不满意,可以用等距标注命令调整平行的线性标注和角度标注之间的间距,或根据指定的间距值进行调整。除了调整尺寸线间距,还可以通过输入间距值 0 使尺寸线相互对齐。由于能够调整尺寸线的间距或对齐尺寸线,因此无须重新创建标注或使用夹点逐条对齐并重新定位尺寸线。

执行命令后,命令行提示信息如下:

命令:dimspace↙

选择基准标注:

选择要产生间距的标注:找到 1 个

选择要产生间距的标注:

输入值或［自动(A)］<自动>: 7↙

(十)折断标注

使用折断标注可以在尺寸线或尺寸界线与几何对象或其他标注相交的位置将其折断。

执行命令后,命令行提示信息如下:

命令:dimbreak↙

选择要添加/删除折断的标注或［多个(M)］:

选择要打断标注的对象或［自动(A)/手动(M)/删除(R)］<自动>:

选择要打断标注的对象:

(十一)圆心标记

圆心标记有两种样式,其中,中心标记是标记圆或圆弧中心的小十字,中心线是标记圆或圆弧中心的虚线。圆心标记的样式在“标注样式”的“符号和箭头”选项卡中的“圆心标记”选项中进行设置。

(十二)折弯线性标注

可以向线性标注添加折弯线,以表示实际测量值与尺寸界线之间的长度不同。如果显示的标注对象小于被标注对象的实际长度,则通常使用折弯尺寸线表示。

(十三)公差标注与检验标注

(略)

三、编辑尺寸标注

(一)编辑标注

编辑标注用于改变标注对象的标注文字及尺寸界线等,如图 4-28 所示。

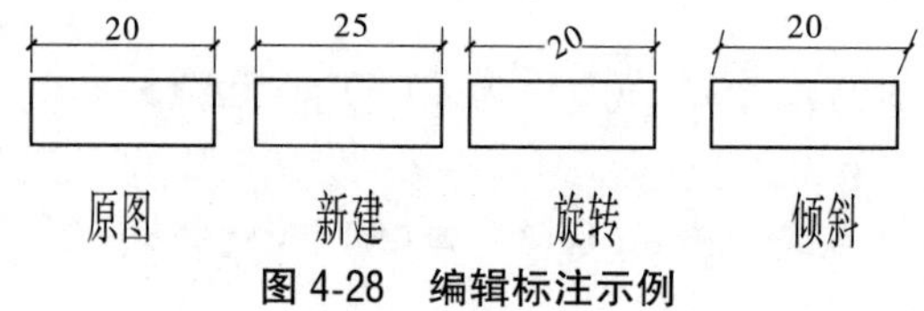

图 4-28　编辑标注示例

执行命令后,命令行提示信息如下:

命令:dimedit↙

输入标注编辑类型[默认(H)/新建(N)/旋转(R)/倾斜(O)]<默认>:

选择对象:找到 1 个

选择对象:(按 Enter 键结束)

其中:

默认(H):用于将选中的标注文字放回到由标注样式指定的位置和旋转角度。

新建(N):用于修改标注文字的内容。

旋转(R):用于指定标注文字的旋转角度。

倾斜(O):此项是针对尺寸界线进行编辑,用于指定线性尺寸界线的倾斜角度。

(二)编辑标注文字

编辑标注文字用于改变标注文字的位置,如图 4-29 所示。

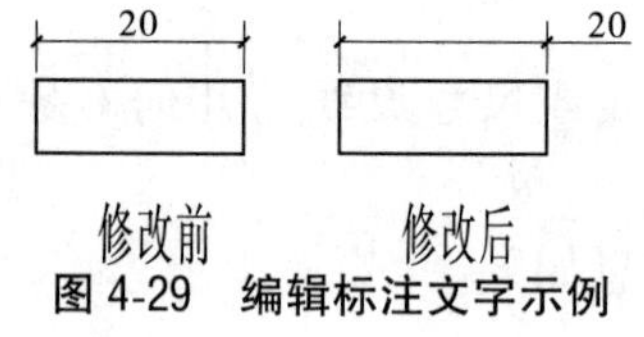

图 4-29　编辑标注文字示例

执行命令后,命令行提示信息如下:

命令:dimtedit↙

选择标注:

为标注文字指定新位置或[左对齐(L)/右对齐(R)/居中(C)/默认(H)/角度(A)]:

其中:

左对齐(L):将标注文字放置到尺寸线左端。

右对齐(R):将标注文字放置到尺寸线右端(以上两项仅适用于线性标注、直径标注、半径标注)。

居中(C):将标注文字放置到尺寸线的中心。

默认(H):将标注文字放置到由标注样式指定的位置。

角度(A):按指定的角度来放置标注文字。

(三)标注更新

标注更新按照当前尺寸标注样式所定义的形式,将已经标注的尺寸进行更新,如图 4-30 所示。

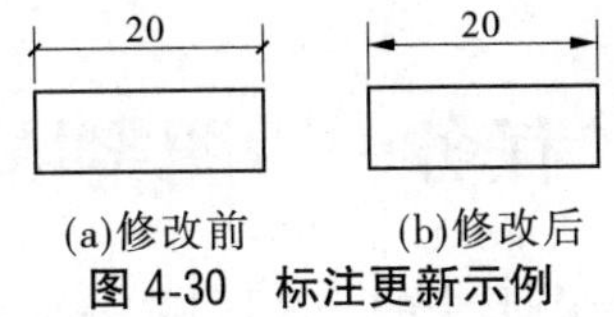

图 4-30　标注更新示例

执行命令后,命令行提示信息如下:

命令:dimstyle↙

当前标注样式: 副本 对齐　注释性: 否

输入标注样式选项

[注释性(AN)/保存(S)/恢复(R)/状态(ST)/变量(V)/应用(A)/?] <恢复>:_apply

选择对象: 找到 1 个

上机操作练习题

1. 按照 1:1的比例绘制图 4-31 所示工程剖视图,标注尺寸并命名保存。

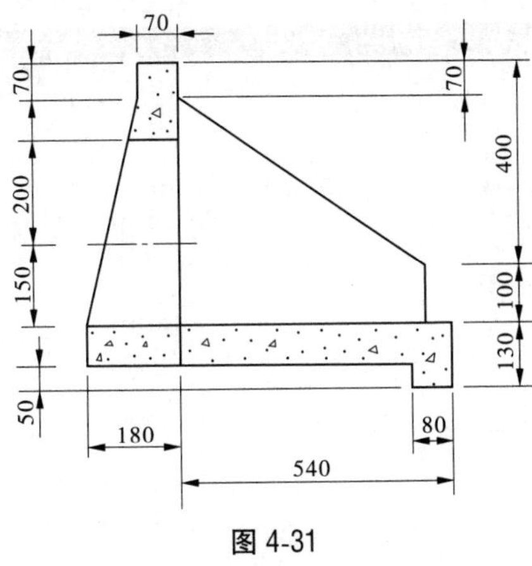

图 4-31

项目五　图案填充、面域、块和设计中心

【学习目的】

掌握图案填充、面域和块的使用、设计中心和查询的基本技能。

【学习要点】

图案填充方法,块及其属性、面域、设计中心的应用以及查询等。

任务一　图案填充

要重复绘制某些图案以填充图形中的一个区域,从而表达该区域的特征,这种填充操作称为图案填充。图案填充的应用非常广泛,如在机械工程图中,可以用图案填充表达一个剖切的区域,也可以使用不同的填充图案来表达不同的零部件或者材料。

一、图案填充命令基本操作

(一)执行途径

- 菜单方式:选择"绘图"→"图案填充";
- 图标方式:;
- 命令行输入:bhatch(H)。

输入"图案填充"命令后,系统将弹出如图 5-1 所示的"图案填充和渐变色"对话框。

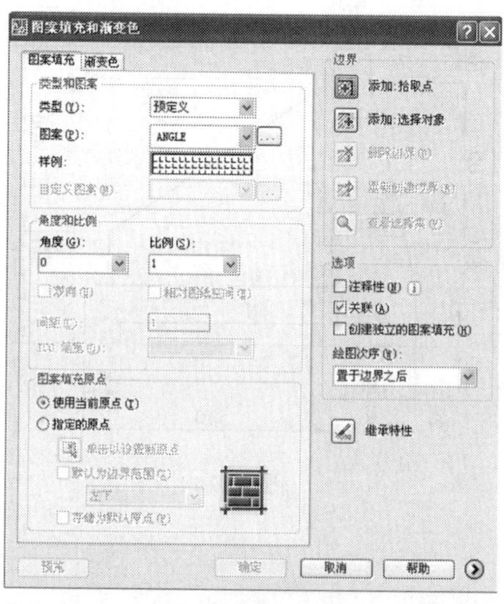

图 5-1　"图案填充和渐变色"对话框

(二)选择图案填充区域

在图 5-1 所示的“图案填充和渐变色”对话框中,右侧排列的按钮与选项用于选择图案填充的区域。这些按钮与选项的位置是固定的,无论选择哪个选项卡都可以发生作用。在“图案填充和渐变色”对话框中,各选项组的意义如下。

1.“边界”选项组

该选项组中可以选择图案填充的区域方式。其各个选项的意义如下:

(1)“添加:拾取点”按钮:用于根据图中现有的对象自动确定填充区域的边界,该方式要求这些对象必须构成一个闭合区域。单击该按钮,系统将暂时关闭“图案填充和渐变色”对话框,此时在闭合区域内单击,系统自动以虚线形式显示用户选中的边界,如图 5-2 所示。

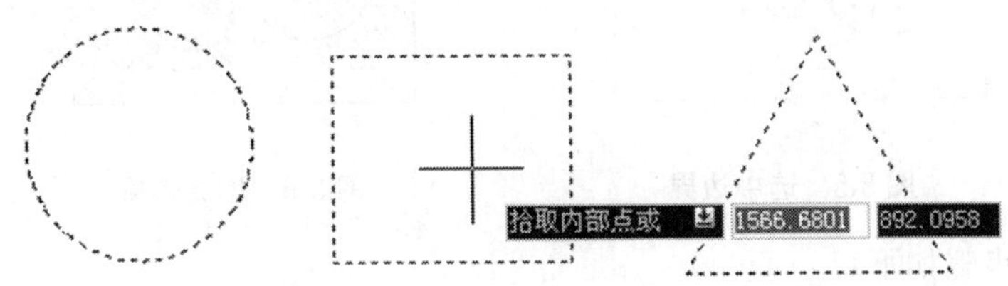

图 5-2 添加:拾取点

确定完图案填充边界后,下一步就是在绘图区域内单击鼠标右键以显示光标菜单,如图 5-3 所示,用户可以单击“预览”选项,来预览图案填充的效果,如图 5-4 所示。

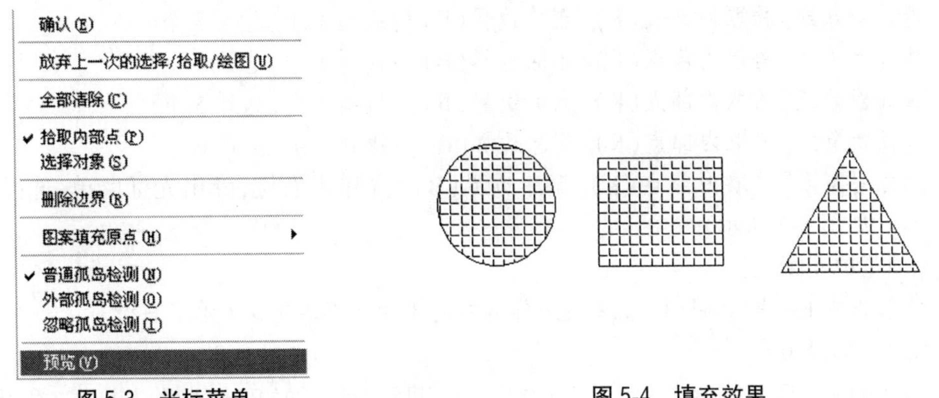

图 5-3 光标菜单

图 5-4 填充效果

具体操作步骤如下:

命令:bhatch↙(选择图案填充命令,在弹出的“图案填充和渐变色”对话框中单击“添加:拾取点”按钮)

拾取内部点或[选择对象(S)/删除边界(B)]:正在选择所有对象...(在图形内部单击,如图 5-2 所示)

正在选择所有可见对象...

正在分析所选数据...

正在分析内部孤岛...(边界变为虚线,单击右键,弹出光标菜单,选择“预览”选项,如图 5-3 所示)

拾取内部点或[选择对象(S)/删除边界(B)]:(预览填充图案)

拾取或按 Esc 键返回到对话框或<单击右键接受图案填充>:(单击右键)

填充效果如图 5-4 所示。

(2)“添加:选择对象”按钮 :用于选择图案填充的边界对象,该方式需要用户逐一选择图案填充的边界对象,选中的边界对象将变为虚线,如图 5-5 所示,系统不会自动检测内部对象,如图 5-6 所示。

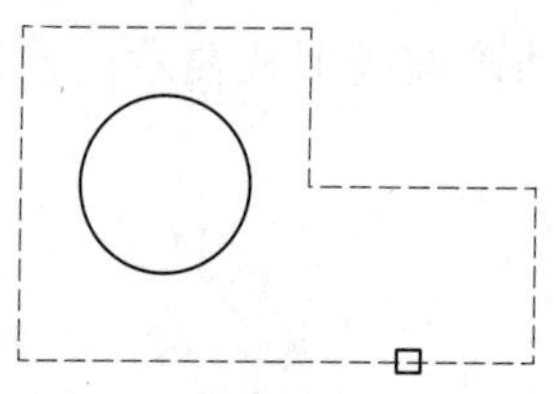

图 5-5 选中边界

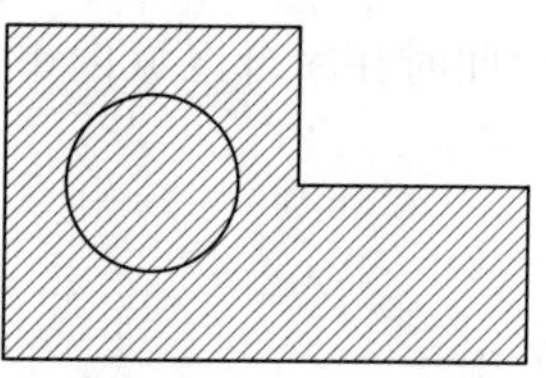

图 5-6 填充效果

具体操作步骤如下:

命令:bhatch↙(选择图案填充命令 ,在弹出的“图案填充和渐变色”对话框中单击“添加:选择对象”按钮)

选择对象或[拾取内部点(K)/删除边界(B)]:找到 1 个(依次单击各个边)

选择对象或[拾取内部点(K)/删除边界(B)]:找到 1 个,总计 2 个

选择对象或[拾取内部点(K)/删除边界(B)]:找到 1 个,总计 3 个

选择对象或[拾取内部点(K)/删除边界(B)]:找到 1 个,总计 4 个

选择对象或[拾取内部点(K)/删除边界(B)]:找到 1 个,总计 5 个

选择对象或[拾取内部点(K)/删除边界(B)]:找到 1 个,总计 6 个

选择对象或[拾取内部点(K)/删除边界(B)]:(单击右键,弹出光标菜单,选择“预览”选项,如图 5-3 所示)

(预览填充图案)

拾取或按 Esc 键返回到对话框或<单击右键接受图案填充>:(单击右键)

结果如图 5-6 所示。

(3)“删除边界”按钮 :用于从边界定义中删除以前添加的任何对象,如图 5-7 所示。

具体操作步骤如下:

命令:rectang↙(选择图案填充命令 ,在弹出“图案填充和渐变色”对话框中单击“添加:拾取点”按钮)

拾取内部点或[选择对象(S)/删除边界(B)]:(单击 A 点附近位置,如图 5-8(a)所示)

拾取内部点或[选择对象(S)/删除边界(B)]:(按 Enter 键,返回“图案填充和渐变色”对话框,单击“删除边界”按钮)

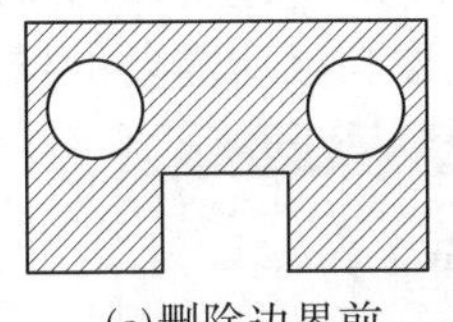
(a)删除边界前

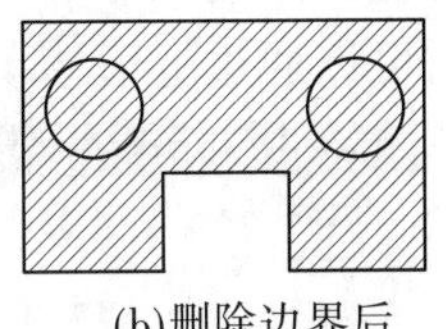
(b)删除边界后

图 5-7　删除图案填充边界

选择对象或[添加边界(A)]:(单击选择圆 B,如图 5-8(b)所示)

选择对象或[添加边界(A)/放弃(U)]:(单击选择圆 C,如图 5-8(b)所示)

选择对象或[添加边界(A)/放弃(U)]:(按 Enter 键,返回“图案填充和渐变色”对话框,单击“确定”按钮)

结果如图 5-8(c)所示。

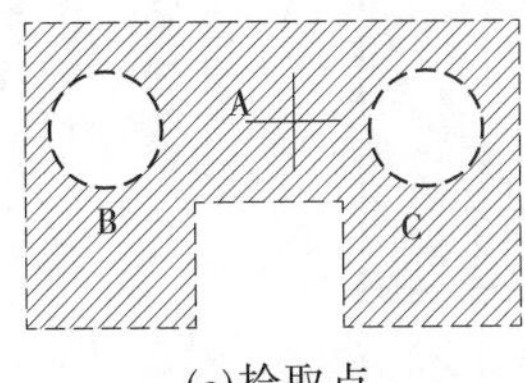

(a)拾取点

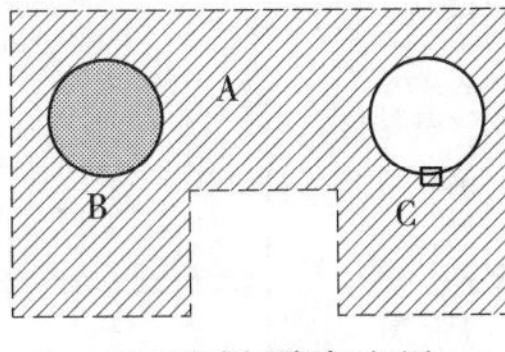

(b)选择删除边界

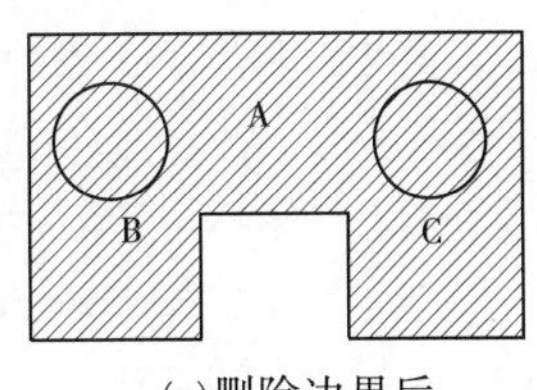

(c)删除边界后

图 5-8　删除边界过程

(4)“重新创建边界”按钮:围绕选定的图形边界或填充对象创建多段线或面域,并使其与图案填充对象相关联。如果未定义图案填充,则此选项不可用。

(5)“查看选择集”按钮:单击“查看选择集”按钮,系统将显示当前选择的填充边界。如果未定义边界,则此选项不可用。

2.“选项”选项组

该选项组用来控制几个常用的图案填充或填充选项。

(1)“关联”选项:用于创建关联图案填充。关联图案是指图案与边界相链接,当用户修改边界时,填充图案将自动更新。

(2)“创建独立的图案填充”选项:用于控制当指定了几个独立的闭合边界时,是创建单个图案填充对象,还是创建多个图案填充对象。

(3)“绘图次序”选项:用于指定图案填充的绘图顺序,图案填充可以放在所有其他对象之后、所有其他对象之前、图案填充边界之后或图案填充边界之前。

(4)“继承特性”按钮:用指定图案的填充特性填充到指定的边界。单击继承特性按钮,并选择某个已绘制的图案,系统即可将该图案的特性填充到当前填充区域中。

(三)选择图案样式

在“图案填充”选项卡中,“类型和图案”选项组用于选择图案填充的样式。“图案”

下拉列表用于选择图案的样式，如图 5-9 所示，所选择的样式将在其下的“样例”显示框中显示出来，用户需要时可以通过上下移动滚动条来选取自己所需要的样式。

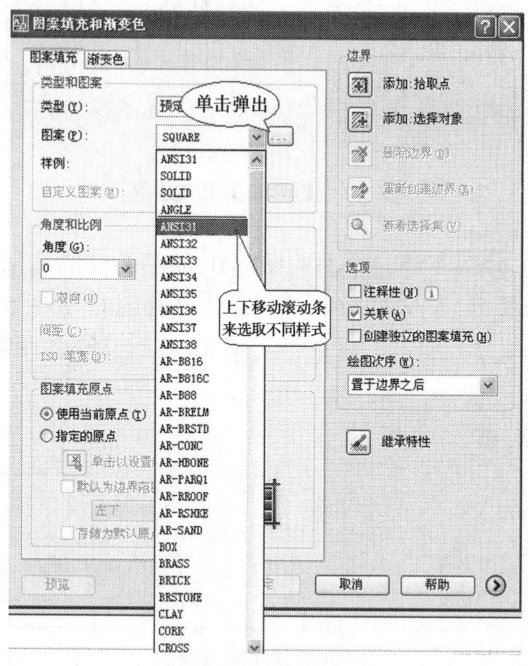

图 5-9　选择图案样式

单击“图案”下拉列表框右侧的按钮 ... 或单击“样例”显示框，弹出“填充图案选项板”对话框，如图 5-10 所示，列出了所有预定义图案的预览图像。

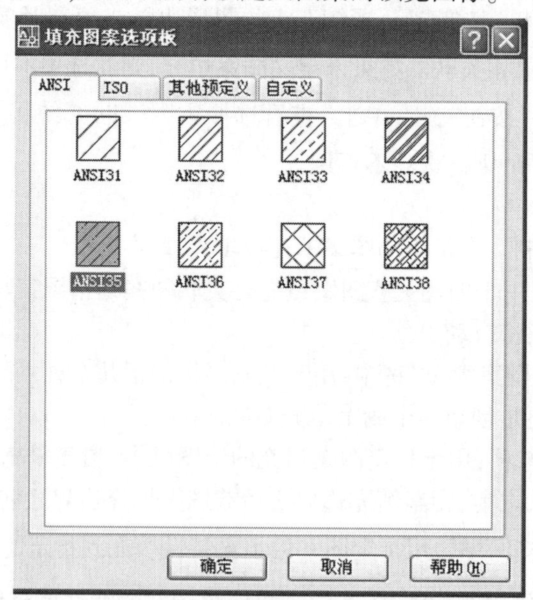

图 5-10　“填充图案选项板”对话框

在“填充图案选项板”对话框中，各个选项的意义如下：

(1)“ANSI”选项：用于显示系统附带的所有 ANSI 标准图案，如图 5-10 所示。

(2)“ISO”选项：用于显示系统附带的所有 ISO 标准图案，如图 5-11 所示。

(3)“其他预定义”选项：用于显示所有其他样式的图案，如图 5-12 所示。

(4)“自定义”选项：用于显示所有已添加的自定义图案。

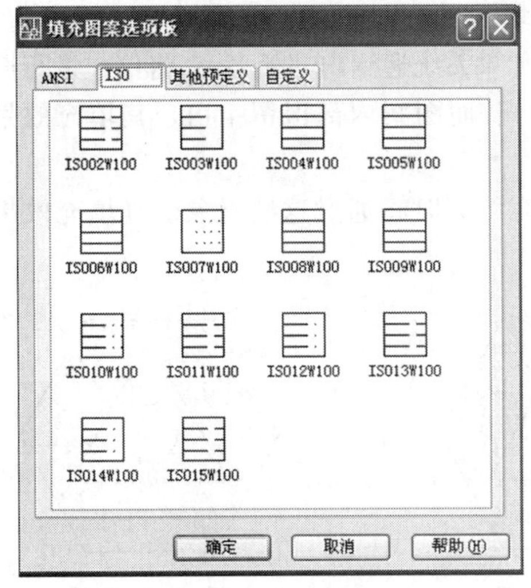

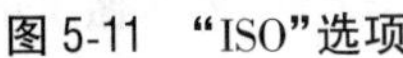
图 5-11　“ISO”选项

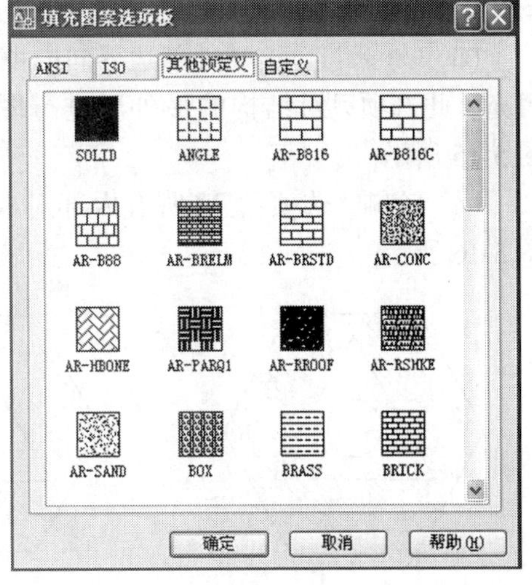

图 5-12　“其他预定义”选项

二、孤岛的控制、角度与比例、渐变色填充

(一)孤岛的控制

在“图案填充和渐变色”对话框中，单击“更多”选项按钮，展开其他选项，可以控制“孤岛”的样式，此时对话框如图 5-13 所示。

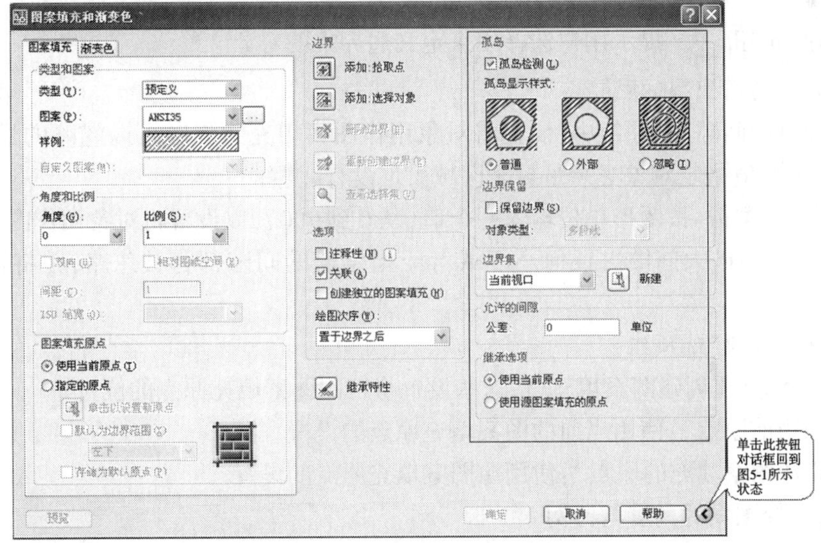

图 5-13　“孤岛样式”对话框

1."孤岛"选项组

在"孤岛"选项组中,各选项的意义如下:

(1)"孤岛检测"选项:控制是否检测内部闭合边界。

(2)"普通"选项:从外部边界向内填充。如果系统遇到一个内部孤岛,它将停止进行图案填充,直到遇到该孤岛的另一个孤岛。其填充效果如图 5-14 所示。

(3)"外部"选项:从外部边界向内填充。如果系统遇到内部孤岛,它将停止进行图案填充。此选项只对结构的最外层进行图案填充,而图案内部保留空白。其填充效果如图 5-15 所示。

(4)"忽略"选项:忽略所有内部对象,填充图案时将通过这些对象。其填充效果如图 5-16 所示。

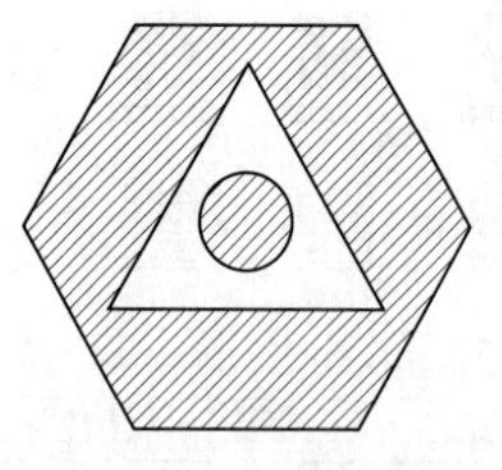

图 5-14 普通

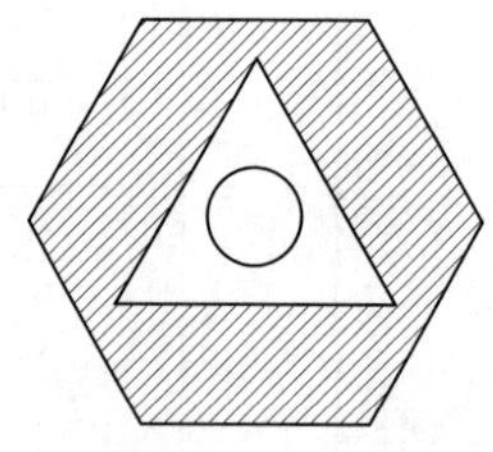

图 5-15 外部

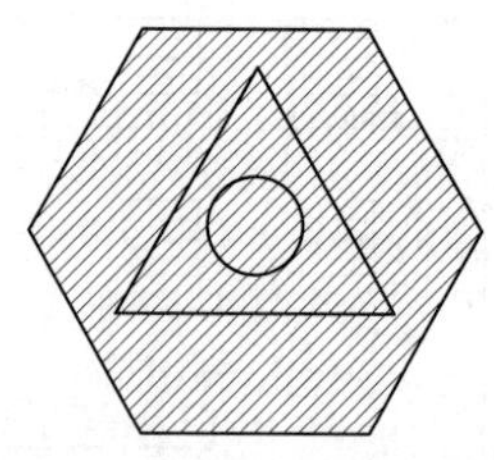

图 5-16 忽略

2."边界保留"选项组

在"边界保留"选项组中,控制是否将边界保留为对象,并确定应用于这些对象的对象类型。

3."边界集"选项组

在"边界集"选项组中,定义当从指定点定义边界时要分析的对象集。当使用"选择对象"定义边界时,选定的边界集无效。

"新建"按钮 :提示用户选择用来定义边界集的对象。

4."允许的间隙"选项组

在"允许的间隙"选项组中,设置将对象用作图案填充边界时可以忽略的最大间隙。默认值为 0,此值指定对象必须是封闭区域而且没有间隙。

"公差"文本框:按图形单位输入一个值(从 0 到 700),以设置将对象用作图案填充边界时可以忽略的最大间隙。任何小于或等于指定值的间隙都将被忽略,并将边界视为封闭。

5."继承选项"选项组

在使用该选项创建图案填充时,这些设置将控制图案填充原点的位置。

"使用当前原点":使用当前的图案填充原点的设置。

"使用源图案填充的原点":使用源图案填充原点的设置。

(二)选择图案的角度与比例

在"图案填充"选项卡中,"角度和比例"可以定义图案填充的角度和比例。"角度"下拉列表框用于选择预定义填充图案的角度,用户也可在该表框中输入其他角度值,如

图 5-17 所示。

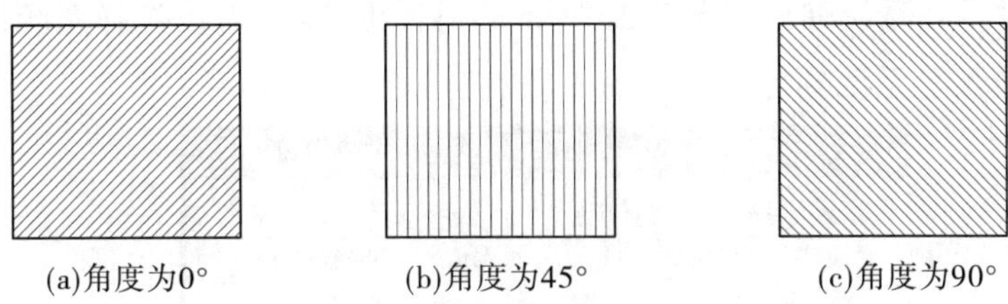

(a)角度为0°　　(b)角度为45°　　(c)角度为90°

图 5-17　填充角度

在“图案填充”选项卡中,“比例”下拉列表框用于指定放大或缩小预定义或自定义图案,用户也可在该列表框中输入其他缩放比例值,如图 5-18 所示。

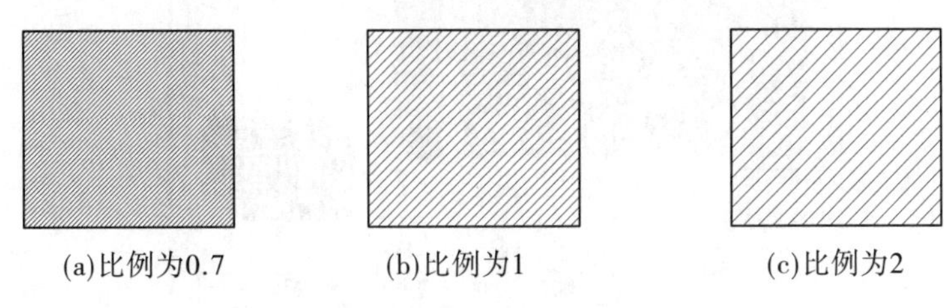

(a)比例为0.7　　(b)比例为1　　(c)比例为2

图 5-18　填充比例

(三)渐变色填充

在“图案填充和渐变色”对话框中,选择“渐变色”选项卡,如图 5-19 所示,可以将填充图案设置为渐变色,也可以直接单击“标准”工具栏上“渐变色填充”按钮。

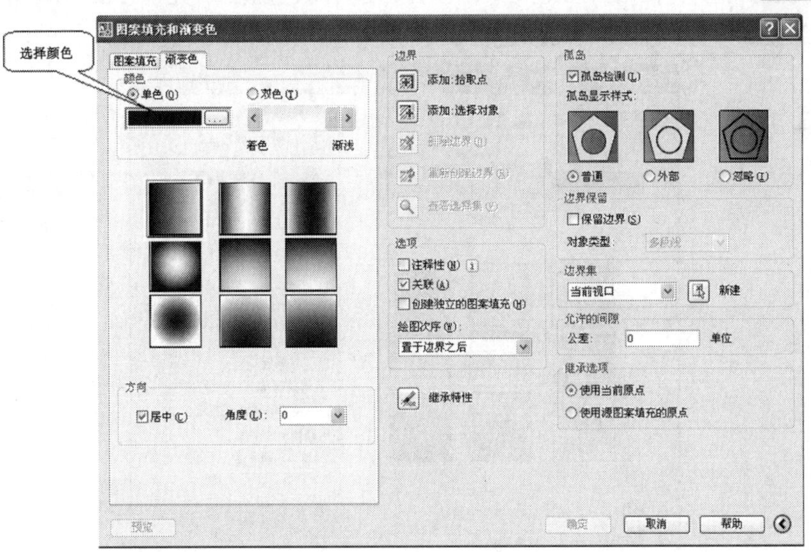

图 5-19　“渐变色”选项卡

在“渐变色”选项卡中,各选项组的意义如下。

1.“颜色”选项组

在该选项组中,主要用于设置渐变色的颜色。

(1)“单色”选项:从较深的着色到较浅色调平滑过渡的单色填充。单击图 5-19 所示的选择颜色按钮 ... ,系统弹出如图 5-20 所示的对话框,从中可以选择系统所提供的索引颜色、真彩色或配色系统颜色。

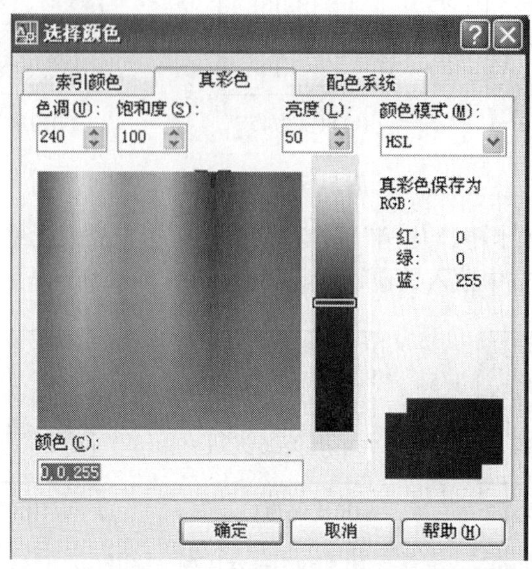

图 5-20 “选择颜色”对话框

(2)“着色 渐浅”滑块:用于指定一种颜色为选定颜色与白色的混合,或为选定颜色与黑色的混合,用于渐变填充。

(3)“双色”选项:在两种颜色之间平滑过渡的双色渐变填充。AutoCAD 分别为颜色 1 和颜色 2 显示带有浏览按钮的颜色样例,如图 5-21 所示。

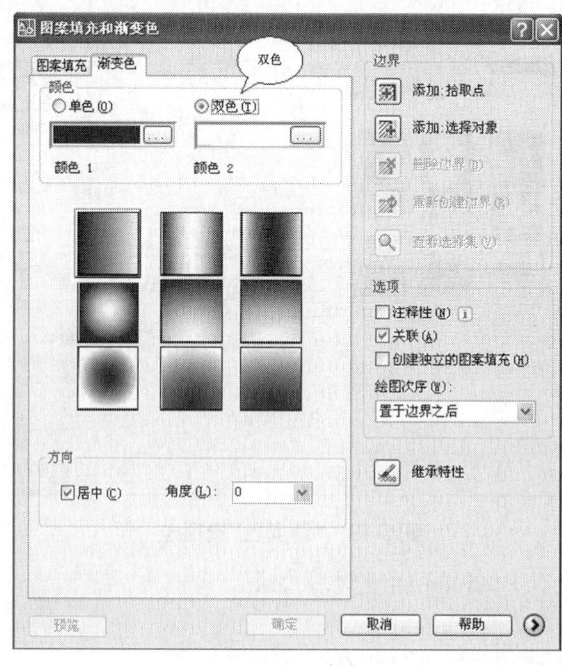

图 5-21 双色选项

在渐变图案区域列出了9种固定的渐变图案的图标,单击图标就可以选择渐变色填充为线状、球状和抛物面状等图案的填充方式。

2.“方向”选项组

在该选项组中,主要用于指定渐变色的角度以及其是否对称。

(1)“居中”单选项:用于指定对称的渐变配置。如果选定该选项,渐变填充将朝左上方变化,创建光源在对象左边的图案。

(2)“角度”文本框:用于指定渐变色的角度。此选项与指定给图案填充的角度互不影响。

平面图形“渐变色”填充效果如图5-22所示。

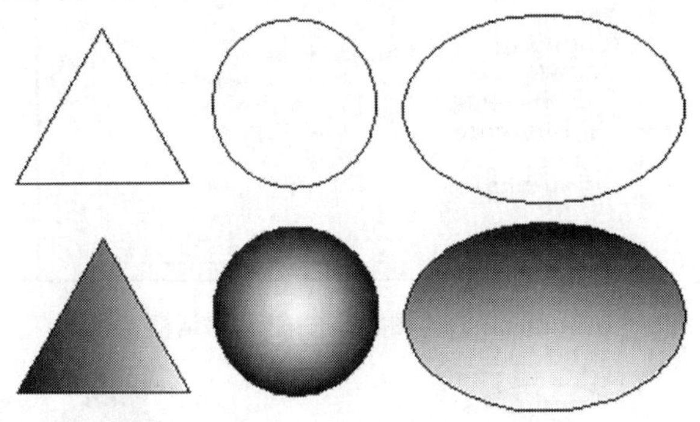

图5-22　平面图形“渐变色”填充效果

三、编辑图案填充

如果对绘制完的填充图案感到不满意,可以通过“编辑图案填充”随时进行修改。执行途径如下:

◆ 菜单方式:单击“修改Ⅱ”工具栏上的“编辑图案填充”按钮,或选择“修改”→“对象”→“图案填充”命令;

◆ 图标方式:;

◆ 键盘输入方式:hatchedit。

输入“编辑图案填充”命令后,选择需要编辑的填充图案,系统将弹出如图5-23所示的对话框。在该对话框中,有许多选项都以灰色显示,表示不要选择或不可编辑。修改完成后,单击“预览”按钮进行预览,最后单击“确定”按钮,确定图案填充的编辑。

【例5-1】 将图5-24(a)所示图形中的图案填充,改成图5-24(b)所示的图案填充形式。

命令:hatchedit↙

选择图案填充对象:(选择图5-24(a)中的图案填充,系统自动弹出如图5-23所示的对话框,按“确定”按钮)

编辑后如图5-24(b)所示。

四、图案填充的分解

图案填充无论多么复杂,通常情况下都是一个整体,即一个匿名“块”。在一般情况

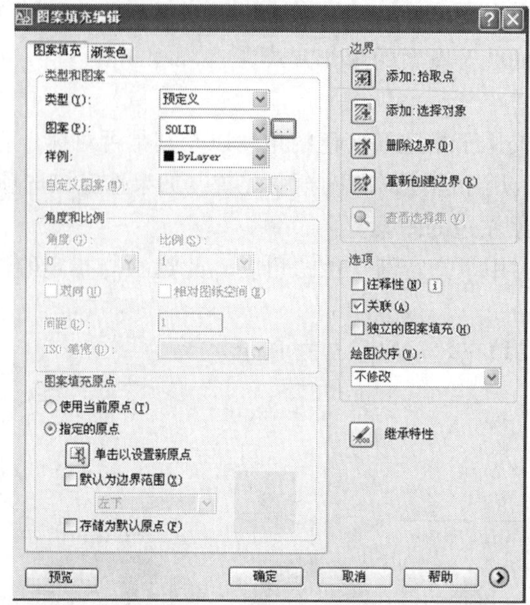

图 5-23 “图案填充编辑”对话框

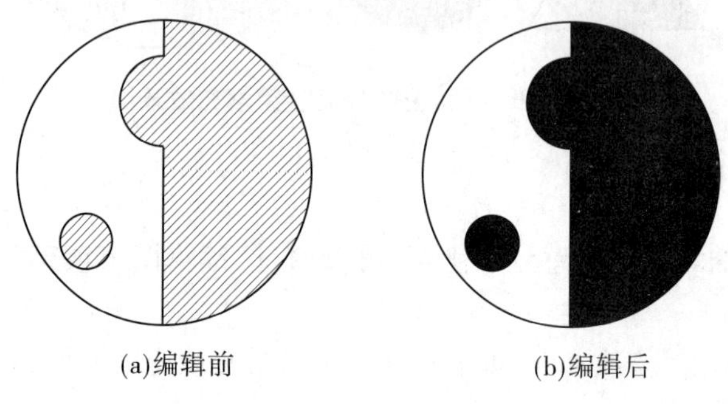

(a)编辑前　　(b)编辑后

图 5-24 图案填充编辑图例

下不会对其中的图线进行单独的编辑,如果需要编辑,也是采用“图案填充编辑”命令。但在一些特殊情况下,如标注的尺寸和填充的图案重叠,必须将部分图案打断或删除以便清晰显示尺寸,此时必须将图案分解,然后才能进行相关的操作。用“分解”命令 分解后的填充图案变成了各自独立的实体。图 5-25 显示了分解前和分解后的不同夹点。

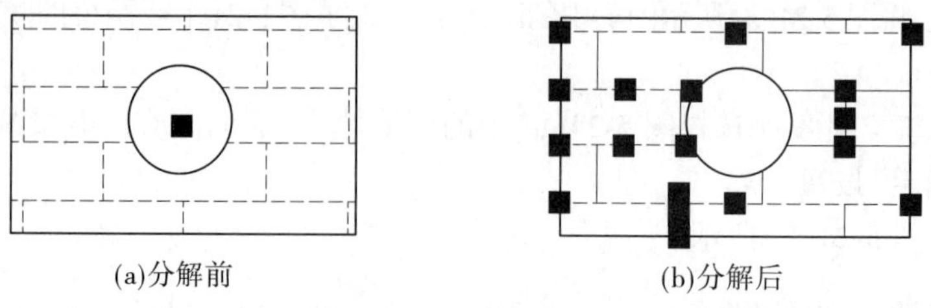

(a)分解前　　(b)分解后

图 5-25 图案填充分解

任务二　创建面域

在 AutoCAD 2021 中,可以将由某些对象围成的封闭区域转换为面域,这些封闭区域可以是圆、椭圆、封闭的二维多段线和封闭的样条曲线等对象,也可以是由圆弧、直线、二维多段线、椭圆弧、样条曲线等对象构成的封闭区域。

一、面域

(一)执行途径

◆ 菜单方式:选择“绘图”→“面域”;

◆ 图标方式:;

◆ 键盘输入方式:region。

(二)执行命令过程

输入面域命令后,选择一个或多个用于转换为面域的封闭图形,当按下 Enter 键后即可将它们转换为面域。因为圆、多边形等封闭图形属于线框模型,而面域属于实体模型,因此它们在选中时表现的形式也不相同。

选择“绘图”→“边界”命令,或者在命令行中输入 boundary,执行该命令,弹出“边界创建”对话框,如图 5-26 所示,可以从封闭区域创建面域或多段线。此时,在“对象类型”下拉列表框中选择“面域”选项,单击“确定”按钮后创建的图形将是一个面域,而不是边界。

图 5-26　边界创建

二、面域的布尔运算

在创建完成面域之后,用户可以通过结合、减去或查找面域的交点创建组合面域。形成这些更复杂的面域后,可以应用填充或者分析它们的面积,或者在三维空间拉伸形成实体。布尔运算的对象只包括实体和共面的面域,对于普通的线条图形对象无法使用布尔运算。使用“修改”→“实体编辑”子菜单中的相关命令,可以对面域进行如下的布尔运算。

并集:创建面域的并集,此时需要连续选择要进行并集操作的面域对象,直到按下 Enter 键,即可将选择的面域合并为一个图形并结束命令。

差集:创建面域的差集,使用一个面域减去另一个面域。

交集:创建多个面域的交集即各个面域的公共部分,此时需要同时选择两个或两个以上面域对象,然后按下 Enter 键即可。

(一)执行途径

◆ 菜单方式:选择“修改”→“实体编辑”→“并集”(交集、差集);

◆ 图标方式:实体编辑→并集(交集、差集);

◆ 键盘输入方式:union(并集)或 intersect(交集)或 subtract(差集)。

(二)执行命令过程

并集运算将建立一个合成实心体与合成域。合成实心体通过计算两个或者更多现有的实心体的总体积来建立,合成域通过计算两个或者更多现有域的总面积来建立。交集运算可以从两个或者多个相交的实心体中建立一个合成实心体以及域,所建立的域将基于两个或者多个相互覆盖的域计算出来,实心体将由两个或者多个相交实心体的共同值计算产生,即使用相交的部分建立一个新的实心体或者域。差集运算所建立的域将基于一个域集或者二维物体的面域与另一个集合体面域的差来确定,实心体由一个实心体集的体积与另一个实心体集的体积的差来确定。

【例 5-2】 如图 5-27(a)中的面域原图,执行并集、交集、差集后的效果如图 5-27(b)、(c)、(d)所示。

命令:union(intersect)↙

选择对象:(将矩形和圆全部框选)

选择对象后,系统对所选择的面域做并集(交集)计算。

命令:subtract↙

选择对象:选择差集运算的主体对象(选择矩形或者圆)

选择对象:(右键单击结束)

选择对象:选择差集运算的参照体对象(选择圆或者矩形)

选择对象:(右键单击结束)

选择对象后,系统对所选择的面域做差集计算。运算逻辑是主体对象减去与参照体对象重叠的部分。

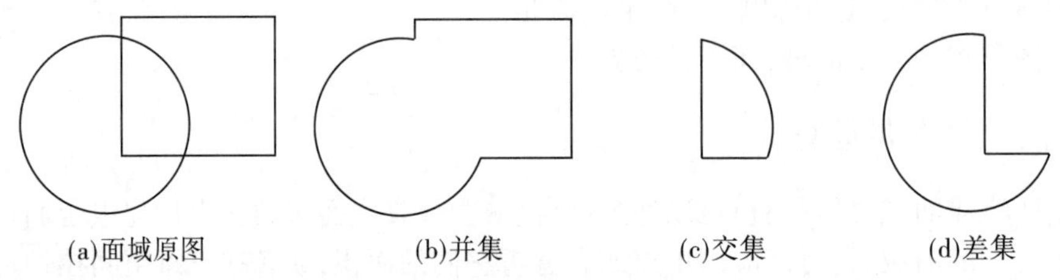

(a)面域原图　(b)并集　(c)交集　(d)差集

图 5-27

再如,图 5-28(a)、(b)、(c)分别为创建面域后执行并集、差集和交集后的效果。

三、从面域中提取数据

从表面上看,面域和一般的封闭线框没有区别,就像是一张没有厚度的纸。实际上,面域是二维实体模型,它不但包含边的信息,还有边界内的信息。可以利用这些信息计算工程属性,如面积、质心、惯性等。

在 AutoCAD 2021 中,选择"工具"→"查询"→"面域"→"质量特性"命令(massprop),然后选择面域对象,按 Enter 键,系统将自动切换到"AutoCAD 文本窗口",显

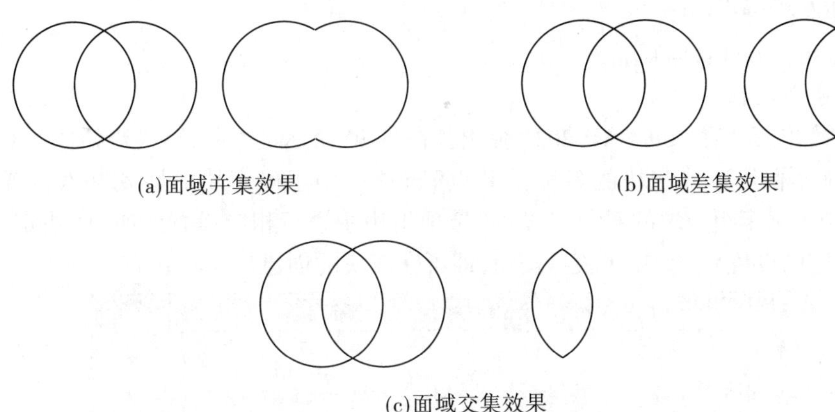

(a)面域并集效果　　(b)面域差集效果

(c)面域交集效果

图 5-28　并集、差集、交集的效果

示面域对象的数据特性,如图 5-29 所示。

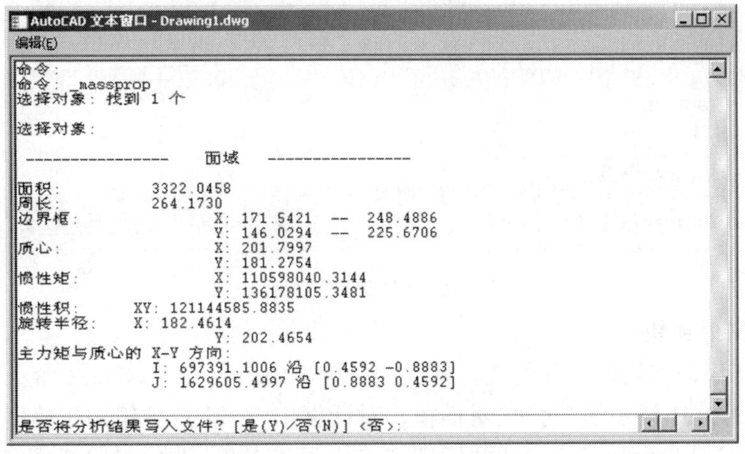

图 5-29　面域对象的数据特性

任务三　块的创建及使用

在绘制图形时,如果图形中有大量相同或相似的内容,或者所绘制的图形与已有的图形文件相同,则可以把要重复绘制的图形创建成块(也称为图块),并根据需要为块创建属性,指定块的名称、用途及设计者等信息,在需要时直接插入它们,从而提高绘图效率。

一、块及其定义

(一)块的基本概念

块是图形对象的集合,单独以一个图形文件的方式保存。

(二)定义块

1. 执行途径

◆ 菜单方式:选择“绘图”→“块”→“创建”;

◆ 图标方式：;

◆ 键盘输入方式：block。

2. 执行命令过程

执行块操作命令后，AutoCAD 2021 弹出如图 5-30 所示的“块定义”对话框。对话框中，“名称”文本框用于确定块的名称，“基点”选项组用于确定块的插入基点位置，“对象”选项组用于确定组成块的对象，“设置”选项组用于进行相应设置。通过“块定义”对话框完成对应的设置后，单击“确定”按钮，即可完成块的创建。

图 5-30 “块定义”对话框

(三) 定义外部块

定义外部块即将块以单独的文件保存。命令：wblock。执行 wblock 命令后，AutoCAD 2021 弹出如图 5-31 所示的“写块”对话框。对话框中，“源”选项组用于确定组成块的对象来源，“基点”选项组用于确定块的插入基点位置，“对象”选项组用于确定组成块的对象。只有在“源”选项组中选中“对象”单选按钮后，这两个选项组才有效。“目标”选项组确定块的保存名称、保存位置。用 wblock 命令创建块后，该块以. dwg 格式保存，即以 AutoCAD 图形文件格式保存。

二、插入块

定义块之后，即可将块插入到指定图形中。

(一) 执行途径

◆ 菜单方式：选择“插入”→“块”;

◆ 图标方式：;

◆ 键盘输入方式：insert。

(二) 执行命令过程

1. 块的插入

执行插入块命令后，AutoCAD 2021 弹出如图 5-32 所示的“插入”对话框。

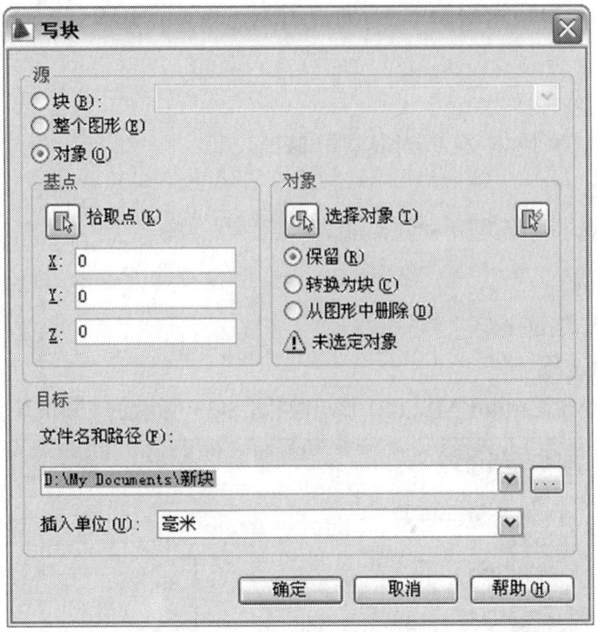

图 5-31　“写块”对话框

图 5-32　块的“插入”对话框

块的“插入”对话框中,“名称”下拉列表框确定要插入块或图形的名称,“插入点”选项组确定块在图形中的插入位置,“比例”选项组确定块的插入比例,“旋转”选项组确定块插入时的旋转角度,“块单位”文本框显示有关块单位的信息。

通过“插入”对话框设置了要插入的块以及插入参数后,单击“确定”按钮,即可将块插入到当前图形(如果选择了在屏幕上指定插入点、插入比例或旋转角度,插入块时还应根据提示指定插入点、插入比例等)。

2. 设置插入基点

用于设置图形插入基点的命令是“Base”,利用“绘图”→“块”→“基点”命令可启动该命令。执行 Base 命令,AutoCAD 2021 提示:

输入基点:(在此提示下指定一点,即可为图形指定新基点)

三、编辑块

在块编辑器中打开块定义,以对其进行修改。

(一)执行途径

◆ 菜单方式:选择“工具”→“块编辑器”;

◆ 图标方式: ;

◆ 键盘输入方式:bedit。

(二)执行命令过程

执行编辑块命令后,AutoCAD 2021 弹出如图 5-33 所示的“编辑块定义”对话框。

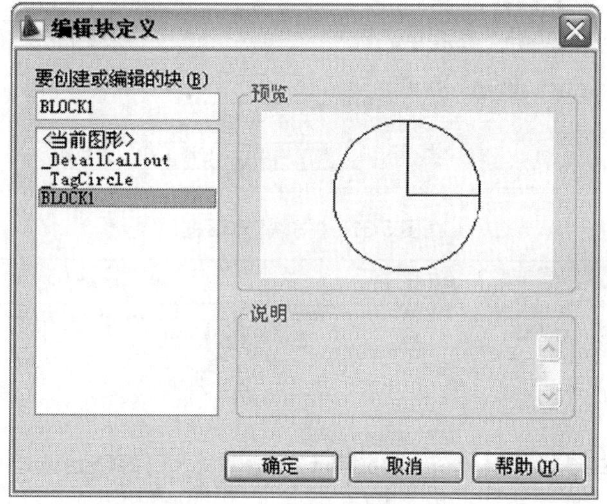

图 5-33 “编辑块定义”对话框

从“编辑块定义”对话框左侧的列表中选择要编辑的块,然后单击“确定”按钮,AutoCAD 2021 进入块编辑模式,如图 5-34 所示。

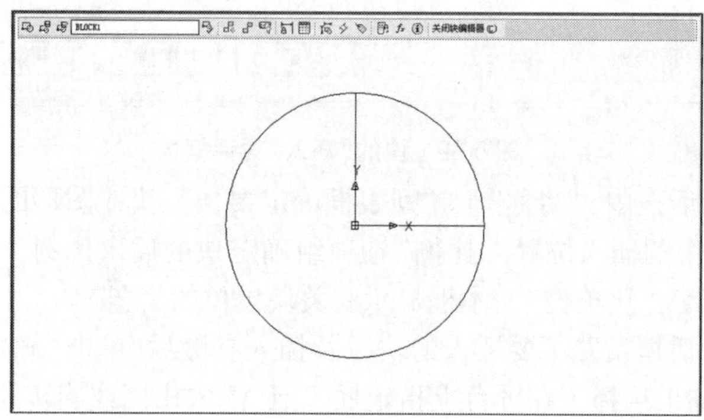

图 5-34 块编辑模式

此时显示出要编辑的块,用户可直接对其进行编辑。编辑块后,单击对应工具栏上的“关闭块编辑器”按钮,AutoCAD 2021 显示如图 5-35 所示的提示窗口,如果用“是”响应,

则会关闭块编辑器,并确认对块定义的修改。一旦利用块编辑器修改了块,当前图形中插入的对应块均自动进行对应的修改。

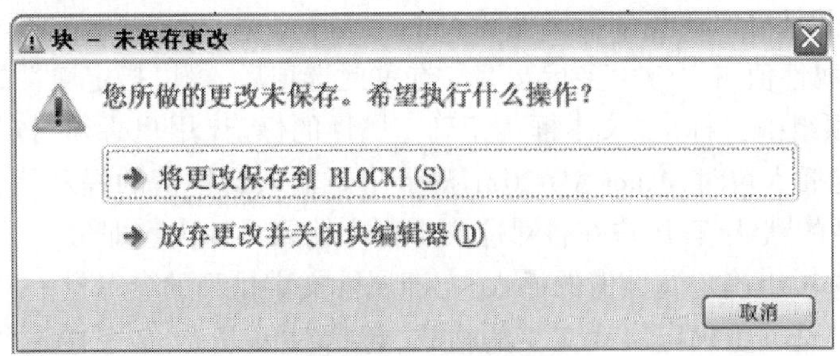

图 5-35　关闭块编辑器

四、块属性

块属性是附属于块的非图形信息,是块的组成部分,可包含在块定义中的文字对象。在定义一个块时,属性必须预先定义而后选定。通常属性用于在块的插入过程中进行自动注释。

(一)定义属性

定义属性的操作方式如下:

◆ 菜单方式:选择"绘图"→"块"→"定义属性";

◆ 键盘输入方式:attdef。

执行 attdef 命令后,AutoCAD 2021 弹出如图 5-36 所示的"属性定义"对话框。

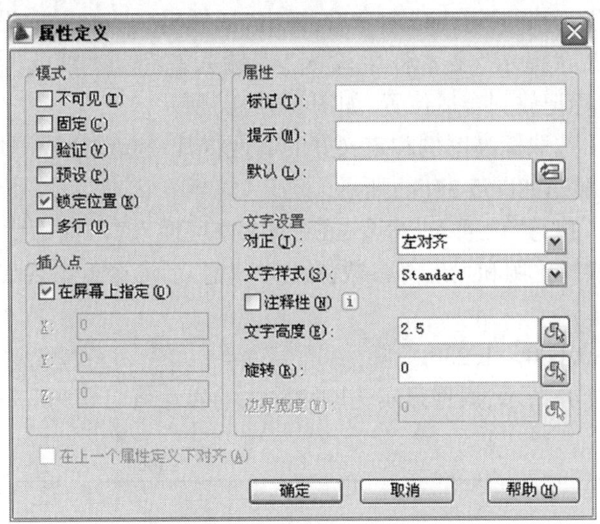

图 5-36　"属性定义"对话框

对话框中,"模式"选项组用于设置属性的模式。对话框中各选项的含义如下:

不可见:指定插入块时不显示或打印属性值。

固定:在插入块时赋予属性固定值。

验证:插入块时提示验证属性值是否正确。

预设:插入包含预置属性值的块时,将属性设置为默认值。

锁定位置:锁定块参照中属性的位置。解锁后,属性可以相对于使用夹点编辑的块的其他部分移动,并且可以调整多行属性的大小。

多行:指定属性值可以包含多行文字。选定此选项后,可以指定属性的边界宽度。

"属性"选项组中,"标记"文本框用于确定属性的标记(用户必须指定标记);"提示"文本框用于确定插入块时,AutoCAD 2021 提示用户输入属性值的提示信息;"默认"文本框用于设置属性的默认值,用户在各对应文本框中输入具体内容即可。

"插入点"选项组确定属性值的插入点,即属性文字排列的参考点。

"文字设置"选项组确定属性文字的格式,包括对正方式、文字样式、文字高度、文字倾斜角度。

确定了"属性定义"对话框中的各项内容后,单击对话框中的"确定"按钮,AutoCAD 2021 完成一次属性定义,并在图形中按指定的文字样式、对齐方式显示出属性标记。用户可以用上述方法为块定义多个属性。

在创建带有附加属性的块时,需要同时选择块属性作为块的成员对象。带有属性的块创建完成后,就可以使用"插入"对话框,在文档中插入该块。

【例 5-3】 将图 5-37(a)所示的标高符号创建为带属性的块。

在建筑工程图中,经常需要标注大量的高程,这些标注往往有相同的图例 、不同的高程数值。借助块属性,确定不同的插入点,可以很快地完成这些标注。步骤如下:

(1)绘制基本图形。如图 5-37(a)所示。

(2)定义块属性。执行"attdef"命令后,弹出"属性定义"对话框,设置属性为:"标记"文本框中输入"BG";"提示"文本框中输入"请输入高程";"默认"文本框中输入%%P0.000。确定后将标记放到合适位置,如图 5-37(b)所示。

(3)创建图块。选取标高图例和定义好的属性将其一起创建成图块,名称为"标高",确定后定义的属性显示如图 5-37(c)所示。

(4)插入图块。执行"块插入"命令,在弹出的"块插入"对话框中选定"标高"图块,确定插入位置,设置好比例和角度等参数,单击"确定"后命令行出现如下提示:

输入属性值:

请输入高程<±0.000>:1.230↙

结果如图 5-37(d)所示,属性显示为刚刚输入的属性值"1.230"。

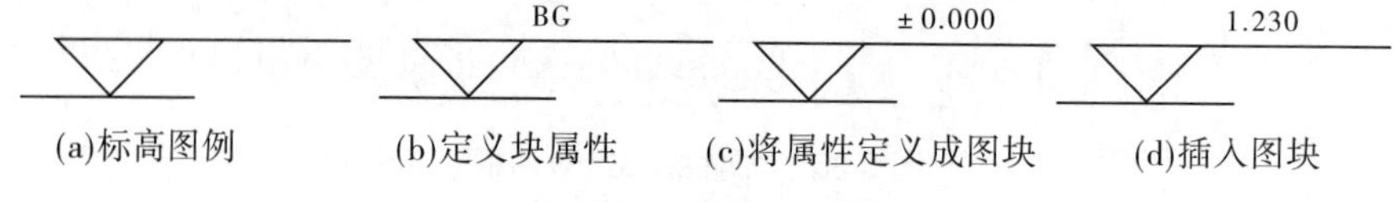

(a)标高图例　(b)定义块属性　(c)将属性定义成图块　(d)插入图块

图 5-37　标高图例的制作

(二)图块属性的编辑

图块属性的编辑分为创建图块之前和创建图块之后两种方式。

1. 创建图块之前

在将属性定义成图块之前，如果想改变可以修改属性定义。

1) 执行途径

◆ 菜单方式：选择“修改”→“对象”→“文字”→“编辑”；

◆ 双击块属性；

◆ 键盘输入方式：ddedit 或 change。

2) 执行命令过程

“ddedit”或“change”命令都可以用来修改属性定义，分别操作如下：

执行“ddedit”命令后，命令行提示信息如下：

选择注释对象或[放弃(U)]：(选取定义的属性)

选取完属性后，AutoCAD 2021 将会弹出“编辑属性定义”对话框，如图 5-38 所示。

编辑属性定义

标记：高程标注

提示：请输入高程：

默认：±0.00

确定　取消　帮助(H)

图 5-38　“编辑属性定义”对话框

用户可以通过该对话框中的“标记”、“提示”以及“默认”三个文本框来修改属性。

执行“change”命令后，命令行提示信息如下：

选择对象：找到 1 个(选取要修改的属性)

选择对象：↙(回车)

指定修改点或[特性(P)]：(输入属性文本新的插入点)

输入新文字样式<Standard>：(输入属性文本新的字型样式)

指定新高度<25.0000>：(指定属性文本的新高度)

指定新的旋转角度<0>：(指定属性文本新的旋转角度)

输入新标记<高程标注>：(输入新属性标记)

输入新提示<请输入高程：>：(输入新的提示)

输入新默认值<±0.00>：(输入属性新的缺省值)

2. 创建图块之后

用户可以修改已经附着到块上的全部属性的值及其他特性。单击“修改”→“对象”→“属性”→“块属性管理器”命令，打开“块属性管理器”对话框，如图 5-39 所示。在“块”下拉列表框中选择要修改的块的名称，单击 编辑(E)... 按钮，弹出如图 5-40 所示的“编辑属性”对话框，开始对属性的修改。

默认情况下，这里所作的属性更改在当前图形中将应用于现有的所有块对象。单击“块属性管理器”对话框底部的 设置(S)... 按钮，打开“块属性设置”对话框，如图 5-41

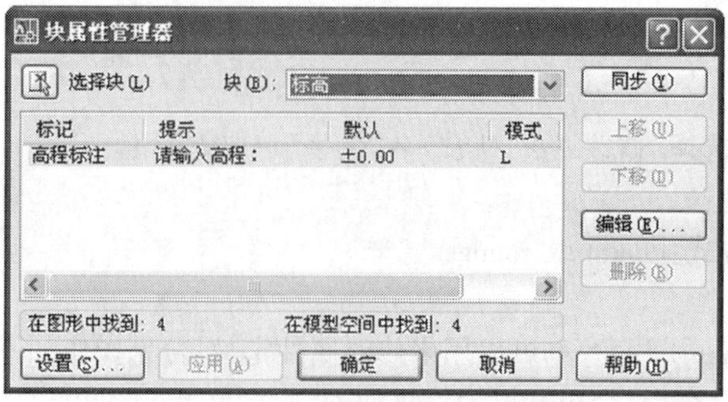

图 5-39 “块属性管理器”对话框

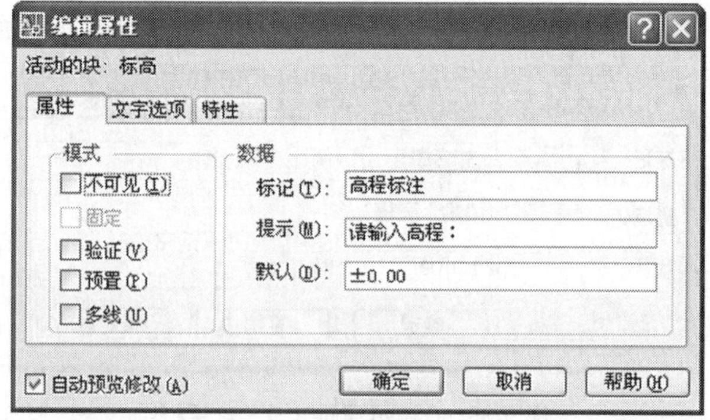

图 5-40 “编辑属性”对话框

所示。在这里可以选择要在列表中显示的项目。如果要将更改结果应用于现有的块对象,选中☑将修改应用到现有参照(X)复选框。

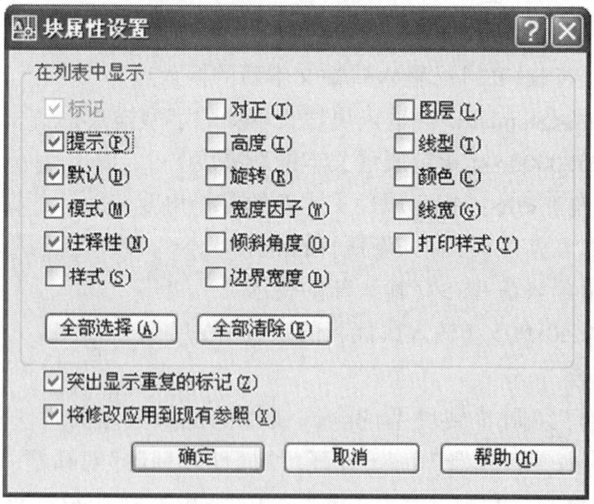

图 5-41 “块属性设置”对话框

对块属性做了修改之后,单击“块属性管理器”对话框中的 同步(Y) 按钮,即可通过已修改的属性来更新现有的所有块对象。

(三)属性显示控制

属性显示控制的命令如下：

◆ 菜单方式：选择“视图”→“显示”→“属性显示”；

◆ 键盘输入方式：attdisp。

执行 attdisp 命令，AutoCAD 2021 提示：

输入属性的可见性设置[普通(N)/开(ON)/关(OFF)]<普通>：

其中，“普通(N)”选项表示将按定义属性时规定的可见性模式显示各属性值；“开(ON)”选项将会显示出所有属性值，与定义属性时规定的属性可见性无关；“关(OFF)”选项则不显示所有属性值，与定义属性时规定的属性可见性无关。

任务四　使用设计中心

AutoCAD 设计中心(AutoCAD Design Center，简称 ADC)为用户提供了一个直观且高效的工具，它与 Windows 资源管理器类似。单击“菜单浏览器”按钮，在弹出的菜单中选择“工具”→“选项板”→“设计中心”命令，或在“功能区”选项板选择“工具”选项卡，在“选项板”面板中单击“设计中心”按钮，可以打开“设计中心”选项板。如图 5-42 所示。

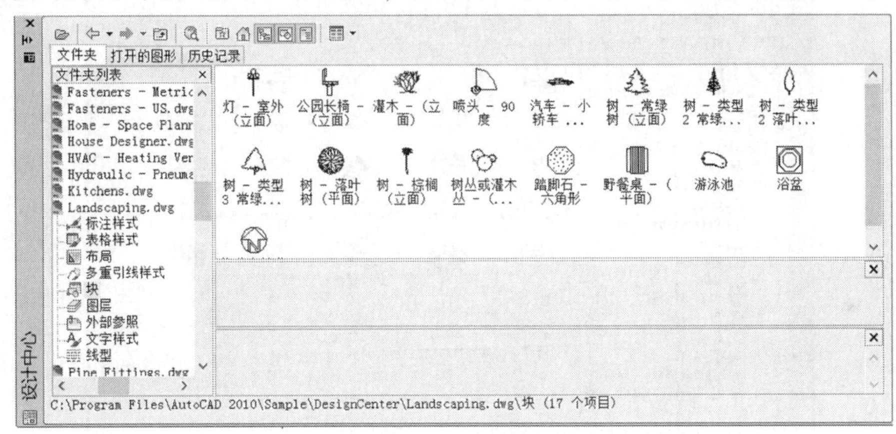

图 5-42　“设计中心”选项板

一、AutoCAD 设计中心的功能

在 AutoCAD 2021 中，使用设计中心可以完成如下工作：

(1)创建对频繁访问的图形、文件夹和 Web 站点的快捷方式。

(2)根据不同的查询条件在本地计算机和网络上查找图形文件，找到后可以将它们直接加载到绘图区或设计中心。

(3)浏览不同的图形文件，包括当前打开的图形和 Web 站点上的图形库。

(4)查看块、图层和其他图形文件的定义，并将这些图形定义插入到当前图形文件中。

(5)通过控制显示方式来控制设计中心控制板的显示效果，还可以在控制板中显示与图形文件相关的描述信息和预览图像。

二、使用 AutoCAD 设计中心

使用 AutoCAD 设计中心,可以方便地在当前图形中插入块,引用光栅图像及外部参照,在图形之间复制块、图层、线型、文字样式、标注样式以及用户定义的内容等。

AutoCAD 设计中心窗口包含一组工具按钮和选项卡,使用它们可以选择和观察设计中心中的图形。

使用 AutoCAD 设计中心的查找功能,可通过"搜索"对话框快速查找诸如图形、块、图层及尺寸样式等图形内容或设置。

在"搜索"对话框中,可以设置条件来缩小搜索范围,或者搜索块定义说明中的文字和其他任何"图形属性"对话框中指定的字段。

使用"设计中心"选项板插入块的具体操作步骤如下:

(1)单击"标准"工具栏中的"设计中心"工具,打开"设计中心"选项板。

(2)打开"文件夹"选项卡,单击"设计中心"工具栏中的"主页"工具,可查看系统自带的块库(在\AutoCAD 2021\Sample\DesignCenter 文件夹中),如图 5-43 所示。

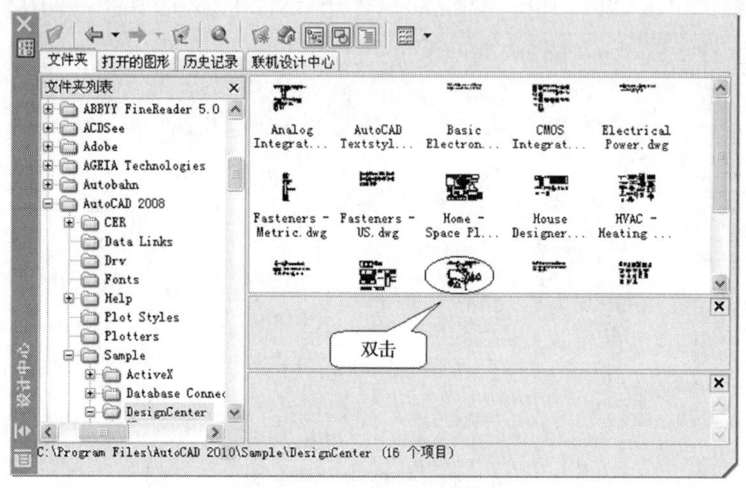

图 5-43　系统自带的块库

(3)在"设计中心"选项板中双击 Landscaping. dwg 文件,如图 5-44 所示,展开其内容列表,然后双击其中的"块",单击选中"树",并将其拖入到当前视图中,结果如图 5-45 所示。

用户可以利用"设计中心"窗口左窗格打开任意文件中任意 AutoCAD 图形文件,从而使用其中定义的块。

AutoCAD 2021 自带了土木、电力、机械、建筑等方面的样例文件,一般存放在安装目录下(\AutoCAD 2021\Sample\DesignCenter...)。这些样例文件包含了绘制各类工程图常用的一些标准图例,用户可以通过"设计中心"进行调用,选择合适的比例和旋转角度插入到图中,从而提高绘图效率。

用户可以对 AutoCAD 2021 自带的图库进行整理,通过"设计中心"分类调入所需的

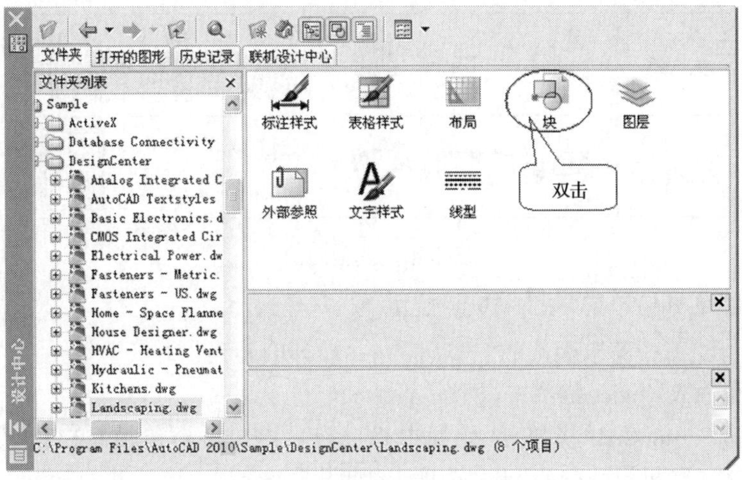

图 5-44 选择块库中的块

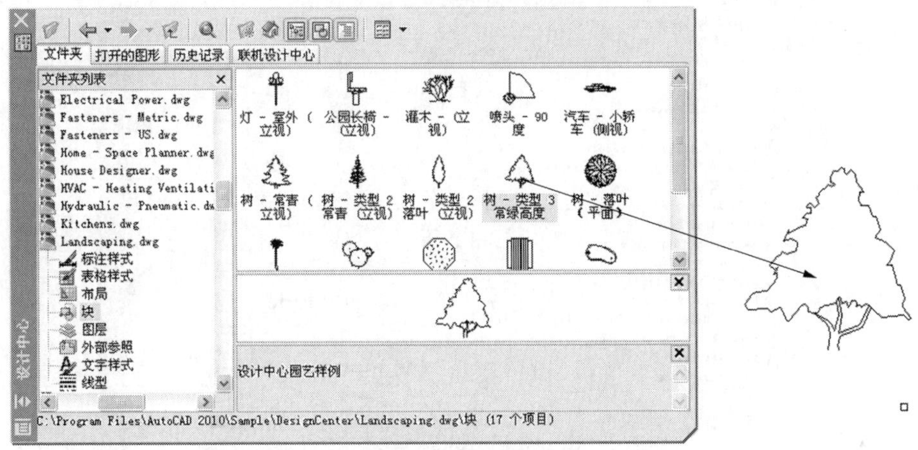

图 5-45 选择所需要的块

图块,重新命名后保存在“C:\常用图例”下以方便调用,如图 5-46、图 5-47 所示。

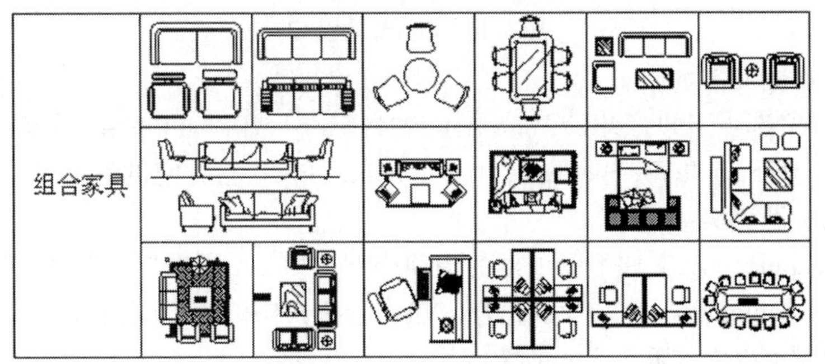

图 5-46 组合家具图例

【例 5-4】 调用 AutoCAD 2021 自带图库的“汽车-小轿车(侧视)”图块。

(1)执行途径:

图 5-47 其他图例

◆ “标准”工具栏单击“设计中心”按钮 ；

◆ 从“工具”下拉菜单中选取“选项板”→“设计中心”；

◆ 命令行输入：“adcenter”↙（回车）。

执行命令后，AutoCAD 将弹出“设计中心”窗口，该对话框包括“文件夹”“打开的图形”“历史记录”“联机设计中心”4 个选项卡，如图 5-48 所示。

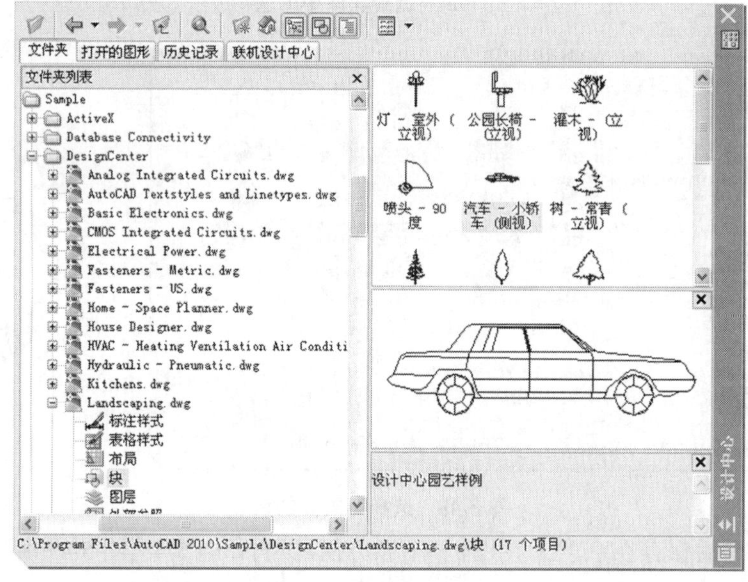

图 5-48 设计中心窗口

（2）打开目标文件：

在“文件夹”选项卡中打开“\AutoCAD 2021\Sample\DesignCenter”文件夹，双击文件“\AutoCAD 2021\Sample\DesignCenter\Landscaping. dwg”，打开它的选项，如图 5-48 所示。

（3）寻找所需图块：

在 Landscaping. dwg 文件下面展开的选项中双击“块”，则在“设计中心”右边窗口中显示文件 Landscaping. dwg 中的所有图块。单击选择其中的一个图块，还可以在右下预览窗口中浏览图块的内容，如图 5-48 所示。

（4）插入所需图块：

双击如图 5-48 所示图块“汽车–小轿车（侧视）”的图标，AutoCAD 2021 自动打开“插入”对话框，输入合适的缩放比例和旋转角度等参数之后，单击“确定”按钮完成图块的插入。

任务五　查询距离和面积

用户在绘图过程中,经常会对图形中的某一对象的坐标、距离、面积、属性等进行了解,AutoCAD 2021 系统提供了查询图形信息功能,极大方便了广大用户。

一、时间查询

时间命令可以提示当前时间、该图形的编辑时间、最后一次修改时间等信息。输入“时间查询”命令有以下两种方法:

◆ 菜单方式:选择“工具”→“查询”→“时间”;

◆ 键盘输入方式:time。

输入“时间查询”命令后,弹出如图 5-49 所示的时间查询文本窗口,在时间查询文本窗口中显示当前时间、图形编辑次数、创建时间、上次更新时间、累计编辑时间、经过计时器时间、下次自动保存时间等信息,并出现以下提示:

输入选项[显示(D)/开(ON)/关(OFF)/重置(R)]:

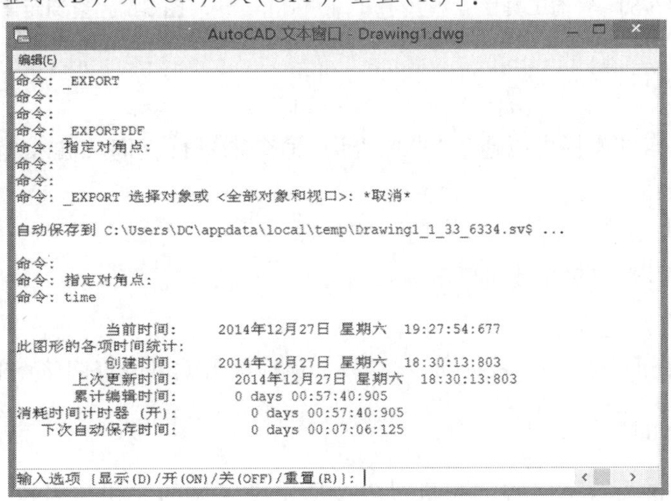

图 5-49　时间查询文本窗口

二、距离查询

通过“距离查询”命令可以直接查询屏幕上两点之间的距离、和 *XY* 平面的夹角、在 *XY* 平面中的倾角以及 *X*、*Y*、*Z* 方向上的增量。

输入“距离查询”命令有以下三种方法:

◆ 菜单方式:选择“工具”→“查询”→“距离”;

◆ 图标方式:查询距离按钮;

◆ 键盘输入方式:dist。

执行查询距离命令后,调出如图 5-50 所示的“查询”工具栏。

输入“距离查询”命令后,命令行提示如下:

命令:dist↙

指定第一点:

指定第二点:

【例 5-5】 查询如图 5-51 所示的 AB 直线间的距离。

命令:dist↙

指定第一点:(单击 A 点)

指定第二点:(单击 B 点)

查询信息如下:

距离 = 147.1306,XY 平面中的倾角 = 345,与 XY 平面的夹角 = 0

X 增量 = 142.1980,Y 增量 = -37.7777,Z 增量 = 0.0000

图 5-50 查询工具栏

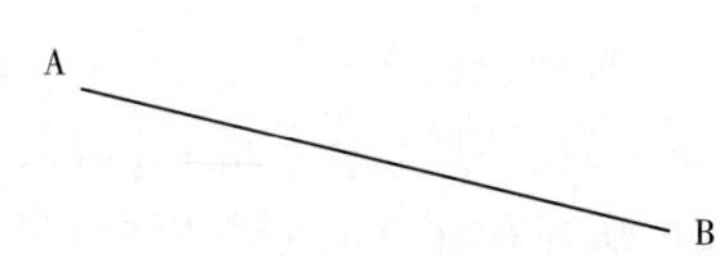

图 5-51 查询距离图例

三、坐标查询

屏幕上某一点的坐标可以通过“坐标查询”命令来进行查询。输入“坐标查询”命令有以下三种方法:

◆ 菜单方式:选择“工具”→“查询”→“坐标”;

◆ 图标方式:查询坐标按钮 ;

◆ 键盘输入方式:id。

输入“坐标查询”命令后,根据命令行提示,鼠标单击就可以查询该点的坐标值。

四、面积查询

通过面积查询命令可以查询测量对象及所定义区域的面积和周长。输入“面积查询”命令有以下三种方法:

◆ 菜单方式:选择“工具”→“查询”→“面积”;

◆ 图标方式:查询面积按钮 ;

◆ 键盘输入方式:area。

【例 5-6】 计算如图 5-52 所示的矩形和圆的总面积。

命令:area↙

指定第一个角点或[对象(O)/加(A)/减(S)]:A(输入字母“A”,选择“加”选项)

指定第一个角点或[对象(O)/减(S)]:O(输入字母“O”,选择“对象”选项)

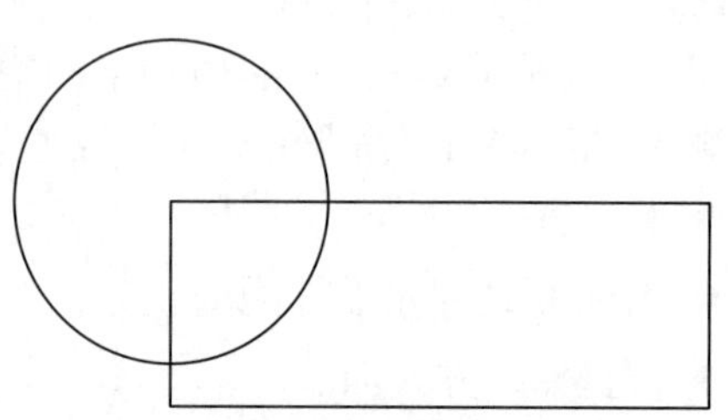

图 5-52 查询面积图例

（"加"模式）选择对象：（鼠标单击圆）

查询圆的信息如下：

面积＝5515.9850，周长＝311.5723

总面积＝5515.9850

（"加"模式）选择对象：（鼠标单击矩形）

查询信息如下：

面积＝5006.1922，周长＝250.8180

总面积＝10522.1772

上机操作练习题

1. 绘制三角铁，如图 5-53 所示（本题所绘制的图形如果仅用简单的二维绘制命令绘制，将非常复杂，利用面域相关命令绘制，则可以变得简单）。操作提示：

（1）利用"正多边形"和"圆"命令绘制初步轮廓。

（2）利用"面域"命令将三角形以及其边上的六个圆转换成面域。

（3）利用"并集"命令，将正三角形分别与三个角上的圆进行并集处理。

（4）利用"差集"命令，以三角形为主体对象，三个边中间位置的圆为参照体，进行差集处理。

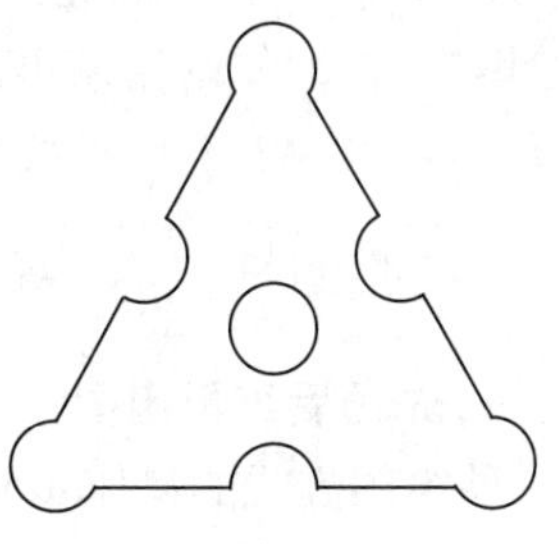

图 5-53

2. 按照 1:1的比例绘制图 5-54 所示工程剖视图，标注尺寸、填充材料并命名保存。

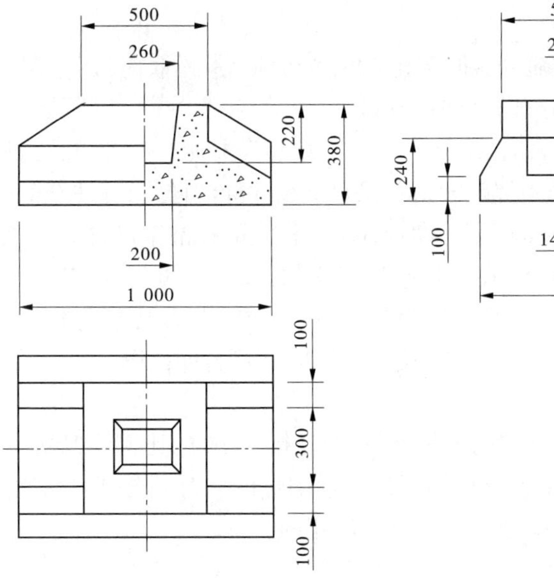

图 5-54

项目六 专业图实例解析及绘图技巧

【学习目的】

学习运用 AutoCAD 2021 软件绘制专业图的方法和技巧,提高绘制专业图的能力。

【学习要点】

专业图的缩放比例、文字及尺寸标注等。

任务一 专业图缩放比例的设置方法

工程图纸由图幅、图形实体、尺寸标注和文字标注等部分组成。由于所表达的水工建筑物的尺寸都比较大,因此画图时一般需要选择缩小比例作图。画一张工程图纸一般有3种绘图方式,即先画后缩再出图、边缩边画再出图和先画不缩再出图等。下面以画一幅比例为1∶10的A3工程图纸为例说明绘图的三种方式。

一、一张图纸只有一种比例的画法

(一)先画后缩再出图

这种绘图方式的操作步骤如下:

(1)在模型空间按1∶1比例画好A3图框、标题栏。

(2)在当前图形中按1∶1比例(输入物体的实际尺寸)绘制图形实体。

(3)执行比例缩放命令(scale),输入比例因子为0.1,将绘制的所有图形缩小为原来的1/10。

(4)执行移动(move)命令,将绘图实体移动到A3图框内,调整图形在图框中的位置,使图形在图幅中各部分布局合理、匀称。

(5)执行标注样式(dimstyle)命令,在"主单位"选项卡中将测量比例因子的值设为10,即尺寸标注测量单位比例为10∶1,并保存该尺寸标注样式,标注全部尺寸。

(6)启动文字样式(style)命令,设置各字体样式的标准字高,标注文字。

(7)启动打印(plot)命令,在"打印设置"选项卡的"图纸尺寸和图形单位"选项框中,选择"毫米"单位按钮,即采用毫米作为长度单位。在"打印比例"选项组中,设置打印比例为1∶1。设置完其他参数后,单击"确定"按钮,即可打印出图。

(二)边缩边画再出图

这种画图方式和手工画图的步骤类似,即先按1∶10的比例绘制所有图形实体(将物体实际尺寸按1∶10的比例换算成图形尺寸边缩边画),然后按1∶1的比例插入已画好的A3图框、标题栏。其后操作与上述(一)方法相同。

(三)先画不缩再出图

(1)打开一张新图纸,调入以前已画好的A3图框、标题栏(或者打开一张已经创建好

的 A3 模板图纸)后将其按比例放大 10 倍。

(2)按 1∶1的比例绘制所有图形实体,即按图形所标注实际尺寸输入绘制。

(3)执行标注样式(dimstyle)命令,在“主单位”选项卡将测量比例因子的值设为 1,即尺寸标注测量单位比例为 1∶1,在“调整”选项卡“标注特征比例”选项组中将“使用全局比例”的值设为 10,并保存该尺寸标注样式,标注全部尺寸。

(4)启动文字样式(style)命令,设置各字体样式的字高为标准字高的 10 倍,标注文字。

(5)启动打印(plot)命令,在“打印设置”选项卡的“图纸尺寸和图形单位”选项组中,选择“毫米”单选按钮,即采用毫米作为长度单位。在“打印比例”选项组中,设置打印比例为 1∶10。设置完其他参数后,单击“确定”按钮,即可打印出图。

二、一张图有多种比例的工程图的画法

下面以画一幅比例分别为 1∶10 绘制建筑平面图和 1∶20 绘制建筑立面图的 A3 工程图纸为例,采用先画后缩再出图的绘图方式讲解绘图步骤如下:

(1)在模型空间先画 A3(420 mm×297 mm)图幅、图框和标题栏。

(2)在模型空间先按 1∶1的比例分别绘制平面图和立面图。然后使用比例缩放(scale)命令,分别将平面图缩小为原来的 1/10(输入比例因子 0.1),将立面图缩小为原来的 1/20(输入比例因子 0.05)后,分别移动到 A3 图幅,调整图形布置。

(3)建立两种标注样式:在“样式 1”中将“主单位”选项卡中测量单位比例因子的值设为 10;在“样式 2”中将“主单位”选项卡中测量单位比例因子的值设为 20;用“样式 1”标注平面图尺寸,用“样式 2”标注立面图尺寸。

(4)在打印设置中设置好各种参数,确定出图比例为 1∶1,即可打印输出当前文件。

以上是先画后缩再出图的绘图步骤,当然也可边画边缩再出图。边画边缩再出图方式类似于手工作图,即在模型空间按比例绘制不同比例的图,再插入图框、标题栏,最后出图,这种方式不常用。

三、几种绘图方式的比较

综上所述,在绘制工程图时,可以采用上述几种方式之一。但对于不同的绘图方式,其操作的繁简程度不同。第一种方式,思路最清晰、操作最简便,也最容易掌握;第二种方式基本类似于手工绘图,需要将尺寸按比例换算,显得非常烦琐,最好不用;第三种方式虽稍烦琐于第一种,但如用户对 AutoCAD 2021 的各种比例概念、参数的设置比较清楚,也可使用。

任务二　房屋建筑图的绘图方法

房屋建筑图的基本图形包括总平面图、平面图、立面图、剖面图和构造详图等,本节主要讲解房屋建筑平面图的绘图技法。

下面以在一张 A3 图纸上按 1∶100 的比例绘制如图 6-1 所示房屋平面图为例,说明绘图步骤和技法。

(设计单位)
工程名称
设计
(勘测队名称)
部分
房屋平面图
图号
核定
审查
校核
制图
描图
比例
主房
餐厅
客厅
厨房
卫生间
次房
房屋平面图 1:100

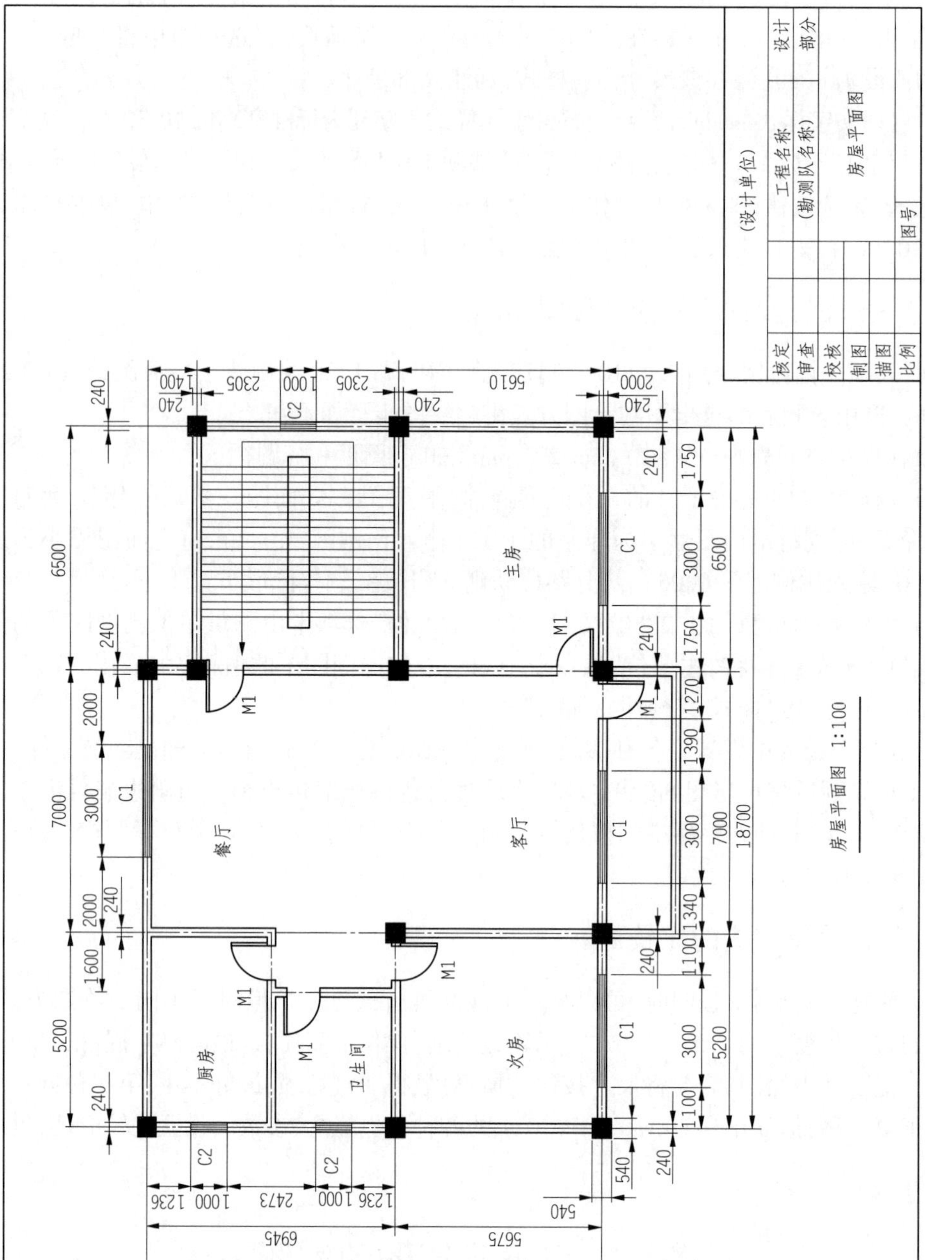

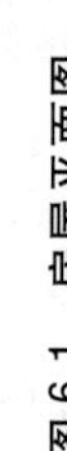

图 6-1 房屋平面图

(1)新建一张画好 A3(420 mm×297 mm)图幅、图框和标题栏的图纸,设置图形界限,在图幅外画一条大于平面图总长的直线(如画 20000 长度的直线),然后点击“视图”→“缩放”→“全部缩放(A)”,这样 20000 长度以内的线段都能在绘图区域内显示。

(2)设置“粗实线”、“点画线”、“细实线”、“文字”和“尺寸标注”等图层。

(3)将“点画线”图层置为当前层,完成轴网的绘制,如图 6-2 所示。

(4)设置“线型全局比例因子”为 50(格式—线型—显示细节),以正常显示点画线。

(5)将“粗实线”图层置为当前,绘制矩形墙柱的单个图形,如图 6-3 所示。

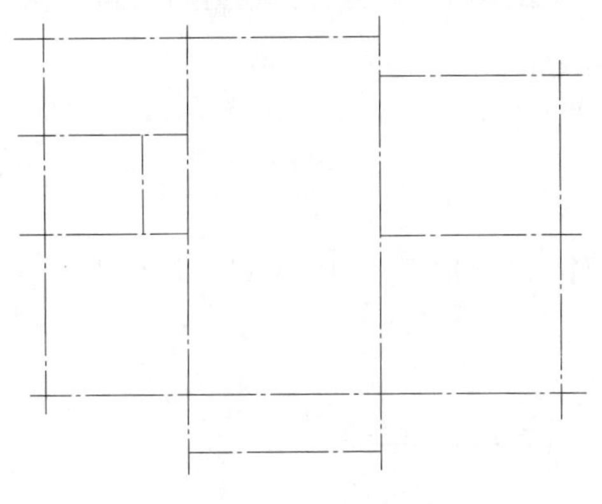

图 6-2 定位轴网

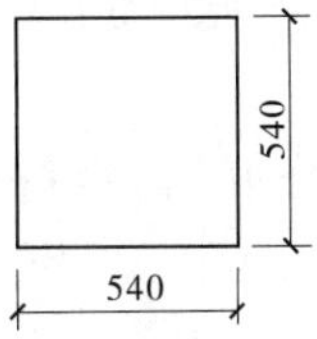

图 6-3 矩形墙柱

(6)复制墙柱插入到墙轴线的交叉点,如图 6-4 所示。

(7)用“多线”命令绘制墙线,多线比例设置为“240”。

(8)用“多线编辑工具”编辑墙线,如图 6-5 所示。

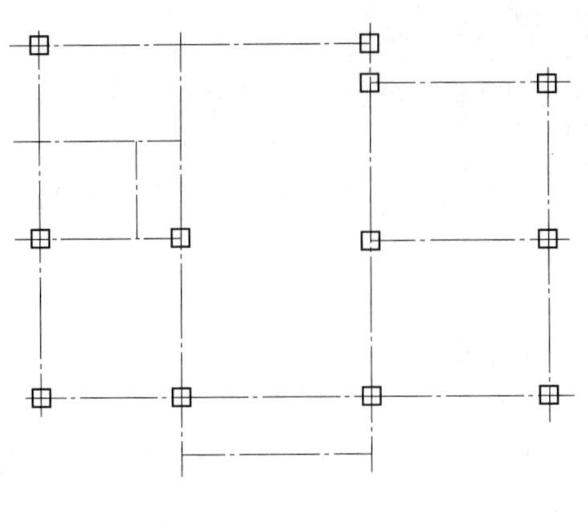

图 6-4 复制插入墙柱

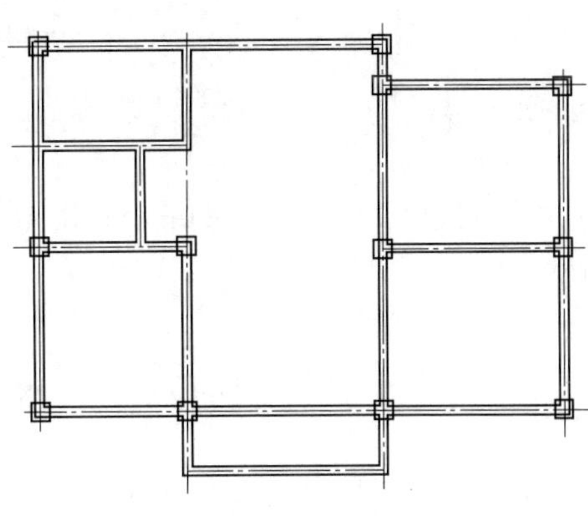

图 6-5

(9)将“细实线”图层置为当前层,绘制“门”和“窗”的图形,如图 6-6 所示。

(10)复制“门”和“窗”的图形,按尺寸插入到要求的位置,如图 6-7 所示。

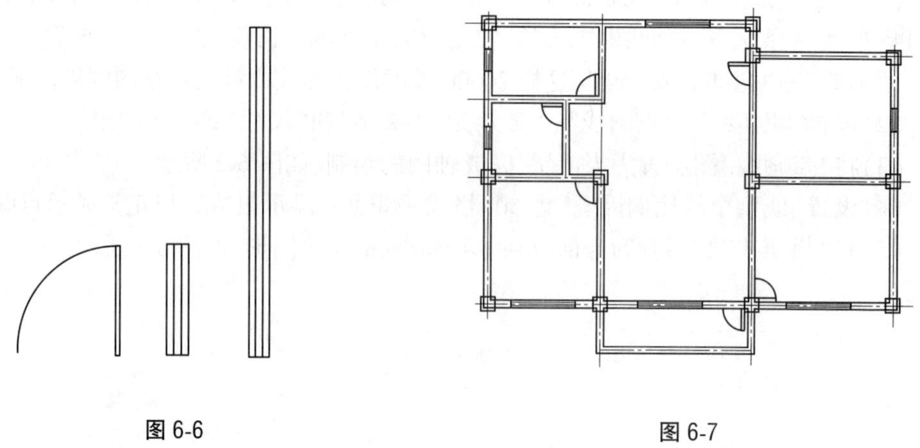

图 6-6　　图 6-7

(11)用“分解”命令解开“多线”图块,对“门”和“窗”进行修剪,并绘出楼梯图,如图 6-8 所示。

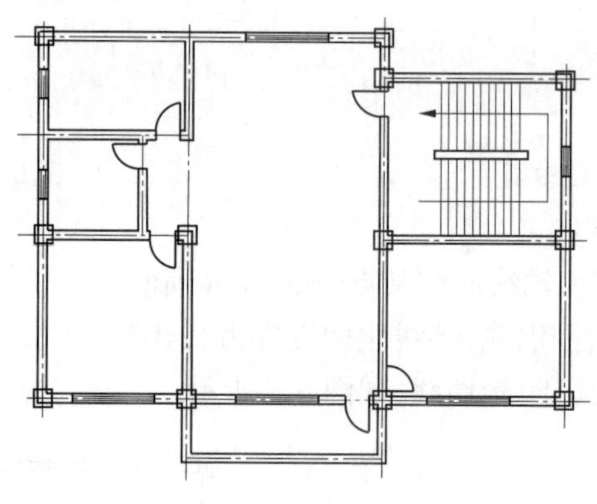

图 6-8

(12)按照 1:100 的比例缩小移动至 A3 图幅,再标注尺寸,填写文字,完成图如图 6-1 所示。

任务三　水利工程图的绘图方法

水利工程图是表达水工建筑物设计意图、施工过程的图样,一般包括规划图、枢纽布置图和建筑结构图、施工图和竣工图等。

虽然水利工程图不同于房屋建筑图,但其绘制方式、画图步骤却基本相同:

(1)分析资料确定最佳表达方案;

(2)选择合适的图幅和作图比例;

(3)进行图面布置,画作图基准线,如建筑物轴线(中心线)、主要轮廓线等;

(4)画轮廓线:先画特征视图和主要部分轮廓,再画其他视图和次要部分轮廓,最后

画细部结构；

(5)填充材料，标注尺寸、文字、标高等；

(6)检查修正后出图。

一、涵洞式进水闸结构设计图的绘制

某涵洞式进水闸结构设计图如图 6-9 所示。

分析：该进水闸设计图有 5 个图形，其中纵剖视图、平面图和上、下游半立面图按投影关系布置，两个断面图提供了中间洞身断面的形状和尺寸。因此，画图时可以先画反映进水闸整体形状和结构的三个视图，再画两个断面图。具体步骤如下：

(1)新建一张画好 A3(420 mm×297 mm)图幅、图框和标题栏的图纸，设置图形界限，在图幅外画一条大于平面图总长的直线(如画 5000 长度的直线)，然后点“视图”→“缩放”→“全部缩放(A)”，这样 5000 长度以内的线段都能在绘图区域内显示。

(2)画纵剖视图：在粗实线层先画底板轮廓，然后从下而上分段绘制主要轮廓线，再在细实线层绘制示坡线以及填充各处材料图例。

提示：AutoCAD 2021 中没有“浆砌(干砌)石”的图例，可以将其定义成图块，需要时利用图块插入，但是应注意插入时要根据实际情况调整插入比例。“黏土”图例可选用“EARTH”图案，其填充度可调整为 45°，同时注意填充比例。

(3)画平面图：由于平面图是对称图形，因此可以先画一半，再利用镜像命令生成全图，同时它和纵剖视图又按投影关系布置，故可利用“极轴”“对象捕捉”“对象追踪”功能绘制各分段线，图中各平行线可利用“偏移”命令绘制，再进行修剪。扭面上的素线可以先将扭面一端的导线等分，再用直线绘制。

(4)画上、下游半立面图：可利用“极轴”“对象捕捉”“对象追踪”功能与纵剖视图高平齐绘制，各斜线的端点可以用辅助线定位：将对称中心线偏移相应宽度后与各高程水平线的交点即是。

(5)画断面图：根据其断面形状及尺寸分层进行绘制。

(6)标注：设置需要的文字样式和尺寸样式，进行文字和尺寸以及标高的标注，具体方法与房屋建筑图的标注方法相同。但本图中的“密集小尺寸”和“半标注”应分别设置不同的“替代”标注样式进行标注，即标注“密集小尺寸”时应将“替代”样式中“直线和箭头”的“第一个箭头”和“第二个箭头”分别或同时设为“小点”或“无”；而标注上、下游半立面图中的“半标注”时，应在“替代”样式中同时“隐藏尺寸线 1(2)”和“隐藏尺寸界线 1(2)”。

提示：绘图时可以按实际尺寸以 cm 为单位进行绘制。缩放比例 1:200 是按照以 mm 为单位计算的，所以本图实际缩小比例为 1:20。

(7)检测、修正、存盘，完成全图，如图 6-9 所示。

二、滚水坝剖面图的绘制方法

某滚水坝剖面图如图 6-10 所示。

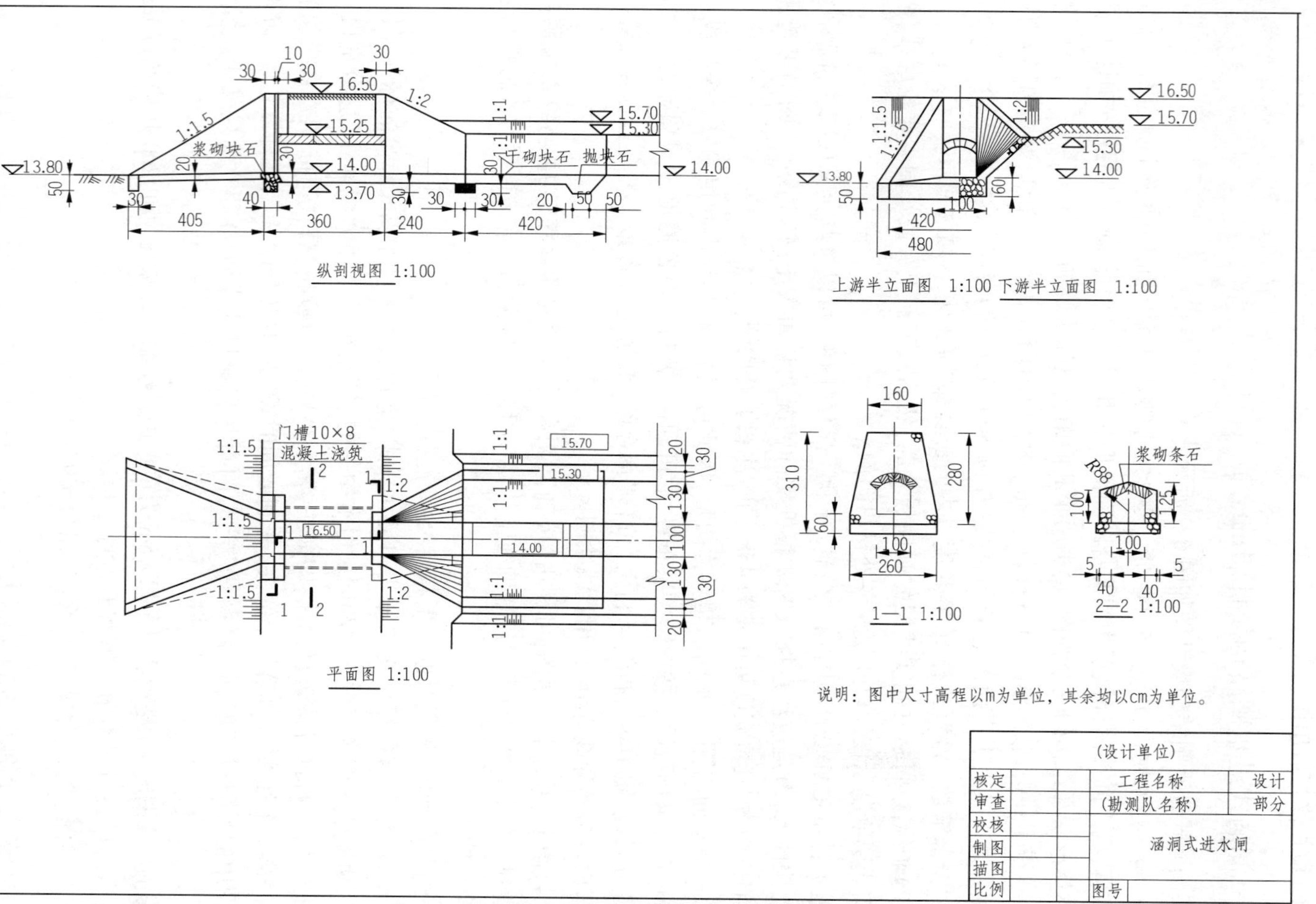

图 6-9 某涵洞式进水闸结构设计图

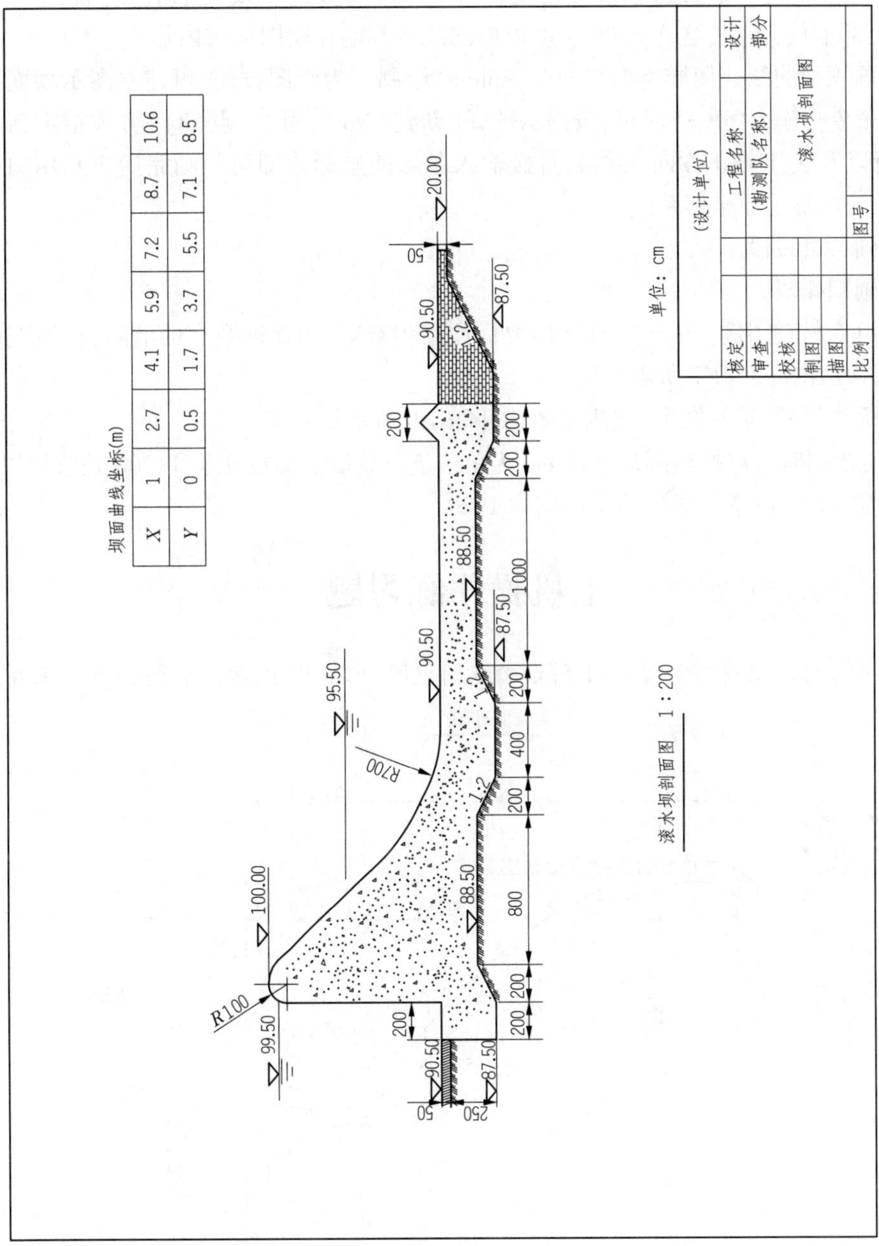

坝面曲线坐标(m)

X	1	2.7	4.1	5.9	7.2	8.7	10.6
Y	0	0.5	1.7	3.7	5.5	7.1	8.5

滚水坝剖面图　1：200

单位：cm

(设计单位)			
工程名称		设计	
(勘测队名称)		部分	
滚水坝剖面图			
核定			
审查			
校核			
制图			
描图			
比例		图号	

图 6-10　某滚水坝剖面图

分析:该图主要由直线段、圆弧以及一段非圆曲线(坝面曲线)组成外围轮廓,还有几处剖面材料图例填充,图形比较简单。具体画图步骤如下:

(1)新建一张画好 A3(420 mm×297 mm)图幅、图框和标题栏的图纸,设置图形界限,在图幅外画一条大于平面图总长的直线(如画 8000 长度的直线),然后点"视图"→"缩放"→"全部缩放(A)",这样 8000 长度以内的线段都能在绘图区域内显示。

(2)画坝面曲线。用样条曲线命令(spline)绘制。为画图方便,可建立图示坝面曲线坐标系[命令行输入"UCS"回车,按提示选择"新建(N)",用"三点(3)"方式指定新坐标原点位置以及 X、Y 轴正方向],然后直接输入各点的坐标值即可。画完后再利用"UCS"命令将系统恢复为原坐标系。

(3)画各直线段。

(4)画圆弧段。

(5)填充材料图例。由于在坝体内要标注高程数字,为保证数字的清晰,在填充前可用辅助线预留出高程数字所需的位置。

(6)标注尺寸,填写文字,完成全图,如图 6-10 所示。

提示:绘图时可以按实际尺寸以 cm 为单位进行绘制。缩放比例 1:200 是按照以 mm 为单位计算的,所以本图实际缩小比例为 1:20。

上机操作练习题

1. 按照 1:1的比例绘制图 6-11 所示工程剖视图,标注尺寸、填充材料并命名保存。

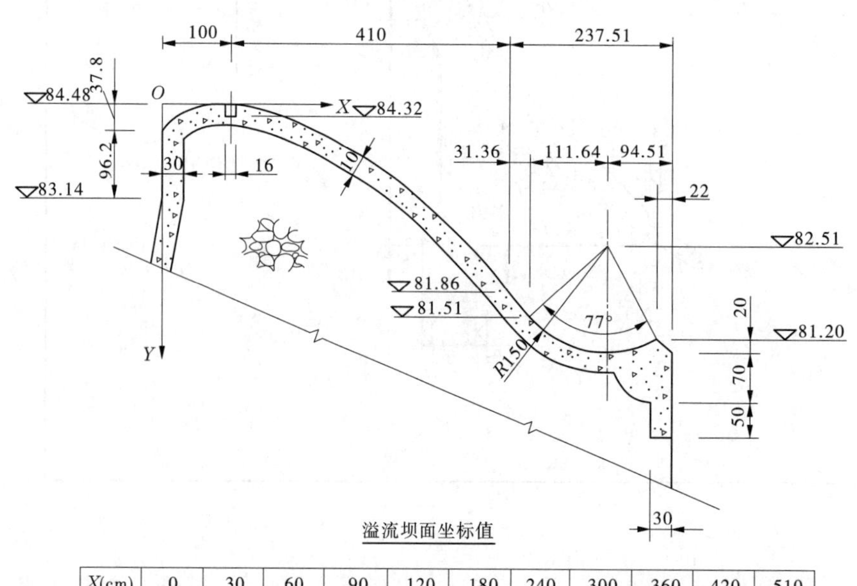

X(cm)	0	30	60	90	120	180	240	300	360	420	510
Y(cm)	37.8	10.8	2.1	0	2.1	18	44.1	76.7	118	169.5	262

图 6-11

2. 按照 1:1的比例绘制图 6-12 所示工程图,标注尺寸并命名保存。

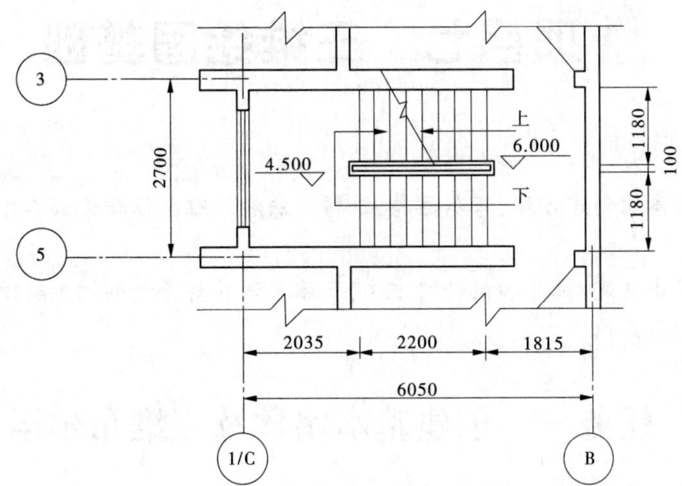

图 6-12

项目七　三维绘图基础

【学习目的】

掌握三维实体的创建方法、布尔运算、编辑方法和三维实体转化成二维图形的方法。

【学习要点】

基本三维实体创建、拉伸和旋转的方法，三维实体的对齐和剖切编辑以及三维实体生成二维图形的相关知识。

任务一　创建基本实体及三维布尔运算

三维实体具有质量、体积、重心、惯性矩、回转半径等体特性。利用 AutoCAD 2021，可以创建出各种类型的实体模型。三维实体的创建可以从命令行输入命令，也可以使用“绘图”菜单（见图 7-1）或者“建模”工具栏图标（见图 7-2）。

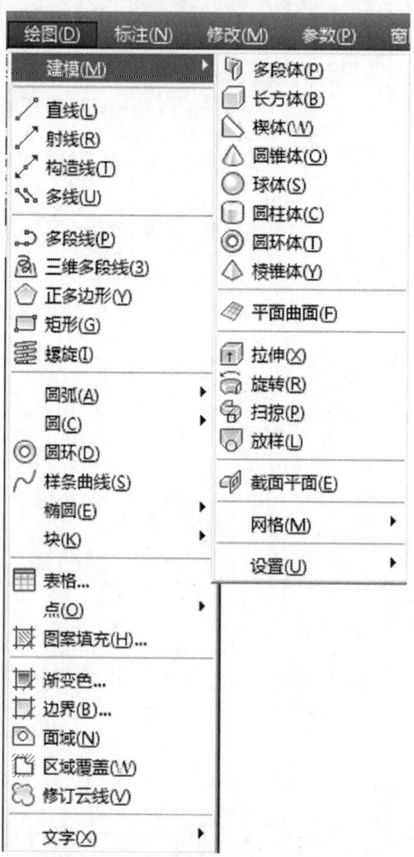

图 7-1　“绘图”菜单

图 7-2　“建模”工具栏

一、创建基本三维实体

常见基本三维实体有以下几种，见图 7-3。

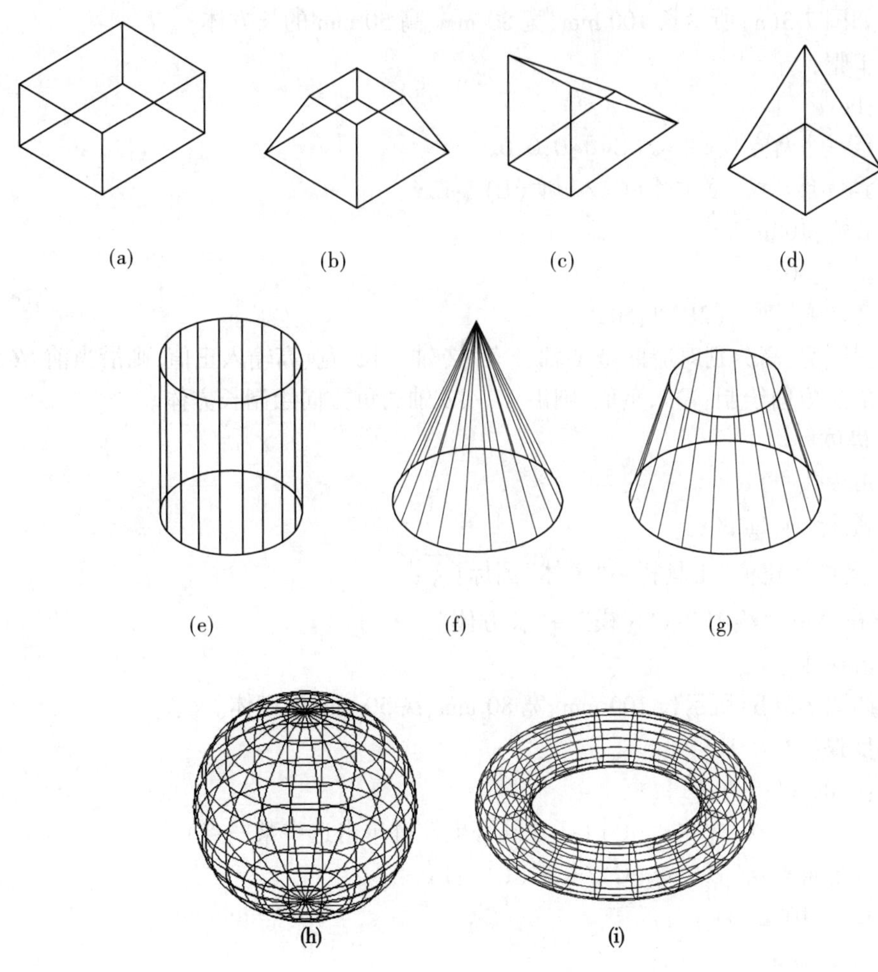

图 7-3　基本三维实体

在绘制三维实体时，先调出“视图”工具栏，如图 7-4 所示，选择“西南轴测视图”图标 。

图 7-4　“视图”工具栏

(一)创建长方体

1. 调用方式

◆ 命令行:box↙;

◆ 工具栏:“建模”工具栏→“长方体”图标;

◆ 下拉菜单:“绘图”→“建模”→“长方体”。

2. 实例操作

绘制如图 7-3(a)所示长 100 mm、宽 80 mm、高 50 mm 的长方体。

操作步骤:

命令:box↙

指定第一个角点或[中心(C)]:0,0,0↙

指定其他角点或[立方体(C)/长度(L)]:L↙

指定长度:100↙

指定宽度:80↙

指定高度或[两点(2P)]:50↙

注意:长、宽、高分别对应的是 *X* 轴、*Y* 轴、*Z* 轴。长、宽、高输入正值,则沿当前 *UCS* 的 *X*、*Y*、*Z* 轴的正方向绘制;输入负值,则沿 *X*、*Y*、*Z* 轴的负方向绘制长方体。

(二)楔体

1. 调用方式

◆ 命令行:wedge↙;

◆ 工具栏:“建模”工具栏→“楔体”图标;

◆ 下拉菜单:“绘图”→“建模”→“长方体”。

2. 实例操作

绘制如图 7-3(b)所示长 100 mm、宽 80 mm、高 50 mm 的楔体。

操作步骤:

命令:wedge↙

指定第一个角点或[中心(C)]:(在屏幕上左键单击选中某一点)

指定其他角点或[立方体(C)/长度(L)]:L↙

指定长度:100↙

指定宽度:80↙

指定高度或[两点(2P)]:50↙

(三)棱锥体

1. 调用方式

◆ 命令行:pyramid↙;

◆ 工具栏:“建模”工具栏→“棱锥面”图标;

◆ 下拉菜单:“绘图”→“建模”→“棱锥面”。

2. 实例操作

绘制如图 7-3(d)所示底面边长 30 mm、高 50 mm 的四棱锥面体。

操作过程：

命令：pyramid↙

4 个侧面外切

指定底面的中心点或[边(E)/侧面(S)]：(在屏幕上左键单击选中某一点)

指定底面半径或[内接(I)]：20↙

指定高度或[两点(2P)/轴端点(A)/顶面半径(T)]：50↙

(四) 圆柱体

1. 调用方式

◆ 命令行：cylinder↙；

◆ 工具栏："建模"工具栏→"圆柱体"图标；

◆ 下拉菜单："绘图"→"建模"→"圆柱体"。

2. 实例操作

绘制如图 7-3(e)所示底面半径 20 mm、高 50 mm 的圆柱体。

操作过程：

命令：cylinder↙

指定底面的中心点或[三点(3P)/两点(2P)/相切、相切、半径(T)/椭圆(E)]：(在屏幕上左键单击选中某一点)

指定底面半径或[直径(D)]：20↙

指定高度或[两点(2P)/轴端点(A)]：50↙

注意：绘制曲面体时，默认素线数 ISOLINES 为 4，则显示成如图 7-5(a)所示。可以通过 isolines 命令来调整。

命令：isolines ↙

输入 ISOLINES 的新值<4>：20↙

命令：Re 正在重生成模型↙

则显示成图 7-5(b)。

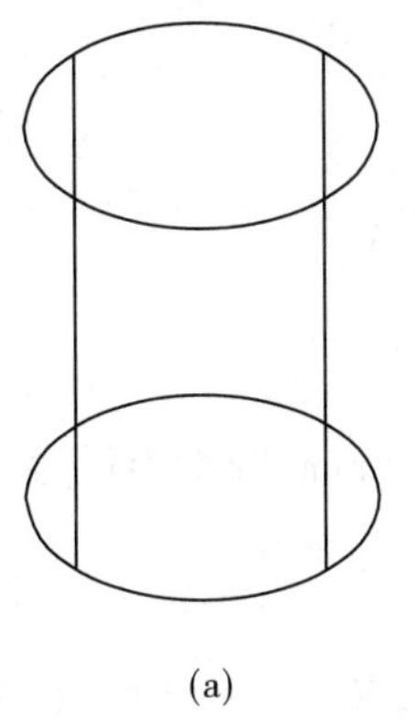

(a)

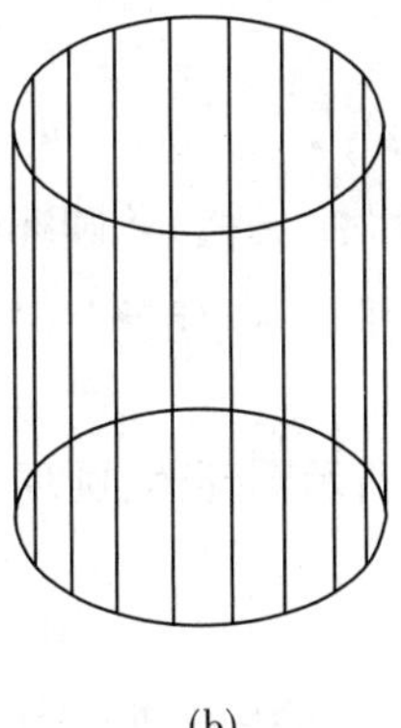

(b)

图 7-5　圆柱体

(五)圆锥体

1. 调用方式

◆ 命令行:cone↙;

◆ 工具栏:“建模”工具栏→“圆椎体”图标;

◆ 下拉菜单:“绘图”→“建模”→“圆椎体”。

2. 实例操作

绘制如图 7-3(f)所示底面半径 20 mm、高 50 mm 的圆锥体。

操作过程:

命令:cone↙

指定底面的中心点或[三点(3P)/两点(2P)/相切、相切、半径(T)/椭圆(E)]:(在屏幕上左键单击选中某一点)

指定底面半径或[直径(D)]:20↙

指定高度或[两点(2P)/轴端点(A)/顶面半径(T)]:50↙

(六)球体

1. 调用方式

◆ 命令行:sphere↙;

◆ 工具栏:“建模”工具栏→“球体”图标;

◆ 下拉菜单:“绘图”→“建模”→“球体”。

2. 实例操作

绘制如图 7-3(h)所示半径为 30 mm 的球体。

命令:sphere↙

指定中心点或[三点(3P)/两点(2P)/相切、相切、半径(T)]:(在屏幕上左键单击选中某一点)

指定半径或[直径(D)]:30↙

(七)圆环体

1. 调用方式

◆ 命令行:torus↙;

◆ 工具栏:“建模”工具栏→“圆环体”图标;

◆ 下拉菜单:“绘图”→“建模”→“圆环体”。

2. 实例操作

绘制如图 7-3(i)所示圆环体,圆环的半径为 20 mm,圆管半径为 7 mm。

操作说明:

命令:torus↙

指定中心点或[三点(3P)/两点(2P)/相切、相切、半径(T)]:(在屏幕上左键单击选中某一点)

指定半径或[直径(D)]<20.0000>:↙

指定圆管半径或[两点(2P)/直径(D)]<7.0000>:7↙

二、三维实体布尔运算

一般来说,创建三维实体的命令都只能生成一些基本实体。为了创建复杂多变的形体,AutoCAD 2021 提供了布尔运算方法,通过对基本实体进行并集、差集、交集运算,进而形成复杂的三维实体。

(一)并集

1. 功能

将两个及以上实体或面域组合成一个整体。

2. 调用方式

◆ 命令行:union 或 uni ↙;

◆ 工具栏:"实体编辑"工具栏→"并集"图标;

◆ 下拉菜单:"修改"→"实体编辑"→"并集"。

3. 实例操作

将图 7-6(a)所示的长方体和圆柱体合并成一个整体。

操作过程:

命令:union ↙

选择对象:找到 1 个(选择长方体)

选择对象:找到 1 个,总计 2 个(选择圆柱体)

选择对象:↙

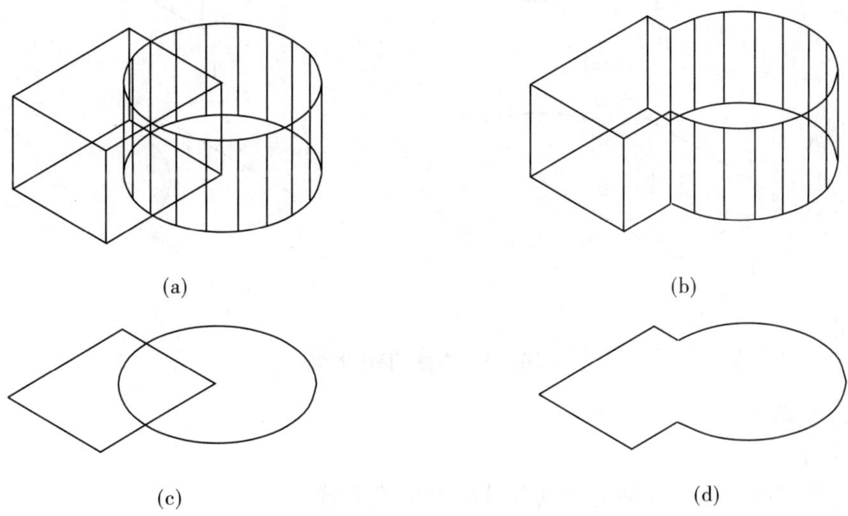

图 7-6　实体、面域并集

注意:并集的多个实体可以用交叉窗口选择,也可点选。

(二)差集

1. 功能

将一个实体或面域从另一个实体或面域中减去得到一个新实体或面域。

2. 调用方式

◆ 命令行:subtract 或 su↙;

◆ 工具栏:"实体编辑"工具栏→"差集"图标;

◆ 下拉菜单:"修改"→"实体编辑"→"差集"。

3. 实例操作

创建如图 7-7(a)所示长方体和圆柱体的差集。

操作过程:

命令:subtract↙

选择要从中减去的实体或面域...

选择对象:找到 1 个(选择长方体)

选择对象:选择要减去的实体或面域...

选择对象:找到 1 个(选择圆柱体)

注意:差集等同于做一个减法计算,选择三维实体时,先选择"从中减去的实体或面域",再选择"要减去的实体和面域"。

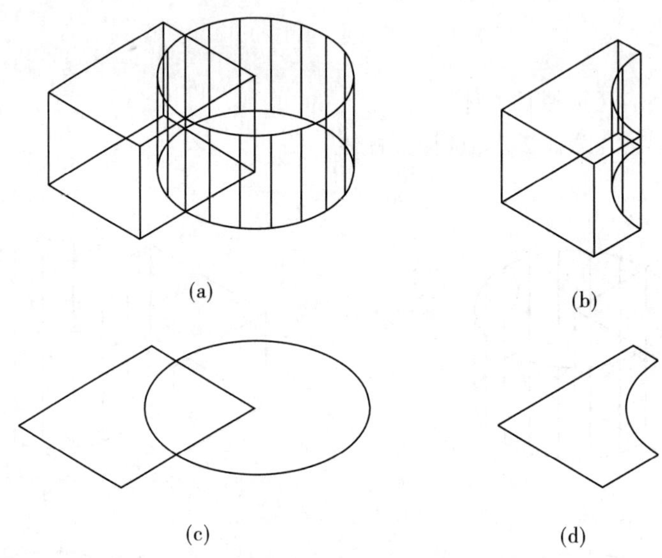

图 7-7 实体、面域差集

(三)交集

1. 功能

求两个三维实体或面域的公共部分的形体或面域。

2. 调用方式

◆ 命令行:intersect 或 in↙;

◆ 工具栏:"实体编辑"工具栏→"交集"图标;

◆ 下拉菜单:"修改"→"实体编辑"→"交集"。

3. 实例操作

用"交集"命令求图 7-8(a)所示长方体和圆柱体相交部分的形体。

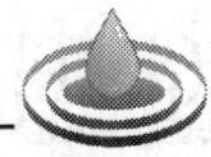

操作过程：

命令：intersect ↙

选择对象：找到 1 个(选择长方体)

选择对象：找到 1 个，总计 2 个(选择圆柱体)

选择对象：↙

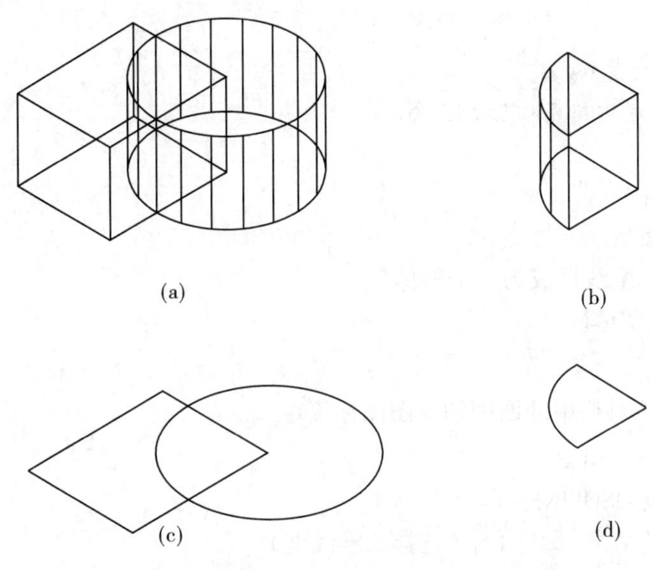

图 7-8　实体、面域交集

任务二　创建特殊实体

在三维实体中，许多物体可以抽象成一个截面按照某种规则生成三维模型，最常见的就是拉伸和旋转命令，可以将二维对象转换为三维实体的对象，包括面域、封闭多段线、多边形、圆、椭圆、封闭样条曲线和圆环等。所以，拉伸和旋转的二维线框必须是一个整体，否则必须通过创建面域(region)和合并多段线(pedit)方法组成整体。创建特殊实体一般步骤如下：

(1)绘制二维封闭线框。

(2)把线框生成轮廓或面域。

(3)应用拉伸或旋转命令生成实体。

一、拉伸

(一)功能

将二维图形沿指定方向(默认 Z 轴方向)或沿某一路径拉伸形成三维实体。

(二)调用方式

◆ 命令行：extrude 或者 ext ↙；

◆ 工具栏："建模"工具栏→"拉伸"图标；

◆ 下拉菜单:“常用”→“绘图”→“建模”→“拉伸”。

(三)实例操作

1. 用拉伸命令绘制柱体

(1)绘制要进行拉伸的二维线框,如图 7-9(a)所示。

(2)创建面域。选择“绘图”工具栏里的“面域”命令。

操作过程:

命令:region 或者 reg↙

选择对象:指定对角点:找到 13 个↙

选择对象:

已提取 1 个环。

已创建 1 个面域。

创建面域后二维线框成为一个整体。

(3)拉伸形成实体。

操作步骤:

点击“视图”工具栏中的西南轴测图图标。

命令:extrude 或 ext↙

当前线框密度:ISOLINES=4

选择要拉伸的对象:找到 1 个(选择二维线框)

选择要拉伸的对象:↙

指定拉伸的高度或[方向(D)/路径(P)/倾斜角(T)]<0.00>:(输入高度数字)↙

结果见图 7-9(b)。

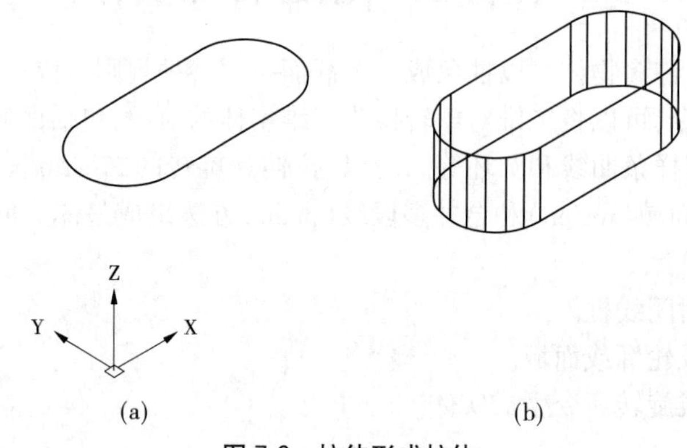

图 7-9 拉伸形成柱体

注意:输入正值,则沿 Z 轴正方向拉伸,输入负值,则沿 Z 轴负方向拉伸。

2. 用拉伸命令绘制台体(见图 7-10)

操作步骤:

命令:extrude 或 ext↙

当前线框密度:ISOLINES=4

选择要拉伸的对象:找到 1 个(选择二维线框)

选择要拉伸的对象:↙

指定拉伸的高度或[方向(D)/路径(P)/倾斜角(T)]:T↙

指定拉伸的倾斜角度:200↙

指定拉伸的高度或[方向(D)/路径(P)/倾斜角(T)]:200↙

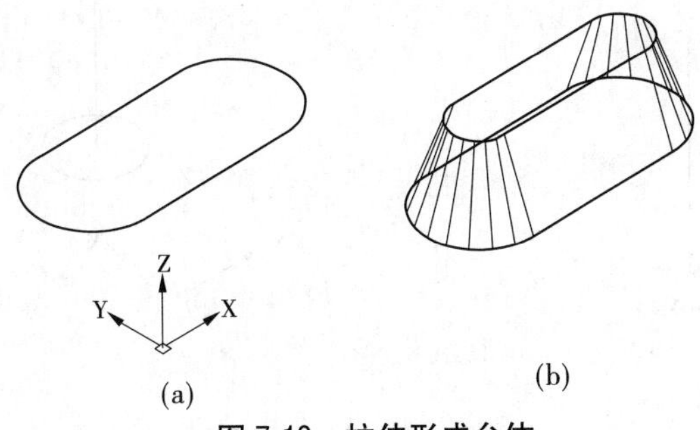

图 7-10　拉伸形成台体

注意:正角度表示从基准对象逐渐变细地拉伸,而负角度则表示从基准对象逐渐变粗地拉伸。默认角度 0°表示在与二维对象所在平面垂直的方向上进行拉伸。当输入的倾斜角度较大或拉伸高度很大时,有可能导致拉伸对象或一部分在到达拉伸高度之前就已经汇聚到一点,使得拉伸命令不能创建模型。

3. 沿路径拉伸创建三维实体

操作步骤:

(1)绘制拉伸路径,见图 7-11(a)。

将视图切换到正视图:点击"视图"工具栏中的图标。

命令:pline 或 pl↙

指定起点:(在屏幕上左键单击选中某一点)

当前线宽为 0.0000

指定下一个点或[圆弧(A)/半宽(H)/长度(L)/放弃(U)/宽度(W)]:100↙

指定下一点或[圆弧(A)/闭合(C)/半宽(H)/长度(L)/放弃(U)/宽度(W)]:100↙

命令:fillet 或 f↙

当前设置:模式=修剪,半径=0

选择第一个对象或[放弃(U)/多段线(P)/半径(R)/修剪(T)/多个(M)]:R↙

指定圆角半径:20↙

选择第一个对象或[放弃(U)/多段线(P)/半径(R)/修剪(T)/多个(M)](点击一条直线)

选择第二个对象,或按住 Shift 键选择要应用角点的对象:(点击另一条直线)

(2)绘制拉伸对象,见图 7-11(b)。

点击"视图"工具栏中的俯视图图标。

点击"视图"工具栏中的西南轴测图图标。

命令:circle 或 c↙

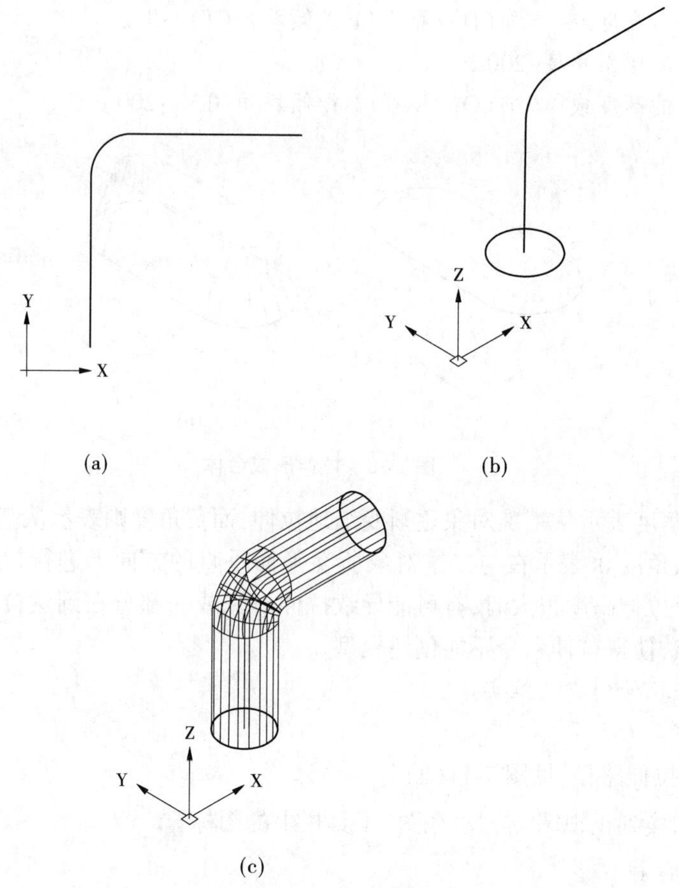

图 7-11　沿路径拉伸

指定圆的圆心或[三点(3P)/两点(2P)/相切、相切、半径(T)]:(捕捉到直线端点,点击鼠标左键)

指定圆的半径或[直径(D)]:20↙

将视图切换到西南轴测图:点击“视图”工具栏中的图标 。

注意:拉伸对象和拉伸路径必须在 *XY* 坐标面或与 *XY* 坐标面平行的平面中绘制。

(3)拉伸,如图 7-11(c)所示。

命令:extrude 或 ext↙

当前线框密度:ISOLINES=20

选择要拉伸的对象:找到 1 个(点击圆)

选择要拉伸的对象:↙

指定拉伸的高度或[方向(D)/路径(P)/倾斜角(T)]:P↙

选择拉伸路径或[倾斜角(T)]:(点击多段线)

注意:拉伸的对象和路径,一定要在 *XY* 平面中绘制,所以要不断地切换视图或旋转左边;拉伸的对象必须是面域或者封闭的整体线框即多段线线框。

二、旋转

(一) 功能

将二维图形沿指定的轴旋转形成三维实体。

(二) 调用方式

◆ 命令行:revolve 或者 rev ↙;

◆ 工具栏:“建模”工具栏→“旋转”图标 ;

◆ 下拉菜单:“绘图”→“建模”→“旋转”。

(三) 实例操作

用旋转的方法绘制图 7-12 所示酒杯。

操作过程如下:

(1)绘制旋转的对象。

将视图切换到正视图:点击“视图”工具栏中的图标 。

用直线和弧线绘制二维线框,如图 7-12(a)所示。

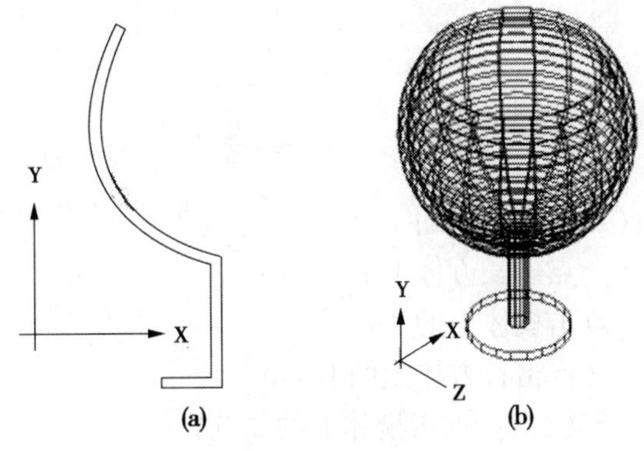

图 7-12　酒杯

(2)创建面域。

命令:region 或 reg↙

选择对象:(选择构成线框的所有对象)

选择对象:↙

已创建 1 个面域。

(3)旋转。

点击“视图”工具栏中的西南轴测图标 。

命令:revolve 或 rev↙

当前线框密度:ISOLINES=20

选择要旋转的对象:找到 1 个(选择面域)

选择要旋转的对象:↙

指定轴起点或根据以下选项之一定义轴[对象(O)/X/Y/Z]<对象>:

指定轴端点:(点击面域中的底部铅垂边)

指定旋转角度或[起点角度(ST)]<360>:360↙

任务三　编辑三维实体

前面讲述了三维实体的基本生成方法,现在讲述对三维实体进行编辑修改的方法。在二维绘图中的图形编辑命令大部分对三维图形适用,这里主要介绍三维实体的对齐和剖切。

一、对齐

(一)调用方式

◆ 命令行:align↙;

◆ 下拉菜单:"修改"→"三维操作"→"对齐"。

(二)实例操作

将图 7-13 所示的楔体斜面对齐到长方体平面上。

操作过程:

命令:align↙

选择对象:找到 1 个(选择楔体)

选择对象:↙

指定第一个源点:(点击楔体上的 1 点)

指定第一个目标点:(点击长方体上的 A 点)

指定第二个源点:(点击楔体上的 2 点)

指定第二个目标点:(点击长方体上的 B 点)

指定第三个源点或<继续>:(点击楔体上的 3 点)

指定第三个目标点:(点击长方体上的 C 点)

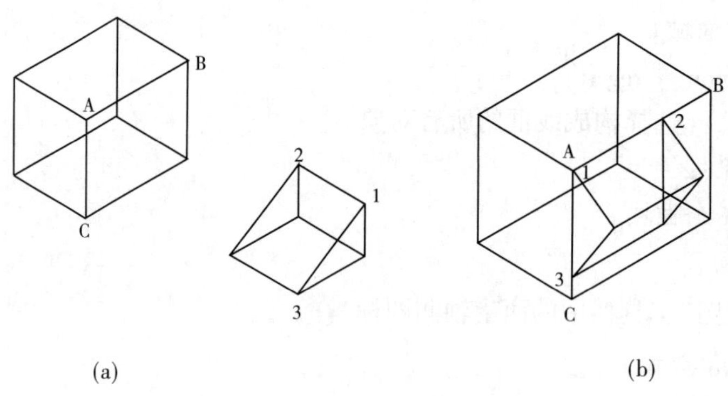

图 7-13　长方体和楔体对齐

二、剖切

(一)调用方式

◆ 命令行:slice 或者 sl↙;

◆ 下拉菜单:“修改”→“三维操作”→“剖切”。

(二)实例操作

剖切图 7-14 所示的实体。

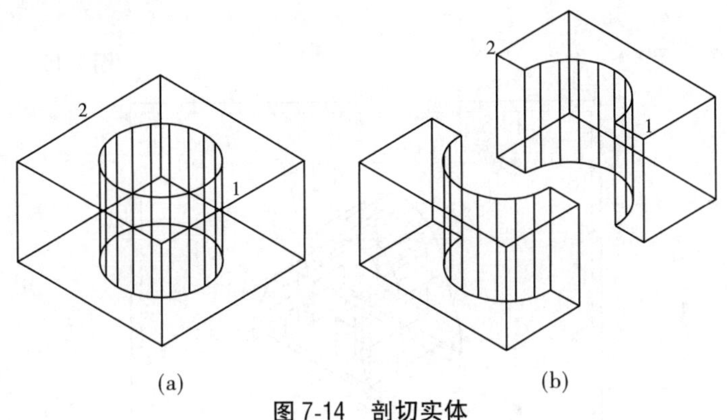

图 7-14　剖切实体

操作过程:

命令:slice 或 sl↙

选择要剖切的对象:找到 1 个(选择实体)

选择要剖切的对象:↙

指定切面的起点或[平面对象(O)/曲面(S)/Z 轴(Z)/视图(V)/XY(XY)/YZ(YZ)/ZX(ZX)/三点(3)]<三点>:(点击 1 点)

指定平面上的第二个点:(点击 2 点)

在所需的侧面上指定点或[保留两个侧面(B)]<保留两个侧面>:↙

命令:move 或 m↙

选择对象:(选择左半侧实体)

选择对象:↙

指定基点或[位移(D)]<位移>:(点击半侧实体的一个基点)

指定第二个点或<使用第一个点作为位移>:(移动鼠标,点击左键)。

任务四　三维实体转化为二维平面图

前边讲了可以通过三维建模、拉伸旋转、布尔运算等方法来创建不同的三维实体。本节讲述如何把三维实体转化成二维平面图。

一、创建三维实体

在模型空间创建三维实体,如图 7-15 所示。

二、设置视口视图

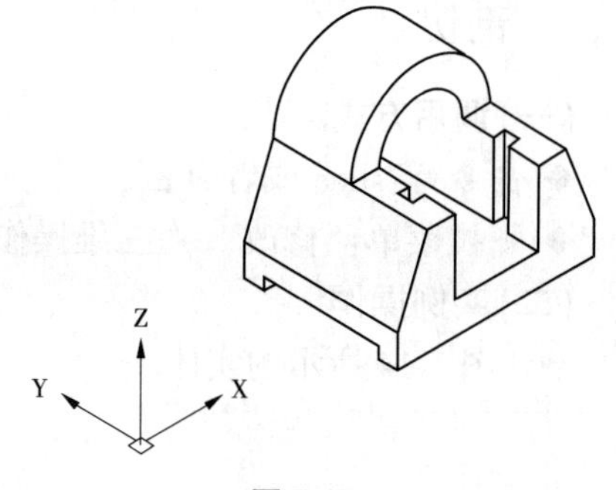

图 7-15

(一)视口视图

点击“布局 1”进入布局空间,点击默认视口边框,删除该视口及立体图,如图 7-16 所示。

(二)生成视图

1. 设置视口

操作过程:

命令:mview 或 mv↙

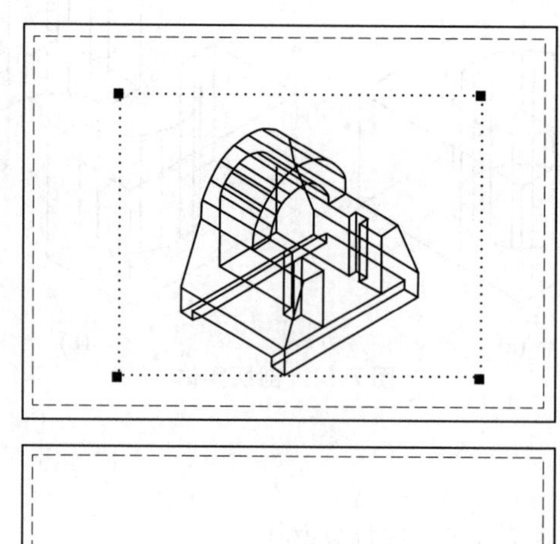

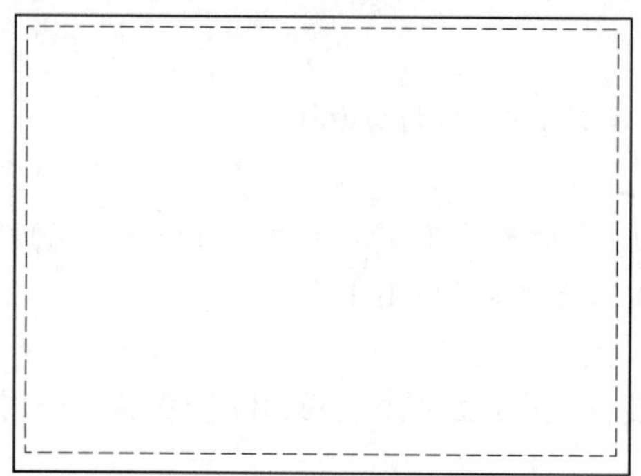

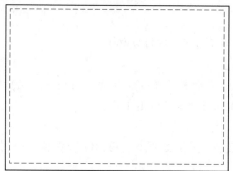

图 7-16

指定视口的角点或[开(ON)/关(OFF)/布满(F)/着色打印(S)/锁定(L)/对象(O)/多边形(P)/恢复(R)/图层(LA)/2/3/4]<布满>:4↙

指定第一个角点或[布满(F)]<布满>:

指定对角点:正在重生成模型。

结果如图 7-17 所示。

2. 生成三视图及轴测图

依次激活各个视口,点击“视图”工具栏按钮或者菜单“视图”→“三维视图”,分别设置为“主视”“俯视”“左视”“西南轴测”,显示如图 7-18 所示。

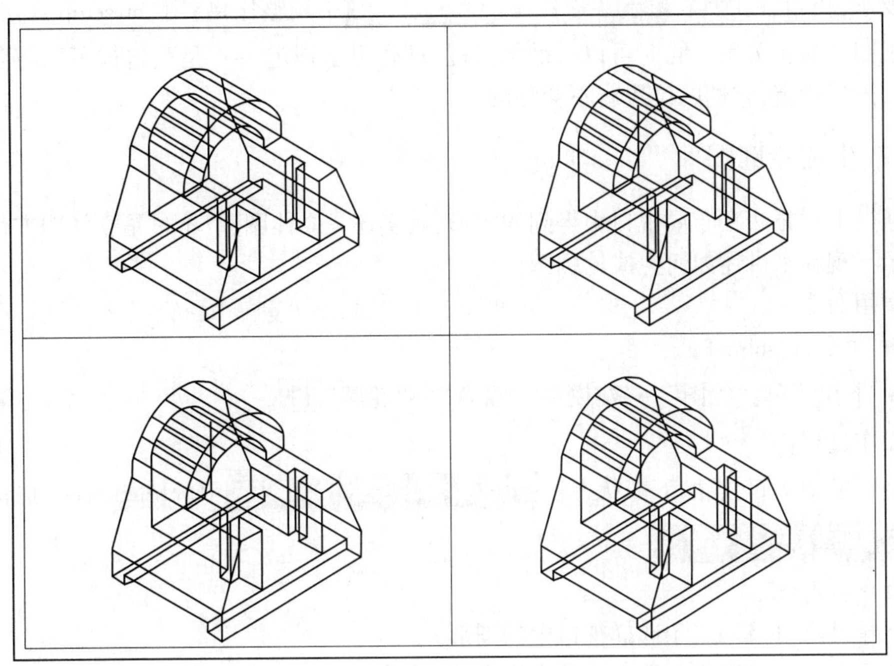

图 7-17

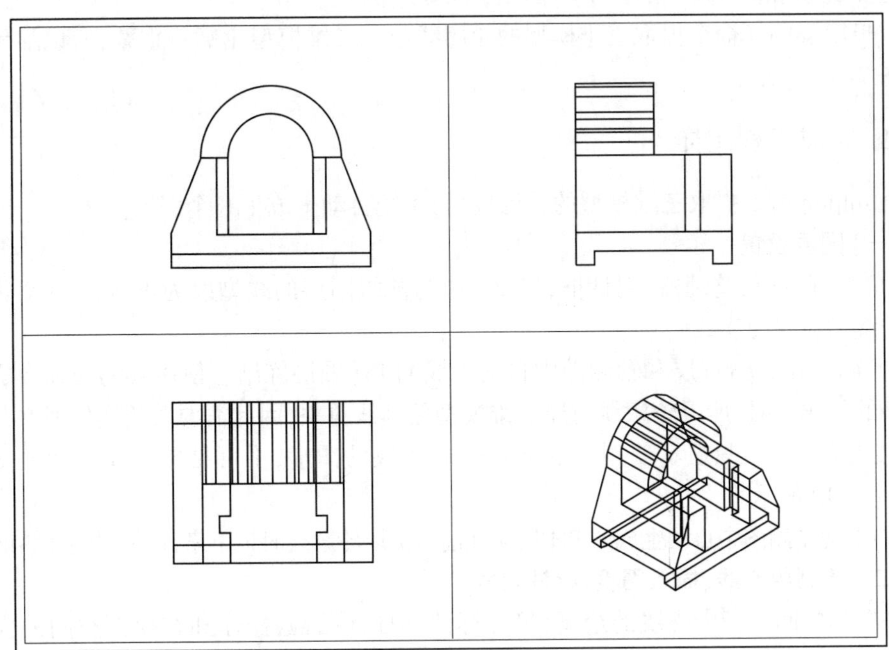

图 7-18

注意：经过上述操作可以自动生成三视图及轴测图，但尺寸及视图间的对应关系不能满足要求,可以在工具栏 1:2 中调整比例,用"mvsetup"命令来调整各视图的对正关系。同时可以右键单击视口框"显示锁定"→"是",这样可以将各个视口中的图形锁定,它们的位置就不会移动。

三、生成轮廓图

通过上述方法在布局视口中得到的图形,其实还是立体图,只不过是立体图方位不同的显示。现在来讲述如何生成轮廓图。

调用命令:

◆ 命令行:solprof↙;

◆ 下拉菜单:"绘图"→"建模"→"设置"→"轮廓"。

操作过程:

进入模型空间:点击下部状态栏 图纸 中的 图纸 图标,则状态变成 模型 。

命令:solprof↙

选择对象:找到 1 个(选择视口中的图形)

是否在单独的图层中显示隐藏的轮廓线?[是(Y)/否(N)]<是>:↙

是否将轮廓线投影到平面?[是(Y)/否(N)]<是>:↙

是否删除相切的边?[是(Y)/否(N)]<是>:↙

由于用 solprof 命令提取三维模型的轮廓线与原二维模型轮廓线重叠,所以显示的结果同图 7-18。

四、完成工程图样

由 solprof 命令提取三维模型的轮廓线后,系统自动生成了 8 个图层。

(一)图层设置

(1)打开"图层管理器"对话框,将以 PH 为前缀图层的线型改为虚线,以 PV 为前缀图层的线型设置为实线。

(2)将 0 层、vports 层和轴测图中自动生成的 PH 图层冻结。使用 solprof 命令提取三维模型的轮廓线时,所得轮廓线与原二维模型轮廓线重叠,因此需要关闭实体所在的图层 0 层,关闭后屏幕上只显示使用 solprof 命令新生成的图形,不可见轮廓线自动显示为虚线,如图 7-19 所示。

注意:对轴测图中自动生成的 PH 层应在前边提取轮廓线时记下来,以便后边冻结该层。

(二)绘制中心线、插入图框、标注尺寸

在布局空间进行中心线的绘制、尺寸标注和插入图框,操作和在模型空间的操作相同,结果见图 7-20。

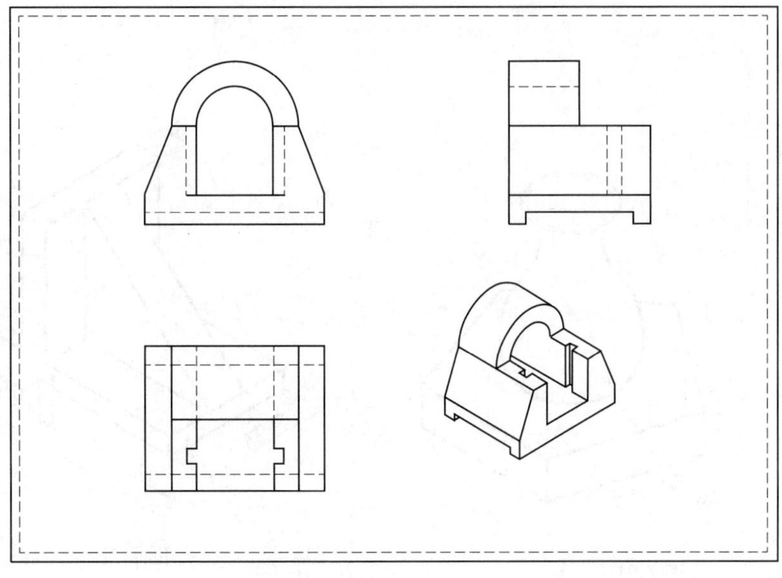

图 7-19

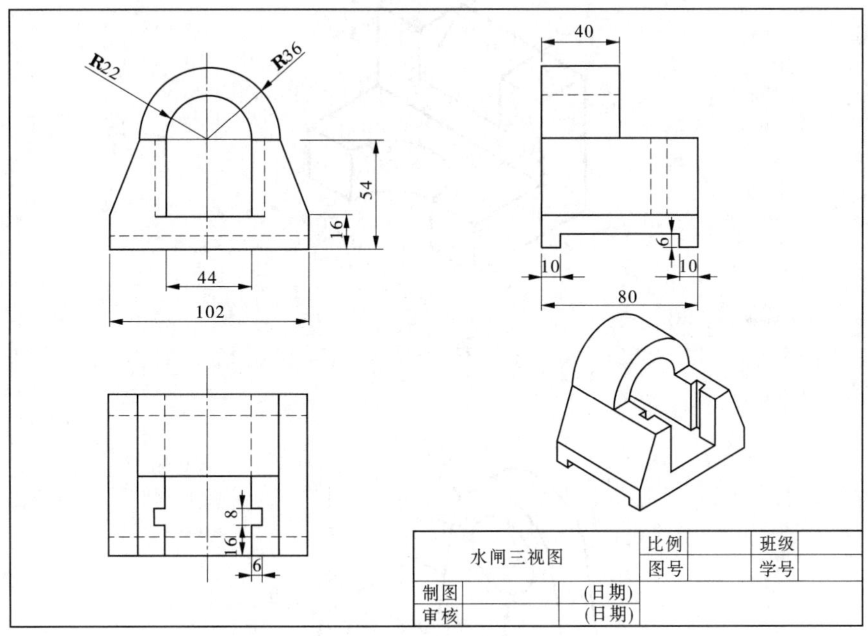

图 7-20

上机操作练习题

1. 绘制图 7-21～图 7-25 所示的三维立体图。

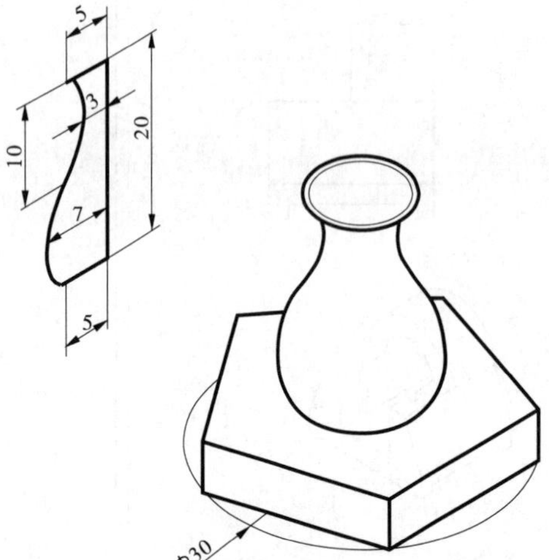

图 7-21

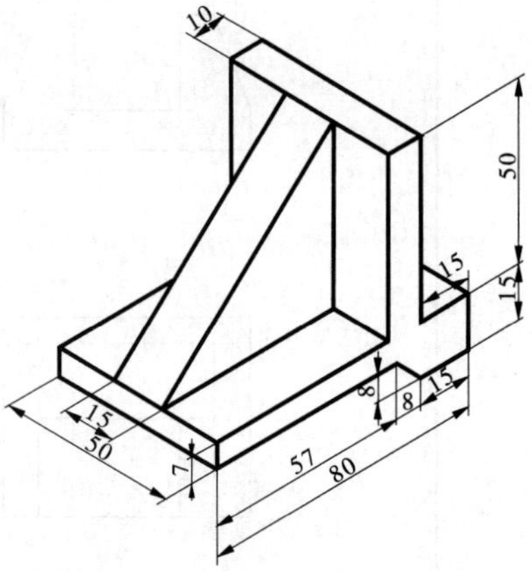

图 7-22

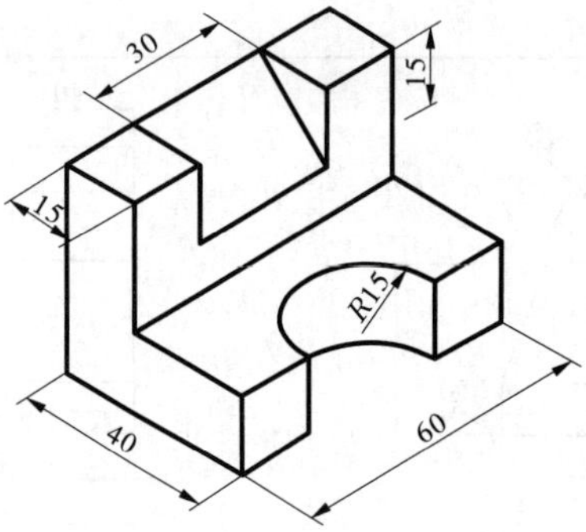

图 7-23

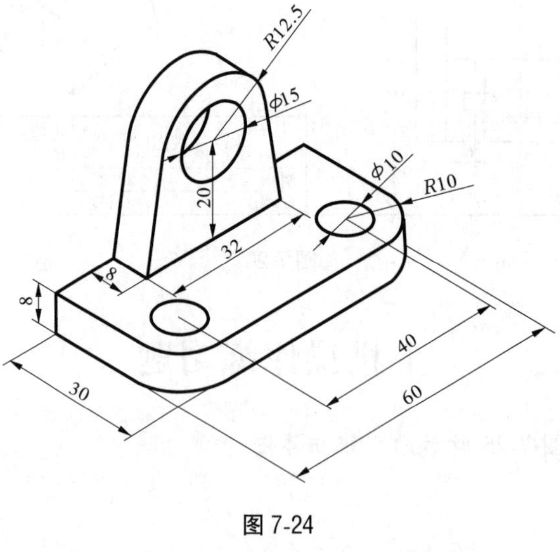

图 7-24

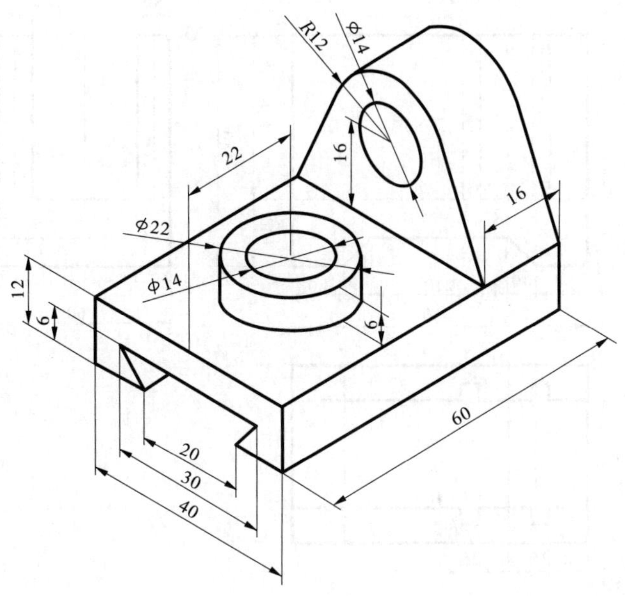

图 7-25

2. 根据图 7-26、图 7-27 所示三视图及尺寸标注绘制三维实体。

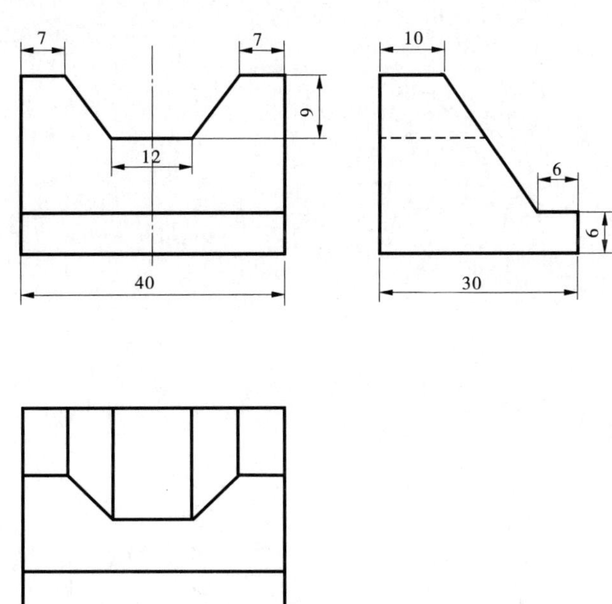

图 7-26

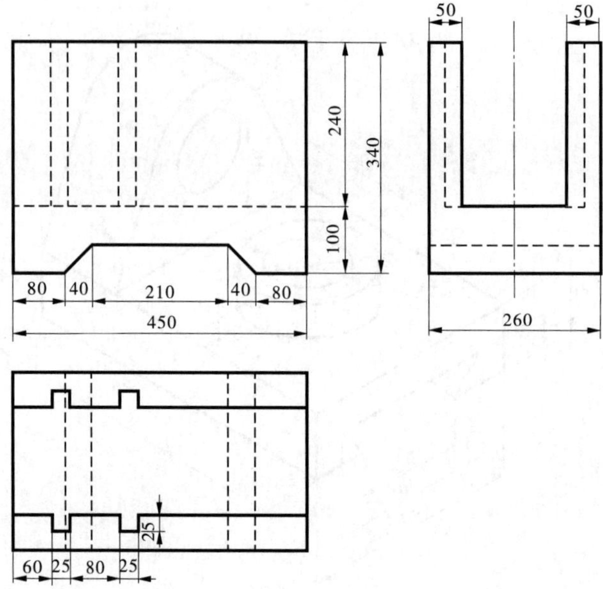

图 7-27

项目八　综合训练题

第一部分　理论题

一、单项选择题

1. AutoCAD 中，系统默认的文件自动保存间隔时间是(　　)。

A. 5 min　　B. 10 min　　C. 15 min　　D. 20 min

2. 系统预设的十字光标长度为屏幕大小的(　　)。

A. 5%　　B. 10%　　C. 15%　　D. 25%

3. AutoCAD 中，另存文件系统默认的文件格式为(　　)。

A. dxf 格式　　B. dws 格式　　C. dwg 格式　　D. 3ds 格式

4. AutoCAD 中，在多个打开的图形间来回切换，按快捷键(　　)。

A. Ctrl+Shift　　B. Ctrl+Alt　　C. Ctrl+Tab　　D. Shift+Tab

5. AutoCAD 2021 的工具栏可以关闭，其开/关的快捷键是(　　)。

A. F3　　B. Ctrl+0　　C. Ctrl+Tab　　D. Ctrl+3

6. AutoCAD 2021 默认保存的文件类型是(　　)。

A. AutoCAD 2007 图形文件　　B. AutoCAD 2021 图形文件

C. AutoCAD 图形样板文件　　D. AutoCAD 图形标准文件

7. 按 F1 键可获得(　　)。

A. 打开设计中心　　B. AutoCAD 帮助信息

C. 打开或关闭正交　　D. 打开或关闭栅格捕捉

8. 关于绘图窗口的背景颜色，描述错误的是(　　)。

A. 可以更改为其他颜色

B. 打印图纸之前一定要改为白色

C. 图形的打印与背景颜色无关

D. 在“选项”对话框“显示”选项卡上设置背景颜色

9. “绘图”工具栏在屏幕上的位置是(　　)。

A. 固定不变的　　B. 总是浮动的

C. 可以固定在上下左右任一侧　　D. 都不是

10. 关于“文本窗口”和“命令窗口”，下面说法错误的是(　　)。

A. 文本窗口与命令窗口相似，用户可以在其中输入命令，查看提示和信息

B. 文本窗口显示当前工作任务的完整的命令历史记录

C. 命令窗口默认显示为 3 行

D. 只有命令窗口打开时才能显示文本窗口

11. 在“命令:”提示下,不能调用帮助功能的操作是(　　)。

A. 键入 HELP 回车　　B. 按 Ctrl+H

C. 键入?(问号)回车　　D. 按功能键 F1

12. 要使对象的颜色随图层的改变而改变,对象的颜色应设置为(　　)。

A. ByLayer　　B. Color　　C. ByBlock　　D. 不固定

13. 以下不属于对象特性的是(　　)。

A. 打印样式　　B. 图形界限　　C. 颜色　　D. 线型

14. 动态输入是 AutoCAD 2021 的新功能,开关动态输入的功能键是(　　)。

A. F12　　B. F11　　C. DYN　　D. Esc

15. AutoCAD 中,用清理(purge)命令不能清理的项目是(　　)。

A. 块　　B. 颜色　　C. 文字样式　　D. 线型

16. 长度单位类型设置为十进制整数(小数 0 位),错误的表述是(　　)。

A. 不影响图形绘制的尺寸精度　　B. 尺寸标注为整数

C. 距离查寻显示整数长度　　D. 状态栏显示整数坐标

17. 一般情况下,空格键可代替 Enter 键做回车,以下不能用空格键回车的操作是(　　)。

A. 输入命令　　B. 输入命令选项　　C. 输入坐标点　　D. 输入文字

18. 打开/关闭正交模式的功能键是(　　)。

A. F2　　B. F3　　C. F8　　D. F9

19. 当用 dashed 线型画线时,发现所画的线看上去像实线,不能设置线型比例因子的是(　　)。

A. linetype　　B. ltype　　C. factor　　D. ltscale

20. 用 stretch 命令中的窗口方式完全将实体选中,则该操作与执行(　　)命令相同。

A. pan　　B. move　　C. scale　　D. copy

21. 在其他命令执行时可输入执行的命令称为(　　)。

A. 编辑命令　　B. 执行命令　　C. 透明命令　　D. 绘图命令

22. 取消命令执行的键是(　　)。

A. 回车键　　B. 空格键　　C. Esc 键　　D. F1 键

23. 重复执行上一条命令的快捷方式是(　　)。

A. 按回车键　　B. 按 Esc 键　　C. 按 Tab 键　　D. 按 F1 键

24. AutoCAD 中自动保存时,临时文件的扩展名为(　　)。

A. dwg　　B. dwt　　C. dll　　D. ac $

25. 命令行与绘图窗口切换的快捷键是(　　)。

A. F1　　B. F2　　C. F4　　D. F7

26. 图层名字最长为(　　)个字符。

A. 255　　B. 254　　C. 10　　D. 10

27. OOPS 能恢复(　　)步。

A. 1　　B. 3　　C. 4　　D. 5

28. AutoCAD 软件的设计特点是(　　)。

A. 参数化强　　B. 可视化强　　C. 界面友好　　D. 精确

29. AutoCAD 的层不可以改名的是(　　)。

A. 1 图层　　B. 2 图层　　C. 0 层　　D. 任意层

30. UCS 是 AutoCAD 中的(　　)。

A. 世界坐标　　B. 用户自定义坐标　　C. 视图坐标　　D. 父系坐标

31. 按(　　)键可切换文本窗口和绘图窗口。

A. F2　　B. F8　　C. F3　　D. F5

32. 在(　　)创建的块可在插入时与当前层特性一致。

A. 0 层　　B. 所有自动产生的层

C. 所有图层　　D. 新建的图层

33. 在图层管理器中,影响图层显示的操作有(　　)。

A. 锁定图层　　B. 新建图层　　C. 删除图层　　D. 冻结图层

34. 用户在对图形进行编辑时,若需要选择所有对象,应输入(　　)。

A. 夹点编辑　　B. 窗口选择　　C. All　　D. 单选

35. 在使用 zoom 命令时输入"2X",结果(　　)。

A. 图纸空间放大 2 倍　　B. 图形范围放大 2 倍

C. 图形边界放大 2 倍　　D. 相对于当前视图的比例放大 2 倍

36. 下列不属于图层设置的范围有(　　)。

A. 颜色　　B. 线宽　　C. 过滤器　　D. 线型

37. 下列选项中,不属于图层状态控制的有(　　)。

A. 冻结/解冻　　B. 修改　　C. 开/关　　D. 解锁/锁定

38. 在 AutoCAD 系统中,每一个图形实体都有(　　)图形属性。

A. 层,线型　　B. 层,颜色　　C. 层,颜色,线型　　D. 层,字型,颜色

39. AutoCAD 系统中,命令行与文本窗口切换的快捷键为(　　)。

A. F2　　B. F6　　C. F9　　D. F8

40. 以下有关 AutoCAD 中格式刷的叙述错误的是(　　)。

A. 只是一把颜色刷　　B. 先选源对象,再去刷目标对象

C. 刷后目标对象与源对象的实体特性相同

D. 也可用于尺寸标注、文本的编辑

41. (　　)的作用是显示与所选对象有关的信息。

A. dir　　B. list　　C. disp　　D. type

42. 单行文字的命令是(　　)。

A. mt　　B. dt　　C. tt　　D. rt

43. 为了保证整个图形充满屏幕显示,应使用的缩放(zoom)选项是(　　)。

A. 窗口(W)　　B. 范围(E)　　C. 上一个(P)　　D. 对象(O)

44. 极轴增量角设为默认的 90°,用直线(line)命令配合"极轴"工具绘制直线时,以下

正确的说法是(　　)。

A. 只能向上画 90°垂直线

B. 只能向上画 90°或向下画 270°垂直线

C. 可以画水平线和垂直线

D. 还要打开正交才能画水平线和垂直线

45. 启用“延伸”捕捉,不能捕捉的点是(　　)。

A. 直线延长线上的点　　B. 圆弧延长线上的点

C. 直线外任意一定　　D. 直线上任意一点

46. AutoCAD 默认的对象捕捉模式中不包括(　　)。

A. 端点　　B. 中点　　C. 交点　　D. 圆心

47. 缩放(zoom)和平移(pan)图形,视图发生了改变。以下说法正确的是(　　)。

A. 图形尺寸大小和坐标位置不变

B. 图形尺寸会随之放大或缩小

C. 图形的坐标会改变

D. 既改变大小又改变坐标

48. 临时需要“切点”捕捉,其操作方法的叙述正确的是(　　)。

A. 按 Shift+右键,从捕捉菜单中选择“切点”

B. 输入捕捉名称 TAN

C. 必须预先设置“切点”捕捉

D. A、B 正确

49. AutoCAD 的坐标系包括世界坐标系和(　　)坐标系。

A. 绝对　　B. 平面　　C. 相对　　D. 用户

50. 关于 AutoCAD 的用户坐标系与世界坐标系的不同点,下面阐述正确的是(　　)。

A. 用户坐标系与世界坐标系两者都是固定的

B. 用户坐标系固定,世界坐标系不固定

C. 用户坐标系不固定,世界坐标系固定

D. 两者都不固定

51. 下面的(　　)方式可以使得光标锁定预先定义的栅格。

A. 栅格设置　　B. 正交　　C. 当前图层命名　　D. 栅格捕捉设置

52. 控制显示次序的命令是(　　)。

A. raster order　　B. image order　　C. draw order　　D. ole order

53. 缩放视图(zoom)命令中的“上一个(P)”选项,是缩放显示上一个视图。最多可恢复此前的视图个数是(　　)。

A. 1　　B. 3　　C. 8　　D. 10

54. 为使图层上的对象不显示,图层应设置为(　　)。

A. 隐藏　　B. 打开　　C. 锁定　　D. 关闭

55. 图层的状态设置为“开”,以下说法正确的是(　　)。

A. 可显示图层上的对象　　B. 可打印图层上的对象

C. 可重生成图层上的对象　　D. 以上都对

56. 用户可以创建的图层个数是(　　)。

A. 64　　B. 255　　C. 1024　　D. 不限制

57. 图层0是系统的默认图层,用户可以对0图层的操作是(　　)。

A. 改名　　B. 删除

C. 将颜色设置为红色　　D. 不能作任何操作

58. 下列不能被删除的图层是(　　)。

A. 0层　　B. Defpoint

C. 外部参照依赖图层　　D. 以上都对

59. 某图层上图形可见但不能被编辑,该图层状态是(　　)。

A. 开　　B. 冻结　　C. 锁定　　D. 关

60. 动态输入下绘制直线,坐标输入的约定是(　　)。

A. 第一点为绝对坐标,第二点为相对坐标

B. 输入@转换为相对坐标

C. 输入#转换为绝对坐标

D. 以上都对

61. AutoCAD中的copy命令(　　)。

A. 只能在同一文件中复制

B. 可以在不同文件之间复制

C. 既可以在同一文件中复制,也可以在不同文件之间复制

D. 只能将对象以块的形式进行复制

62. 用延伸(extend)命令进行对象延伸时(　　)。

A. 必须在二维空间中延伸　　B. 可以在三维空间中延伸

C. 可以延伸封闭线框　　D. 可以延伸文字对象

63. 以下不能被删除的是(　　)。

A. 拉伸以后的对象　　B. 文字对象

C. 锁定图层上的对象　　D. 不可打印图层上的对象

64. 用移动(move)命令把一个对象向 X 轴正向移动10个单位,向 Y 轴正向移动6个单位,输入错误的是(　　)。

A. 第一点:任意;第二点:#10,6

B. 第一点:0,0;第二点:10,6

C. 第一点:0<0;第二点:@10,6

D. 第一点:任意;第二点:@10,6

65. 下列关于交叉窗口选择所产生选择集的描述正确的是(　　)。

A. 仅为窗口内部的对象

B. 仅为与窗口相交的对象(不包括窗口内部的对象)

C. 同时与窗口四边相交的对象加上窗口内部的对象

D. 与窗口相交的对象加上窗口内部的对象

66. 在 AutoCAD 系统中，不出现“基点”提示的命令有(　　)。

A. move　　B. copy　　C. rotate　　D. mirror

67. 在 AutoCAD 系统中，不能进行比例缩放的对象是(　　)

A. 文字　　B. 点　　C. 图块　　D. 填充的图案

68. 用 copy 命令复制对象时，不可以(　　)。

A. 原地复制对象　　B. 同时复制多个对象

C. 复制对象到其他文件　　D. 一次把对象复制到多个位置

69. 用缩放(scale)命令缩放对象时，不可以(　　)。

A. 只在 X 轴方向缩放　　B. 将参照长度缩放为指定的新长度

C. 将基点选择在对象之外　　D. 缩放小数倍

70. 下列对象执行偏移(offset)命令后，大小和形状保持不变的是(　　)。

A. 圆　　B. 圆弧　　C. 椭圆　　D. 直线

71. 不能对样条曲线进行的编辑命令是(　　)。

A. 延伸　　B. 移动　　C. 修剪　　D. 镜像

72. 删除使用 xline 命令绘制的图像，不能采用的选择方式是(　　)。

A. 窗交(C)　　B. 窗口(W)　　C. 直接点取　　D. 圈交(CP)

73. 已知一条线段长度是 1377，用 scale 命令缩小为 323，应采用的缩放方式是(　　)。

A. 指定比例因子　　B. 参照方式　　C. 复制方式　　D. 任意方式

74. 使用夹点编辑不可以(　　)。

A. 旋转　　B. 缩放　　C. 阵列　　D. 镜像

75. 以下(　　)不能使用 break 命令打断。

A. 椭圆　　B. 多段线　　C. 样条曲线　　D. 多线

76. 下面(　　)命令不能用于已插入的图块。

A. trim　　B. copy　　C. mirror　　D. array

77. 不可以分解的对象是(　　)。

A. 多段线　　B. 点　　C. 矩形　　D. 修订云线

78. 没有复制功能的命令是(　　)。

A. 镜像　　B. 缩放　　C. 旋转　　D. 拉伸

79. 一条直线与一条有宽度的多段线进行倒角(chamfer)，结果将(　　)。

A. 合并为一条没有宽度的多段线

B. 合并为一条有宽度的多段线

C. 直线和多段线的线宽保持不变

D. 无法倒角

80. 在用多线编辑工具时，选择“十字打开”选项，总是切断所选的(　　)。

A. 第一条多线　　B. 第二条多线　　C. 任一条多线　　D. 两条多线

81. 利用 array/R 命令创建矩形阵列，若让对象向左上方排列，则需(　　)。

A. 行偏移为正，列偏移为正　　B. 行偏移为正，列偏移为负

C. 行偏移为负,列偏移为正　　D. 行偏移为负,列偏移为负

82. 用 fillet 命令创建圆角时,以下说法不正确的是(　　)。

A. 圆角半径可以为零

B. 两圆弧间可以创建圆角

C. 两多段线之间可以创建圆角,且创建圆角后仍为多段线

D. 直线与多段线之间可以创建圆角

83. 用圆角命令进行圆角操作时(　　)。

A. 不能对多段线对象进行圆角

B. 不可以对样条曲线对象进行圆角

C. 不能对文字对象进行圆角

D. 不能对三维实体对象进行圆角

84. 使用拉伸命令“stretch”拉伸对象时,不能(　　)。

A. 把圆拉伸为椭圆　　B. 把正方形拉伸成长方形

C. 移动对象特殊点　　D. 整体移动对象

85. 直线 AB、CD 是两条不平行的二维直线,又不相交,用(　　)命令可使它们自动延长相交。

A. move　　B. extend　　C. fillet　　D. trim

86. 工程图样中的汉字通常应尽可能选择(　　)字体。

A. 楷体　　B. 宋体　　C. 仿宋体　　D. 长仿宋体

87.《水利水电工程制图标准》(SL 73—95)中规定基本图幅最小一号大小为(　　)。

A. 297×420　　B. 210×297　　C. 198×210　　D. 以上答案都不对

88. 图样中书写长仿宋体字时,字宽应为字高的(　　)。

A. 0.5　　B. 0.6　　C. 0.7　　D. 0.8

89. 要在文本字符串中插入直径符号,应输入(　　)。

A. %%D　　B. %%C　　C. %%P　　D. %%A

90. 在 AutoCAD 中用文字命令输入±的控制符号是(　　)。

A. %%D　　B. %%U　　C. %%C　　D. %%P

91. 用单行文本(text)命令标注角度符号“°”时应使用(　　)。

A. %%C　　B. %%D　　C. %%P　　D. %%U

92. 多行文本标注命令是(　　)。

A. wblock　　B. dtext　　C. mtext　　D. wtext

93. 在 AutoCAD 中,用户可以使用(　　)命令将文本设置为快速显示方式,使图形中的文本以线框的形式显示,从而提高图形的显示速度。

A. text　　B. mtext　　C. wtext　　D. qtext

94. AutoCAD 中输入“$\frac{1}{2}$”,可运用(　　)命令把此分数形式改为水平分数形式。

A. 单行文字　　B. 对正文字　　C. 多行文字　　D. 文字样式

95. 打开图形文件,发现文字成了问号(?)或其他乱码,这是(　　)的问题。

A. 文件损坏　　B. 系统中毒　　C. 文字样式　　D. AutoCAD 版本

96. 如果用单行文字(dtext)命令标注文字,输入文本%c100,则显示结果为(　　)。

A. 命令行提示出错信息并退出单行文字(dtext)命令

B. 命令行提示出错信息后仍要求输入文本

C. 显示%c100

D. 显示 Φ100

97. AutoCAD 中的字体文件的扩展名是(　　)。

A. shx　　B. lin　　C. pat　　D. scr

98. 默认的标准(Standard)文字样式的字体名是(　　)。

A. 仿宋_GB2312　　B. gbeitc. shx　　C. isocp. shx　　D. txt. shx

99. 在 AutoCAD 中输入文字"70%"时,可用单行文本命令输入(　　)。

A. %%%70　　B. 70%%%　　C. 70%%　　D. %%70

100. 要应用镜像(mirror)命令镜像文字后使文字内容仍保持原来排列方式,则应先使 MIRRTEXTD 的值设为(　　)。

A. 0　　B. 1　　C. ON　　D. OFF

101. 在"标注样式"对话框中,"文字"选项卡中的"分数高度比例"选项只有设置了(　　)选项后方才有效。

A. 单位精度　　B. 公差　　C. 换算单位　　D. 使用全局比例

102. 在下列命令中,含有"倒角"项的命令是(　　)。

A. 多边形　　B. 矩形　　C. 椭圆　　D. 样条曲线

103. 在修改编辑时,只能采用交叉或交叉多边形窗口选取的编辑命令是(　　)。

A. 拉长　　B. 延伸　　C. 比例　　D. 拉伸

104. 下列线型命令中,含有"偏移"项的命令是(　　)。

A. 直线　　B. 构造线　　C. 多段线　　D. 多线

105. 能真实反映倾斜对象的实际尺寸的标注命令是(　　)。

A. 对齐标注　　B. 线性标注　　C. 引线　　D. 连续标注

106. 在绘制圆环时,当环管的半径大于圆环的半径时,会生成(　　)。

A. 圆环　　B. 球体　　C. 纺锤体　　D. 不能生成

107. 一组同心圆可由一个已画好的圆用(　　)命令来实现。

A. stretch(伸展)　　B. move(移动)

C. extend(延伸)　　D. offset(偏移)

108. 用对象捕捉 osnap 方式捕捉圆周或圆弧上的切线点用(　　)捕捉方式。

A. 圆心 center　　B. 中点 mikpoint

C. 切点 tangent　　D. quadrant

109. 样条曲线不能用下面的(　　)命令进行编辑。

A. 删除　　B. 移动　　C. 修剪　　D. 分解

110. 删除块定义的命令是(　　)。

A. erase　　B. purge　　C. explode　　D. attdef

111. 一个块是(　　)。

A. 可插入到图形中的矩形图案

B. 由 AutoCAD 创建的单一对象

C. 一个或多个对象作为单一的对象存储,便于日后的检索和插入

D. 以上都不是

112. wblock 命令可用来创建一个新块,这个新块可以用于(　　)。

A. 当前图形中　　B. 一个已有的图形

C. 任何图形中　　D. 仅用于一个被保存的图形

113. 一个块最多可被插入到图形中(　　)。

A. 1 次　　B. 50 次　　C. 100 次　　D. 没有限制

114. 提取块属性数据的命令是(　　)。

A. battman　　B. attext　　C. insert　　D. attdef

115. 用于定义外部图块的命令是(　　)。

A. block　　B. wblock　　C. explode　　D. attdef

116. 用于实现单独控制图块中属性的可见性的命令是(　　)。

A. attdisp　　B. wblock　　C. explode　　D. attdef

117. 用于将图块插入到当前图形的命令是(　　)。

A. block　　B. wblock　　C. insert　　D. attdef

118. 多重插入图块到当前图形的命令是(　　)。

A. block　　B. wblock　　C. insert　　D. minsert

119. 通过打印预览,可以看到(　　)。

A. 打印的图形的一部分

B. 图形的打印尺寸

C. 与图纸打印方式相关的打印图形

D. 在打印页的四周显示有标尺用于比较尺寸

120. 关于 AutoCAD 的空间,说法正确的是(　　)。

A. AutoCAD 有模型空间和图纸空间两种

B. 图纸空间也是三维图形环境

C. 在图纸空间中不可建立二维实体,它仅用于绘图输出

D. 图纸空间建立的二维实体也可在模型空间显示

121. 当打印范围为(　　)时,"打印比例"选项区域中的"布满图纸"复选框不可用。

A. 布局　　B. 范围　　C. 显示　　D. 窗口

122. 打印以前使用"命名视图(view)"命令保存的视图,选择(　　)打印区域。

A. 视图　　B. 窗口　　C. 显示　　D. 范围

123. 下列(　　)选项不是系统提供的"打印范围"。

A. 窗口　　B. 布局界限　　C. 范围　　D. 显示

124. "文件"下拉菜单中的"输出(E)"选项的作用是(　　)。

A. 向打印机输出图形　　B. 向绘图仪输出图形

C. 输出 wmf、bmp 等文件格式　　D. 保存 dwg 图形文件

125. AutoCAD 2021 允许在(　　)模式下打印图形。

A. 模型空间　　B. 图纸空间　　C. 布局　　D. 以上都是

126. 如果从模型空间打印一张图,打印比例为 10:1,那么想在图纸上得到 3 mm 高的字,应在图形中设置的字高为(　　)。

A. 3 mm　　B. 0.3 mm　　C. 30 mm　　D. 10 mm

127. 在打印区域选择(　　)打印方式可将当前空间内的所有几何图形打印。

A. 布局或界限　　B. 范围　　C. 显示　　D. 窗口

128. 在布局视口的模型空间中冻结图层,错误的说法是(　　)。

A. 可以冻结或解冻当前和以后布局视口中的图层而不影响其他视口

B. 不可以在每个布局视口中有选择地冻结图层

C. 冻结的图层是不可见的

D. 它们不能被重生或打印

129. 在"模型"选项卡中完成图形之后,可以通过单击"布局"选项卡开始创建要打印的布局,首次单击"布局"选项卡时,选项卡上将显示(　　)。

A. 命名视图　　B. 命名视口　　C. 单一视口　　D. 新建视口

130. 要在 A4 图纸上绘制 1:2比例的图形,应设定的绘图范围是(　　)。

A. 420 mm×297 mm　　B. 297 mm×210 mm

C. 594 mm×420 mm　　D. 840 mm×594 mm

131. 用 vpoint(视点)命令,输入视点坐标值(0,0,1)后,结果与平面视图的(　　)相同。

A. Left(左视图)　　B. Right(右视图)　　C. Top(俯视图)　　D. Front(前视图)

132. 组合面域是两个或多个现有面域的全部区域合并起来形成的,组合实体是两个或多个现有实体的全部体积合并起来形成的,这种操作称(　　)。

A. intersect(交集)　　B. union(并集)

C. subtract(差集)　　D. interference(干涉)

133. 下列图形对象能作为压印母体的是(　　)。

A. 面域　　B. 圆　　C. 实心体　　D. 网格表面

134. 作一空心圆筒,可以先建立两个圆柱实心体,然后用命令(　　)。

A. slice(剖切)　　B. union(并集)　　C. subtract(差集)　　D. intersect(交集)

135. AutoCAD 中,可用(　　)消隐操作隐藏被前景对象遮掩的背景对象,从而使图形的显示更加简洁,设计更加清晰。

A. 变量 ISOLINES　　B. 变量 FACETRES　　C. 变量 DISPSILH　　D. 命令 HIDE

136. 视点命令 vpoint 将观察者置于一个位置上观察三维图形,就好像从空间中的一个指定点向(　　)方向观察。

A. 原点(0,0,0)　　B. *X* 轴正方向　　C. *Y* 轴正方向　　D. *Z* 轴正方向

137. UCS 图标表示 UCS 坐标的方向和当前 UCS 原点的位置,也表示相对于 UCS(　　)的当前视图方向。

A. *ZX* 平面　　B. *YZ* 平面　　C. *XY* 平面　　D. *VIEW* 平面

138. 要使 UCS 图标显示在当前坐标系的原点处,可选用 ucsicon 命令的(　　)选项。

A. ON　　B. OFF　　C. OR　　D. N

139. 在使用用户坐标系 UCS 时,用三点确定坐标系的命令是(　　)。

A. origin　　B. zaxis　　C. 3point　　D. object

140. 用户若已经在 AutoCAD 中建立了三维实心体模型,便可通过(　　)命令,快速生成正交投影视图。

A. vpoint(视点)　　B. vports(视口)

C. mvsetup(图形布局)　　D. ucs(用户坐标系)

141. 用定义的剖切面将实心体一分为二,应执行(　　)命令。

A. slice(剖切)　　B. section(切割)

C. subtraction(差集)　　D. interference(干涉)

142. 可以为实体模型创建圆角的命令是(　　)。

A. fillet(圆角)　　B. extrude(拉伸)　　C. revolve(旋转)　　D. chamfer(倒角)

143. 在三维空间中移动、旋转、缩放实体用(　　)命令。

A. move(移动)　　B. scale(缩放)　　C. rotate(旋转)　　D. align(对齐)

144. revsurf 和 revolve 命令的共同之处在于(　　)。

A. 都能生成三维实心体模型

B. 都能生成三维多边形网格

C. 都需要以直线 LINE 作为旋转轴

D. 都能以任何开放或封闭对象作为路径曲线

145. 如果要将 3D 对象的某个表面与另一对象的表面对齐,应使用命令(　　)。

A. move(移动)　　B. mirror3D(三维镜像)

C. align(对齐)　　D. rotate3D(三维旋转)

146. AutoCAD 中,可使用(　　)命令,使用相机和目标模拟从空间的任意点观察模型。

A. view(视图)　　B. dview(动态观察)

C. vpoint(视点)　　D. plan(平面视图)

147. 显示三维模型的着色图形,用(　　)命令。

A. render(渲染)　　B. shade(阴影)　　C. edge(边)　　D. hide(消隐)

148. 在图块的插入命令中,只能进行矩形阵列复制的命令是(　　)。

A. insert　　B. minsert　　C. insert+array　　D. measure

二、判断题

1. 将鼠标移至屏幕左侧工具栏区域,单击右键,会弹出工具栏列表。(　　)

2. AutoCAD 中,打开/关闭对象特性窗口的快捷键是 F1。(　　)

3. AutoCAD 中,打开/关闭正交方式的功能键是 F4。(　　)

4. AutoCAD 中,打开/关闭文本窗口的快捷键是 F2。(　　)

5. AutoCAD 中,打开/关闭对象捕捉的功能键是 F3。(　　)

6. AutoCAD 中,打开/关闭设计中心窗口的快捷键是 Ctrl+2。(　　)

7. AutoCAD 中,控制打开或关闭全屏显示的快捷键是 Ctrl+1。 (　　)
8. AutoCAD 中,打开/关闭捕捉的功能键是 F9。 (　　)
9. AutoCAD 中,动态输入的开关控制功能键是 F12。 (　　)
10. 执行完一条命令后直接回车或按空格键,可重复执行上一条命令。 (　　)
11. 通过"选项"对话框,能自行修改窗口颜色。 (　　)
12. 以固定方式显示的工具栏标题将被隐藏。 (　　)
13. AutoCAD 中,打开/关闭对象追踪的功能键是 F11。 (　　)
14. AutoCAD 中,打开/关闭极轴的功能键是 F12。 (　　)
15. AutoCAD 中,动态 UCS 打开/关闭的功能键是 F7。 (　　)
16. AutoCAD 中,点击 Ctrl+O 可快速打开图形文件。 (　　)
17. 以只读方式打开的文件不可被更改。 (　　)
18. AutoCAD 系统默认的角度方向为逆时针方向。 (　　)
19. 在绘图时,一旦打开正交方式(ortho)后,屏幕上只能画水平线和垂直线。 (　　)
20. 执行 redraw 和 regne 命令的结果是一样的。 (　　)
21. snap 的步距值不能大于 grid 的栅格点间距值。 (　　)
22. 在 format/units 中设置好数值精度后对尺寸标注精度不起作用。 (　　)
23. 用 AutoCAD 绘制图形时,其绘图范围是有限的。 (　　)
24. 把正在编辑的图形保存到磁盘上而不退出图形编辑,只能用 save 命令。 (　　)
25. 三维对象捕捉是 AutoCAD 2021 版的新功能。 (　　)
26. 在输入文字时,不能使用透明命令。 (　　)
27. AutoCAD 中,从键盘输入命令后按空格键与回车键等效。 (　　)
28. AutoCAD 中,打开/关闭栅格显示的功能键是 F7。 (　　)
29. AutoCAD 中,绘制二维等轴测视图时,切换各等轴测平面的功能键是 F5。 (　　)
30. 无论二维图形的视图还是三维模型的轴测视图均可以用视图(view)命令命名保存。 (　　)
31. 必须先选择 AutoCAD 编辑命令,再选择对象。 (　　)
32. 单位的精度设置会影响绘图的精度。 (　　)
33. 在对象追踪时,必须激活对象捕捉。 (　　)
34. 可使用 list 命令列出多段线的面积。 (　　)
35. area 命令显示当前单位设定下的面积测量值。 (　　)
36. AutoCAD 中,zoom 命令可以改变图形的实际大小。 (　　)
37. AutoCAD 中,网格线是绘图的辅助线,将来可能出现在输出的图纸上。 (　　)
38. 图层被锁定后,其上的实体既不能编辑,又不可见。 (　　)
39. AutoCAD 中,状态行中的绝对坐标是以直角坐标表示的,相对坐标是以极坐标表示的。 (　　)
40. AutoCAD 中,在对图形进行拉伸时,原图形的大小和形状不一定都发生变化。 (　　)
41. 用多段线编辑(pedit)命令可以将一条直线变为一条多段线。 (　　)

42. 用 erase 命令可擦除填充的边界线而保留剖面线。（　　）

43. 圆角(fillet)命令可用于两条相互平行的直线。（　　）

44. 圆角命令不可以对样条曲线对象进行圆角。（　　）

45. AutoCAD 中,不封闭的边界不能转化为多段线。（　　）

46. 移动(move)对象时给定基点坐标是“5,-8”,要求指定第二点时直接回车,则对象向右移动 5 个单位,向下移动 8 个单位。（　　）

47. 线宽不为 0 的多段线,被分解后其宽度不变。（　　）

48. 拉伸(stretch)时可以不用“交叉窗口”选择对象。（　　）

49. 用 fillet 命令创建圆角时半径可以是 0。（　　）

50. 用 chamfer 命令创建倒角时半径可以是 0。（　　）

51. 当系统变量 mirrtext 的值为 1 时,文字不镜像,即文字的方向不变。（　　）

52. 用 offset 命令偏移得到的对象是和源对象形状大小相同的对象。（　　）

53. 锁定图层上的对象能被删除。（　　）

54. 执行 offset 命令,指定的偏移距离可以为负值,且为负值时,对象将偏移到鼠标所指一侧的另一侧。（　　）

55. 用 offset 命令偏移得到的对象一定只能和源对象在同一图层。（　　）

56. 通过特性匹配(matchprop)命令,可以将源对象的基本特性和特殊特性有选择性地复制到目标对象。（　　）

57. 环形阵列(array/P)的填充角度,给负值时将顺时针旋转阵列,给正值逆时针旋转阵列。（　　）

58. 图形移动时,图形上各点相对于基点的位置不变。（　　）

59. ddedit 命令可用于修改单行文字内容,不能修改多行文字。（　　）

60. AutoCAD 2021 中不允许对平行线倒圆角。（　　）

61. 在矩形阵列过程中,行间距为正值时,所选对象向下阵列。（　　）

62. ddedit 命令可以修改各种类型文字的样式、宽度和内容等。（　　）

63. 制图中规定汉字用长仿宋体书写。（　　）

64. 在同一张图纸上不能同时存在不同字体的文字。（　　）

65. 在标题栏中输入文字时,选择文字的对正方式是正中(MC)对齐。（　　）

66. “多行文字”和“单行文字”都是用来创建文字对象的,其本质是一样的。（　　）

67. AutoCAD 中无法实现类似 Word 的文字查找或者替换功能。（　　）

68. 在输入文字时,不能使用透明命令。（　　）

69. 设置文字样式时,如果采用了默认字高 0,那么每次使用该样式创建文字时,系统会在命令行提示指定文字的高度。（　　）

70. AutoCAD 中文字样式设置时,如果文字高度设定了非零的高度值,则在使用该种文字样式输入文字时统一使用该高度,不再提示输入高度。（　　）

71. 块中的对象可以在一层或多层上创建,但块在插入时仍保持创建时的图层、颜色、线宽等特性。若块的创建层在当前图层中不存在,块中包含的图层将被自动添加创建。

（　　）

72. 若图块中包含的对象处在“0”层，而且为“ByLayer”的随层特性，插入块时将放置在当前图层上并显示当前图层的颜色、线型特性，不额外增加图形的图层。 ( )

73. 块的名字中不能包含数字。 ( )

74. 带属性的块在插入时不能改变大小。 ( )

75. 设计中心只能用来插入图块。 ( )

76. block 命令与 wblock 命令作用相同，都可以创建块。 ( )

77. 块在插入时 X、Y、Z 坐标只能指定单一的比例值。 ( )

78. 如果插入的块由多个位于不同图层上的对象组成，那么冻结某一对象所在的图层后，此图层上属于块上的对象就会变得不可见。 ( )

79. 当冻结插入块后的当前层时，不管块中各对象处于哪一图层，整个块均变得不可见。 ( )

80. 块属性是附属于块的图形信息，是块的组成部分。 ( )

81. 通过设计中心，可以组织对图形、图块、图案填充和其他内容的访问。 ( )

82. 单元块可以在插入时改变每个方向上的大小。 ( )

83. 如果组成图块的实体具有指定颜色和线型，图块的特性在插入时会改变。 ( )

84. 内部图块只能在当前图形文件中插入。 ( )

85. 在“插入”对话框中直接输入插入比例系数为负，插入的图块对象是原对象的镜像对象。 ( )

86. “布局”选项卡提供了一个称为图纸空间的区域。 ( )

87. 在图纸空间中，可以放置标题栏、标注图形以及添加注释。 ( )

88. 利用“布局”选项卡，能够在图纸空间中，创建多个视口，实现不同的打印方式。 ( )

89. 默认情况下，新图形最开始有两个“布局”选项卡，即“布局 1”和“布局 2”。 ( )

90. 默认的“布局”选项卡可以重新命名。 ( )

91. 默认的“布局”选项卡不可以重新命名。 ( )

92. 利用“布局”选项卡，可以在图形中创建多个布局，每个布局都可以包含不同的打印设置和图纸尺寸。 ( )

93. 一个模型空间只有两个布局，只能创建两个图纸。 ( )

94. 一个模型空间可以创建最多 10 个布局，每个布局所使用的打印机只能是相同的。 ( )

95. 利用“布局”选项卡，可以在图形中创建多个布局，每个布局都可以设置视口配置，以创建不同内容的图纸。 ( )

96. 一个布局就是一张图纸。 ( )

97. 可以从样板输入布局。 ( )

98. 布局不能被复制和删除。 ( )

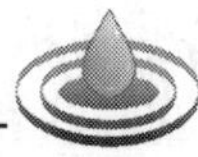

99. 一般是在模型空间绘制图形对象,在图纸空间选择模型空间的图形进行打印设置。（ ）

100. 一般是在模型空间绘制图形对象,在图纸空间不能绘制图形和标注尺寸。（ ）

三、多项选择题

1. 在等轴测捕捉模式下,可以通过以下( )操作在三个轴测平面之间切换。

A. F5　B. Ctrl+D　C. Ctrl+E　D. F8

2. 新建文件可以从"创建新图形"对话框中选择( )创建。

A. 从草图开始　B. 使用样板　C. 使用向导　D. 都不可以

3. 以下打开图形文件的方法,正确的是( )。

A. 在 AutoCAD 中,使用 open 命令

B. 鼠标左键双击图形文件名

C. 选择文件,利用鼠标右键菜单

D. "文件"下拉菜单→"打开"

4. 以下( )命令具有重画功能。

A. zoom　B. redraw　C. regen　D. rectang

5. 在 AutoCAD 中以下( )方法能调用命令。

A. 打开 NEW 对话框来调用命令　B. 通过下拉菜单调用命令

C. 通过工具条来调用命令　D. 在 command 命令行键入命令

6. 在不改变实体所在层属性的条件下,执行以下( )操作可以把已画或将要画的实体的颜色设为不同于所在层的颜色。

A. 调用 color 命令改变欲画实体的颜色

B. 用 modify/properties 命令改变所绘实体的颜色

C. 将实体的颜色设为 bylayer

D. 在对象特性工具条中快速设置颜色

7. 绘制一张包含多种线型的机械图时应作以下( )设置。

A. 根据图形大小设置图形界限

B. 设置不同颜色和线型的图层

C. 设置好线型比例因子 LTSCALE

D. 给图形起个名字保存起来

8. 与快速保存"qsave"命令作用不相同的是( )。

A. 下拉菜单:"文件"→"保存(S)"

B. 下拉菜单:"文件"→"另存为(A)..."

C. 命令行输入"save"

D. 命令行输入"saveas"

9. 下列( )是在设计中心正确的打开图形方式。

A. 在设计中心内容区中的图形图标上单击鼠标右键,单击"在应用程序窗口中打开"

B. 在设计中心内容区中的图形图标上双击鼠标右键

C. 按住 Ctrl 键的同时将图形图标从设计中心内容区拖动到绘图区域

D. 图形图标从设计中心内容区拖动到应用程序窗口绘图区域以外的任何位置

10. 在利用 Windows 的拖曳功能时，下列选项中(　　)无法实现复制数据。

A. 在拖曳时，按 Ctrl 键　　B. 在拖曳时，按鼠标右键

C. 在拖曳时，按“+”键　　D. 在拖曳时，按 Insert 键

11. 复制的热键为(　　)。

A. CO　　B. CP　　C. COPY　　D. XCOPY

12. 当图形被使用 erase 命令删除后，即可以使用(　　)恢复。

A. undo　　B. U　　C. oops　　D. redo

13. 下列选项中，能作为坐标系统的有(　　)。

A. 绝对直角坐标系统　　B. 世界坐标系统

C. 用户坐标系统　　D. 笛卡儿坐标系统

14. 以下有关 AutoCAD 中工具条(toolbar)及其图标的叙述正确的是(　　)。

A. 任何一个工具条都可按用户的意志使之显示或隐藏

B. 任何工具条上的图标都可按用户的意志增加或减少

C. 工具条可包含子工具条

D. 工具条是不可删除的

15. 当前图层的颜色是红色，线型是中心线，而画的图线却是白色细实线，可能的原因是(　　)。

A. 图层设置产生错误

B. 该图层是 0 层

C. “特性”工具栏颜色和线型没有设置为“随层”

D. 计算机出故障了，错误的显示而已

16. 在 AutoCAD 中，可以通过以下(　　)方法激活一个命令。

A. 在命令行输入命令名　　B. 单击命令对应的工具栏图标

C. 从下拉菜单中选择命令　　D. 右击，从快捷菜单中选择命令

17. 在 AutoCAD 中，可以设置透明度的界面元素有(　　)。

A. 所有的对话框　　B. 浮动命令窗口　　C. 帮助界面　　D. 工具选项板

18. 绘制水平和垂直线，以下做法正确的是(　　)。

A. 打开 F8 钮，直接画线

B. 打开 F7、F9 钮，在栅格上画线

C. 精确画线，引入三种坐标

D. 采用对象捕捉

19. 在执行了 wblock 命令后，若图元消失，用(　　)命令可恢复图元。

A. undo(撤销)　　B. redo(重做)　　C. erase(删除)　　D. oops(删除取消)

20. 下列有关块叙述正确的是(　　)。

A. 在 0 层制作的块，插入时与当前层属性一致

B. 在普通图层制作的块，插入时属性不变

C. 块文件可以用于将分散的图形组成整体

D. 块文件中不能加属性

21. 下列命令中( )不是绘图命令。

A. 复制 copy B. 多段线 pline

C. 阵列 array D. 倒角 chamfer

22. 执行 fill(填充状态)命令后,再输入 OFF 参数,这将对下列( )命令产生影响。

A. solid(绘制实多边形) B. polygon(绘制正多边形)

C. donut(绘制圆环和实心圆) D. rectang(绘制矩形)

23. 用复制命令"copy"复制对象时,可以( )。

A. 原地复制对象

B. 同时复制多个对象

C. 一次把对象复制到多个位置

D. 复制对象到其他图层

24. 用偏移命令"offset"偏移对象时( )。

A. 必须指定偏移距离

B. 可以指定偏移通过特殊点

C. 可以偏移开口曲线和封闭线框

D. 原对象的某些特征可能在偏移后消失

25. 用移动命令"move"把一个对象向 X 轴正方向移动 8 个单位,向 Y 轴正方向移动 5 个单位,应该输入( )。

A. 第一点:0,0;第二点:8,5

B. 第一点:任意;第二点:@8,5

C. 第一点:任意;第二点:8,5

D. 第一点:0<180;第二点:8,5

26. 用阵列命令"array"阵列对象时有以下阵列类型( )。

A. 路径阵列 B. 矩形阵列 C. 正多边形阵列 D. 环形阵列

27. 以下关于"移动命令 move 和复制命令 copy 有相似之处"的正确说法是( )。

A. 都有复制实体的功能

B. 操作中都要选择基准点

C. 操作中都不能旋转或缩放所选实体

D. 都能进行多重操作

28. 下列( )是拉长 lengthen 的功能?

A. 查询长度 B. 调整弧的总长

C. 查询面积 D. 依选取对象百分比调整长度

29. 用旋转命令"rotate"旋转对象时,基点的位置( )。

A. 根据需要任意选择 B. 一般取在对象特殊点上

C. 可以取在对象中心 D. 不能选在对象之外

30. 用镜像命令"mirror"镜像对象时( )。

A. 必须创建镜像线

B. 可以镜像文字,但镜像后文字不可读

C. 镜像后可选择是否删除源对象

D. 用系统变量“mirrtext”控制文字是否可读

31. 以下含有复制功能的编辑命令有(　　)。

A. 复制 copy　　B. 偏移 offset　　C. 阵列 array　　D. 镜像 mirror

32. (　　)命令可以绘制文字。

A. text　　B. dtext　　C. mtext　　D. 以上均不可以

33. 下列文字特性能在“多行文字编辑器”对话框中设置的是(　　)。

A. 高度　　B. 字体　　C. 旋转角度　　D. 文字样式

34. AutoCAD 中以下(　　)是中文大字体文件。

A. gbcbig. shx　　B. chineset. shx　　C. bigfont. shx　　D. txt. shx

35. 修改多行文字高度,可以(　　)。

A. 在“特性”窗口中修改　　B. 使用编辑文字(ddedit)命令修改

C. 双击文本后进行修改　　D. 以上都不可以

36. 编辑文字内容,以下做法正确的是(　　)。

A. 双击文字对象　　B. 使用“特性”窗口

C. 使用 mtext 命令　　D. 使用 ddedit 命令

37. 以下说法错误的是(　　)。

A. 默认的标准文字样式可以删除

B. 任何文字样式都不能删除

C. 图形中已使用的文字样式不能被删除

D. 没有规定

38. 多行文字对话框中堆叠按钮只对含有(　　)分隔符号的文本适用。

A. “^”　　B. “!”　　C. “/”　　D. “#”

39. 与文本输入、编辑有关的命令有(　　)。

A. text　　B. ddedit　　C. mtext　　D. dtext

40. 用 line 命令画直线,其起点坐标为(10,10),终点坐标为(5,10),则对第二点坐标值的输入以下(　　)方式是对的。

A. @5<0　　B. @5<180　　C. -5,0　　D. @-5,0

41. 对于外部参照,下列说法正确的是(　　)。

A. 把已有的图形文件插入到当前图形文件中

B. 插入外部参照后,该图形就永久性地插入到当前图形中

C. 被插入图形文件的信息并不直接加入到主图中

D. 对主图的操作会改变外部参照图形文件的内容

42. 将图块插入到当前图形时,可以对块进行(　　)。

A. 画图形　　B. 改变比例　　C. 定义属性　　D. 改变方向

43. 用于定义图块的命令是(　　)。

A. insert　　B. wblock　　C. block　　D. attdef

44. 插入图块到当前图形的命令是(　　)。

A. block　　B. wblock　　C. Insert　　D. minsert

45. 在布局中创建视口,视口的形状可以是(　　)。

A. 矩形　　B. 圆　　C. 多边形　　D. 椭圆

46. 关于 AutoCAD 的打印图形,下面说法正确的是(　　)。

A. 可以打印图形的一部分

B. 可以根据不同的要求用不同的比例打印图形

C. 可以先输出一个打印文件,把文件放到别的计算机上打印

D. 没有安装 AutoCAD 软件的计算机不能打印图形

47. 模型空间中有一条直线,对象线型为“center”,但无论怎样缩放,都体现不出该对象为虚线,可能是因为以下(　　)原因造成的。

A. 直线重合叠加

B. 对象的线型没在图层中设置

C. 全局线型比例因子太大或太小

D. 视觉样式为“三维线框”

48. 下列有关布局的叙述正确的有(　　)。

A. 默认布局有两个　　B. 用户可以创建多个布局

C. 布局可以被移动和删除　　D. 布局可以被复制和改名

49. AutoCAD 2021 允许在以下(　　)模式下打印图形。

A. 模型空间　　B. 图纸空间　　C. 布局　　D. 三维空间

50. 在模型空间和图纸空间之间切换的方法正确的是(　　)。

A. 单击工作环境左下角的“布局 X”选项卡切换到图纸空间

B. 在命令行中输入 mspace 将工作环境转换为图纸空间

C. 当系统变量 tilemode 的值为 0 时,工作环境为图纸空间

D. 单击状态栏中的“模型”按钮,将工作环境切换为图纸空间

参考答案

一、单项选择题

1. B	2. A	3. C	4. C	5. B	6. B	7. B	8. B
9. C	10. D	11. B	12. A	13. B	14. A	15. B	16. B
17. D	18. C	19. C	20. B	21. C	22. C	23. A	24. D
25. B	26. A	27. A	28. D	29. C	30. B	31. A	32. A
33. D	34. C	35. D	36. C	37. B	38. C	39. A	40. A
41. B	42. B	43. B	44. C	45. C	46. B	47. A	48. D
49. D	50. C	51. D	52. C	53. D	54. D	55. D	56. D
57. C	58. D	59. C	60. D	61. A	62. B	63. C	64. A
65. D	66. D	67. B	68. C	69. A	70. D	71. A	72. B
73. B	74. C	75. D	76. A	77. B	78. D	79. C	80. D
81. B	82. C	83. C	84. A	85. B	86. D	87. B	88. C

89. B　90. D　91. B　92. C　93. D　94. C　95. C　96. C
97. A　98. D　99. B　100. A　101. B　102. B　103. D　104. B
105. A　106. A　107. D　108. C　109. D　110. B　111. C　112. C
113. D　114. B　115. B　116. A　117. C　118. D　119. C　120. A
121. A　122. A　123. A　124. C　125. D　126. B　127. B　128. B
129. C　130. C　131. C　132. B　133. C　134. C　135. D　136. A
137. C　138. C　139. C　140. C　141. A　142. A　143. D　144. C
145. C　146. B　147. B　148. B

二、判断题

1. T　2. F　3. F　4. T　5. T　6. T　7. F　8. T
9. T　10. T　11. T　12. T　13. T　14. F　15. F　16. F
17. T　18. T　19. F　20. F　21. F　22. T　23. F　24. F
25. T　26. T　27. T　28. T　29. T　30. T　31. F　32. F
33. T　34. T　35. T　36. F　37. F　38. F　39. T　40. T
41. T　42. T　43. T　44. F　45. F　46. T　47. F　48. F
49. T　50. T　51. F　52. F　53. F　54. F　55. F　56. T
57. T　58. T　59. F　60. F　61. F　62. F　63. T　64. F
65. T　66. F　67. F　68. T　69. T　70. T　71. T　72. T
73. F　74. F　75. F　76. F　77. F　78. T　79. T　80. F
81. F　82. T　83. F　84. T　85. T　86. T　87. T　88. T
89. T　90. T　91. F　92. T　93. F　94. F　95. T　96. T
97. T　98. F　99. T　100. F

三、多项选择题

1. AC　2. ABC　3. ABCD　4. ABC　5. BCD
6. ABD　7. ABCD　8. BCD　9. ACD　10. CD
11. AB　12. ABC　13. BCD　14. ABC　15. AC
16. ABC　17. BD　18. ABC　19. AD　20. ABC
21. ACD　22. ACD　23. ABC　24. BCD　25. ABD
26. ABD　27. BC　28. ABD　29. ABC　30. ACD
31. ABCD　32. ABC　33. ABD　34. ABC　35. ABC
36. ABD　37. ABD　38. ACD　39. ABCD　40. BD
41. AC　42. BD　43. BC　44. CD　45. ABCD
46. ABC　47. ACD　48. ABCD　49. ABCD　50. AC

第二部分　实操题

AutoCAD 2021工程绘图综合实训绘图环境设置及相关说明

实操说明：

1.本教材实训题共33题，分为4种类型，分别为挡水建筑物、输水建筑物、钢筋图、房屋建筑图，每道题应按下列绘图环境要求抄绘。

2.绘图环境的要求：

(1)1~4题按以下要求创建图层（0图层不作任何处理）：

图层	颜色(色号)	线型	线宽
细实线	黑/白(7)	continuous	0.18 mm
粗实线	红色(1)	continuous	0.70 mm
虚　线	青色(4)	ISO02W100	0.35 mm
点画线	品红(6)	center2	0.18 mm
剖面线	蓝色(5)	continuous	0.18 mm
文字尺寸	绿色(3)	continuous	0.18 mm
中实线	紫色(202)	continuous	0.35 mm

(2)按制图标准设置两种文字样式。

"汉字"文字样式：长仿宋GB，宽度比例因子0.7。

"数字和字母"文字样式：斜体gbeitc.shx，大字体为gbcbig.shx，宽度比例为1。

标题栏中的汉字必须用长仿宋GB字体，宽度比例因子0.7。

(3)按制图标准，留装订线边，画出图幅线和图框线，并按实际线宽显示;按尺寸抄绘图示标题栏，抄写标题栏原有内容，不要填写反映个人信息的具体内容，"单位名称""图名"字高5 mm，其余字高3.5 mm。

(4)标题栏及格式：

AutoCAD 2021工程绘图综合实训

核定		(设计阶段)	设计
审查		(专业大类)	部分
校核		（工程名）	
设计			
制图		(图　名)	
比例			
设计证号		图号	

尺寸：12，7×7=49，61；10，10，10，10，15，35，90

(5)创建所需的尺寸标注样式，主要参数：

文字高度3.0 mm，箭头大小3 mm。

尺寸界限起点偏移量2.5 mm，尺寸界限超出尺寸线2.5 mm，基线间距7 mm，根据各题的绘制要求设置相应的全局比例因子和测量单位比例因子。

标注样式命名：以所绘图形比例命名，如图形比例1:100,标注样式名称"1-100"。

(6)其余需要设置的要素，根据具体制图标准或具体题目要求设置。

(7)第5题不需要建立图层，实体模型绘制在0层上,只需要绘制出实体模型，垫层、盖土等不绘制，统一要求材质贴图，要求以四个视口显示。

(8)其余采用默认值不得更改。

AutoCAD 2021工程绘图综合实训

核定		(设计阶段)	设计
审查		(专业大类)	部分
校核		（工程名）	
设计			
制图		(图　名)	
比例			
设计证号		图号	

图 8-1

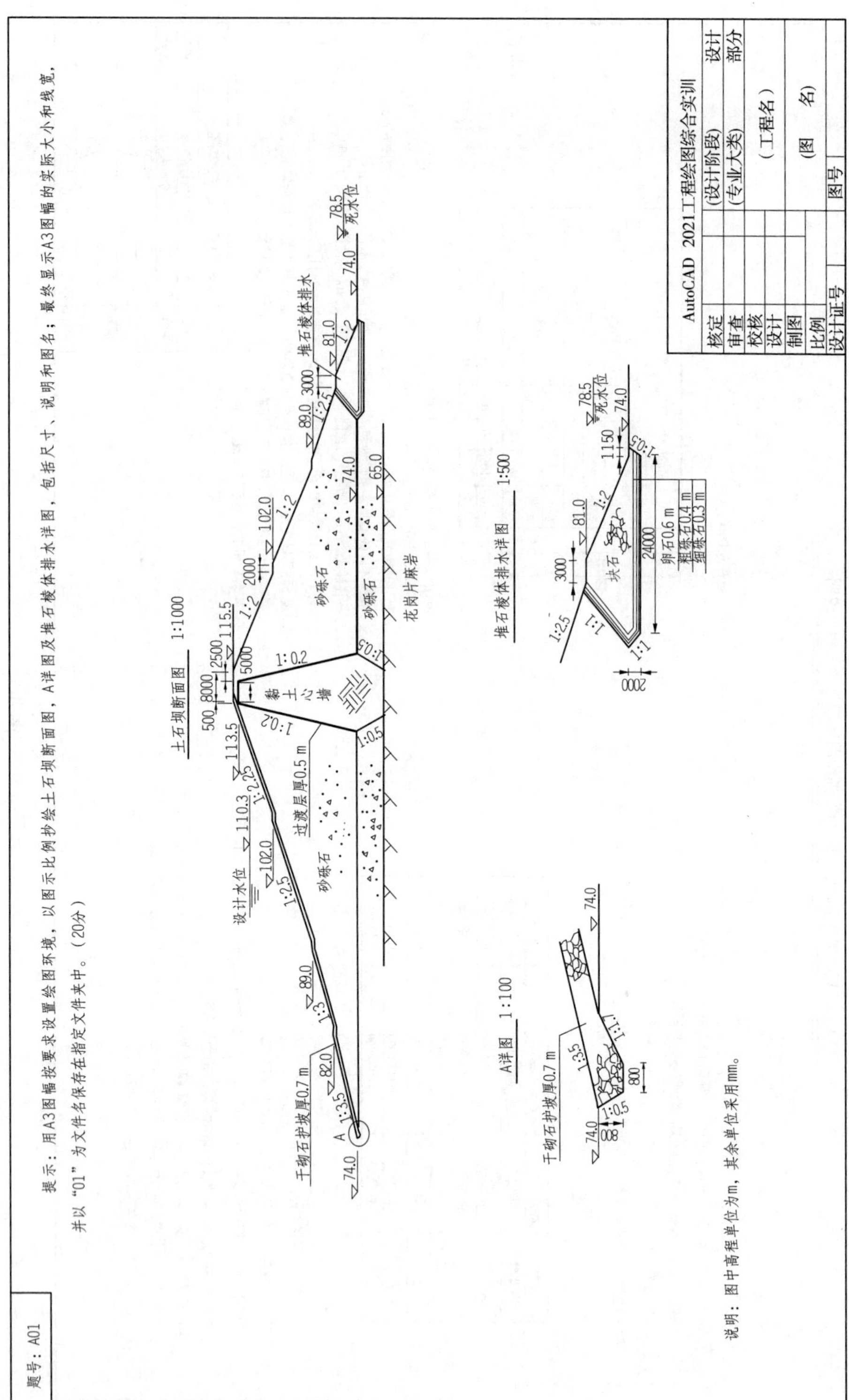
题号：A01
提示：用A3图幅按要求设置绘图环境，以图示比例抄绘土石坝断面图，A详图及堆石棱体排水详图，包括尺寸、说明和图名；最终显示A3图幅的实际大小和线宽，
并以"01"为文件名保存在指定文件夹中。（20分）
土石坝断面图 1:1000
设计水位
砂砾石
过渡层厚0.5 m
黏土心墙
花岗片麻岩
堆石棱体排水
死水位
干砌石护坡厚0.7 m
A详图 1:100
堆石棱体排水详图 1:500
块石
卵石0.6 m
粗砾石0.4 m
细砾石0.3 m
说明：图中高程单位为m，其余单位采用mm。
AutoCAD 2021工程绘图综合实训
核定
审查
校核
设计
制图
比例
设计证号
(设计阶段) 设计
(专业大类) 部分
（工程名）
(图 名)
图号

图 8-2

题号：A02

提示：用A3图幅按要求设置绘图环境，以图示比例抄绘溢流坝段剖面图，包括尺寸、说明和图名；不抄绘溢流面大样及外形坐标表。最终显示A3图幅的实际大小和线宽。

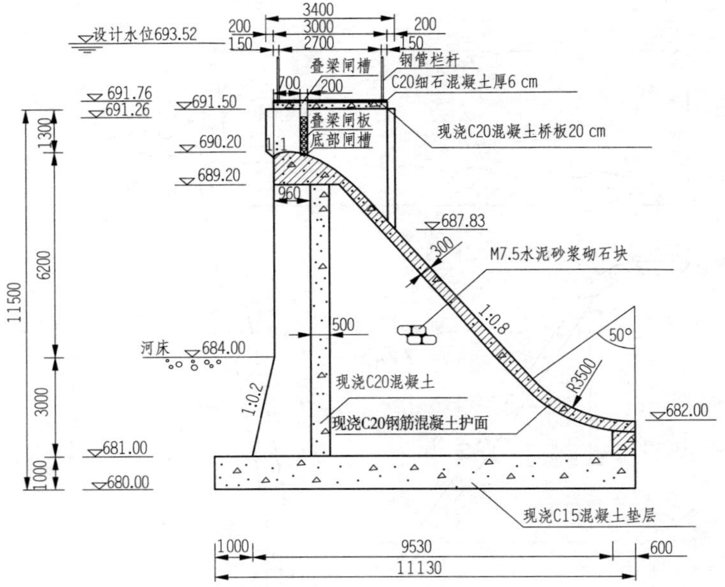

溢流坝段剖面图 1:100

溢流坝剖面曲线外形坐标

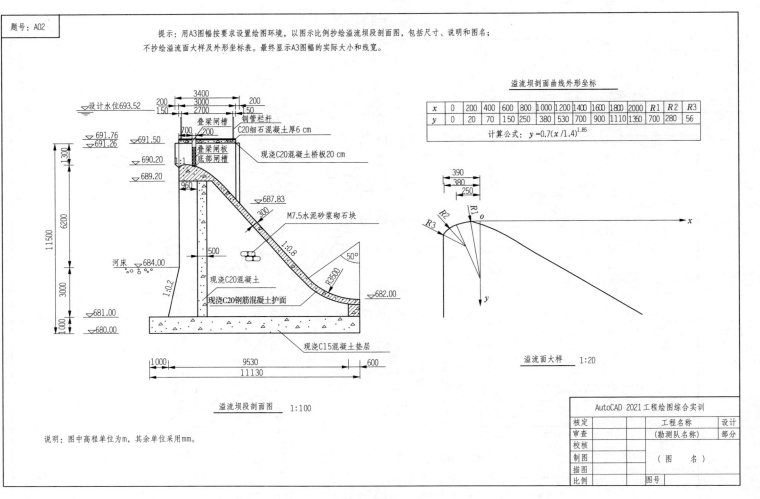

x	0	200	400	600	800	1000	1200	1400	1600	1800	2000	$R1$	$R2$	$R3$
y	0	20	70	150	250	380	530	700	900	1110	1350	700	280	56
计算公式：$y=0.7(x/1.4)^{1.85}$														

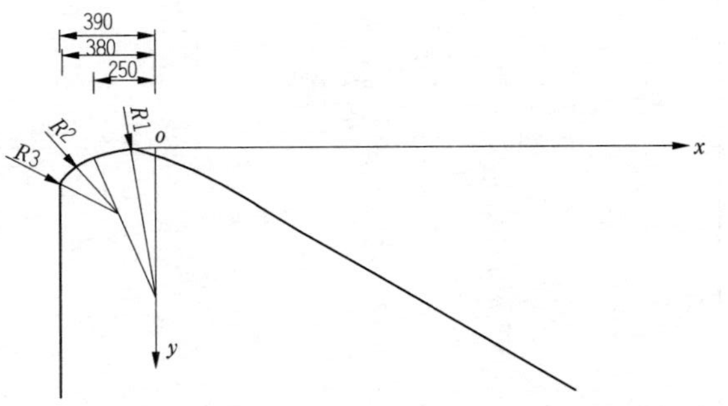

溢流面大样 1:20

说明：图中高程单位为m，其余单位采用mm。

AutoCAD 2021工程绘图综合实训				
核定			工程名称	设计
审查			(勘测队名称)	部分
校核			(图 名)	
制图				
描图				
比例			图号	

图 8-3

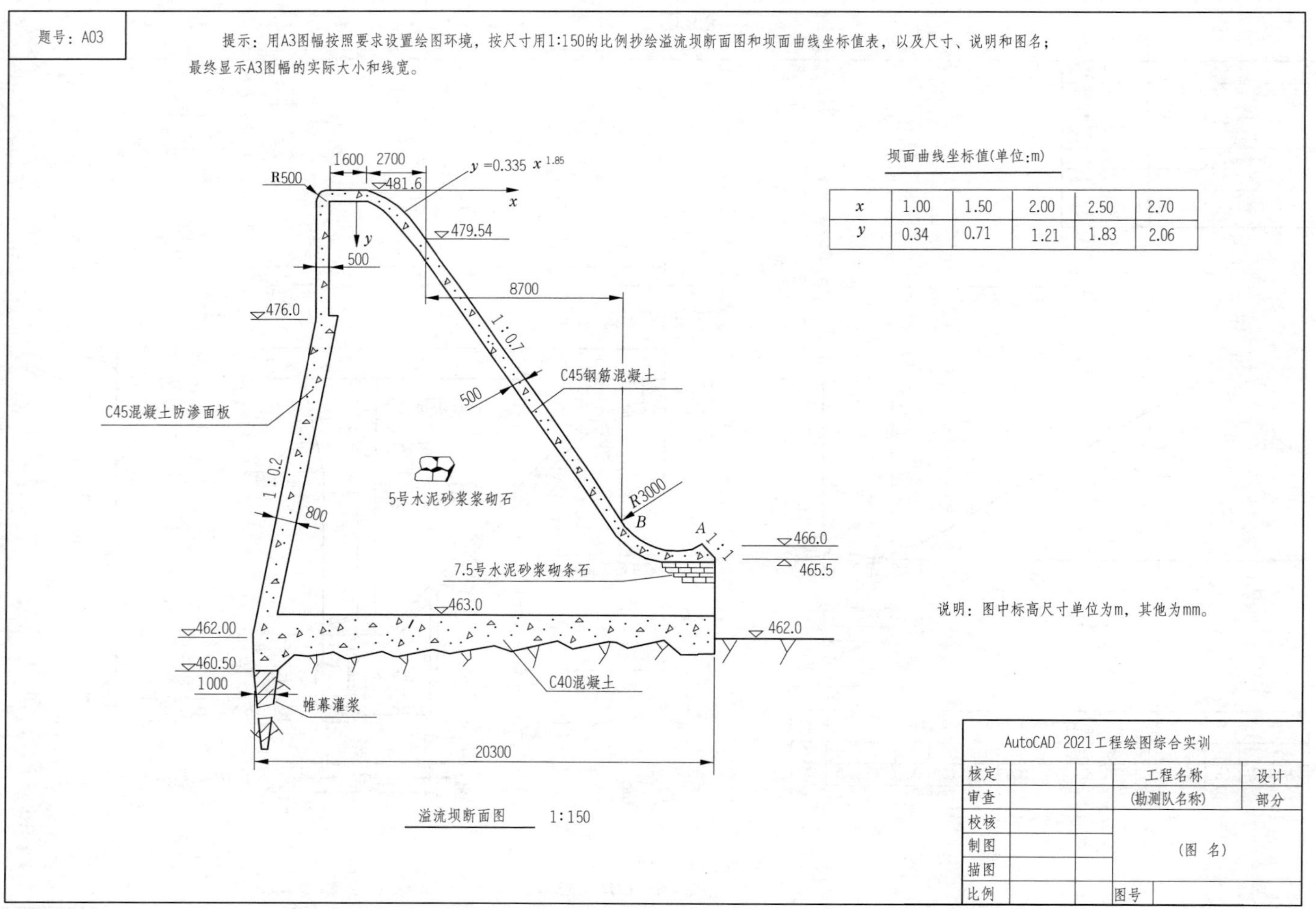

坝面曲线坐标值(单位:m)

x	1.00	1.50	2.00	2.50	2.70
y	0.34	0.71	1.21	1.83	2.06

图 8-4

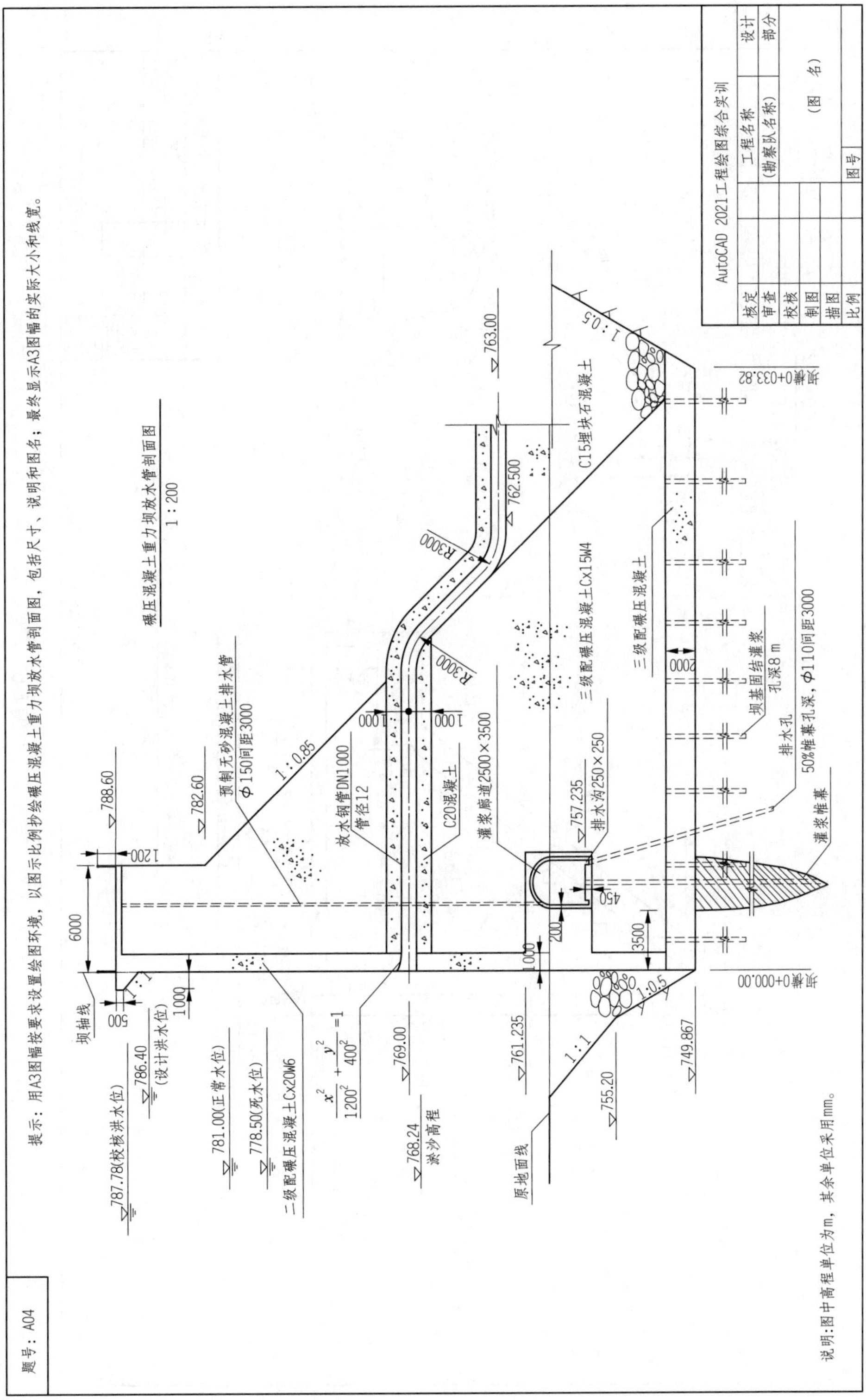

题号：A04

提示：用A3图幅按要求设置绘图环境，以图示比例抄绘碾压混凝土重力坝放水管剖面图，包括尺寸、说明和图名；最终显示A3图幅的实际大小和线宽。

坝轴线
6000
500
1:1
1200
788.60
787.78(校核洪水位)
786.40
(设计洪水位)
1000
782.60
781.00(正常水位)
778.50(死水位)
二级配碾压混凝土Cx20W6
预制无砂混凝土排水管
Φ150间距3000
1:0.85

$$\frac{x^2}{1200^2}+\frac{y^2}{400^2}=1$$

放水钢管DN1000
管径12
1000
1000
769.00
768.24
淤沙高程
C20混凝土
R3000
R3000
763.00
762.500
灌浆廊道2500×3500
原地面线
761.235
1000
200
757.235
排水沟250×250
1:1
755.20
450
三级配碾压混凝土Cx15W4
C15埋块石混凝土
1:0.5
1:0.5
3500
三级配碾压混凝土
2000
749.867
坝横0+000.00
坝横0+033.82
坝基固结灌浆
孔深8 m
排水孔
50%帷幕孔深，Φ110间距3000
灌浆帷幕

碾压混凝土重力坝放水管剖面图
1∶200

说明:图中高程单位为m，其余单位采用mm。

AutoCAD 2021工程绘图综合实训				
核定			工程名称	设计
审查			(勘察队名称)	部分
校核			(图　名)	
制图				
描图				
比例			图号	

图 8-5

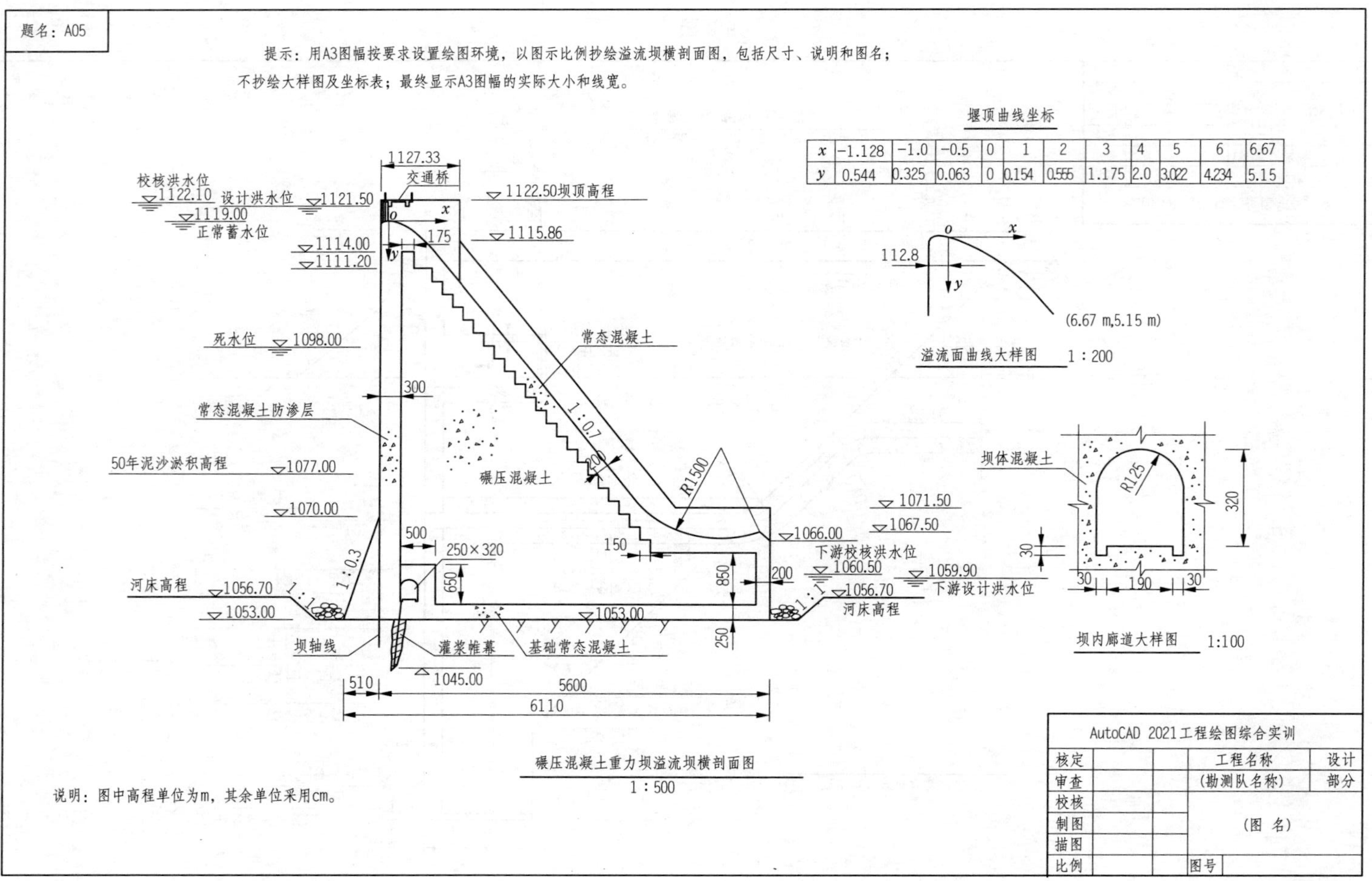

x	−1.128	−1.0	−0.5	0	1	2	3	4	5	6	6.67
y	0.544	0.325	0.063	0	0.154	0.555	1.175	2.0	3.022	4.234	5.15

图 8-6

题号:A06

提示:用A3图幅按要求设置绘图环境,以图示比例抄绘重力坝剖面图,包括尺寸、说明和图名;不抄绘坐标表;最终显示A3图幅的实际大小和线宽。

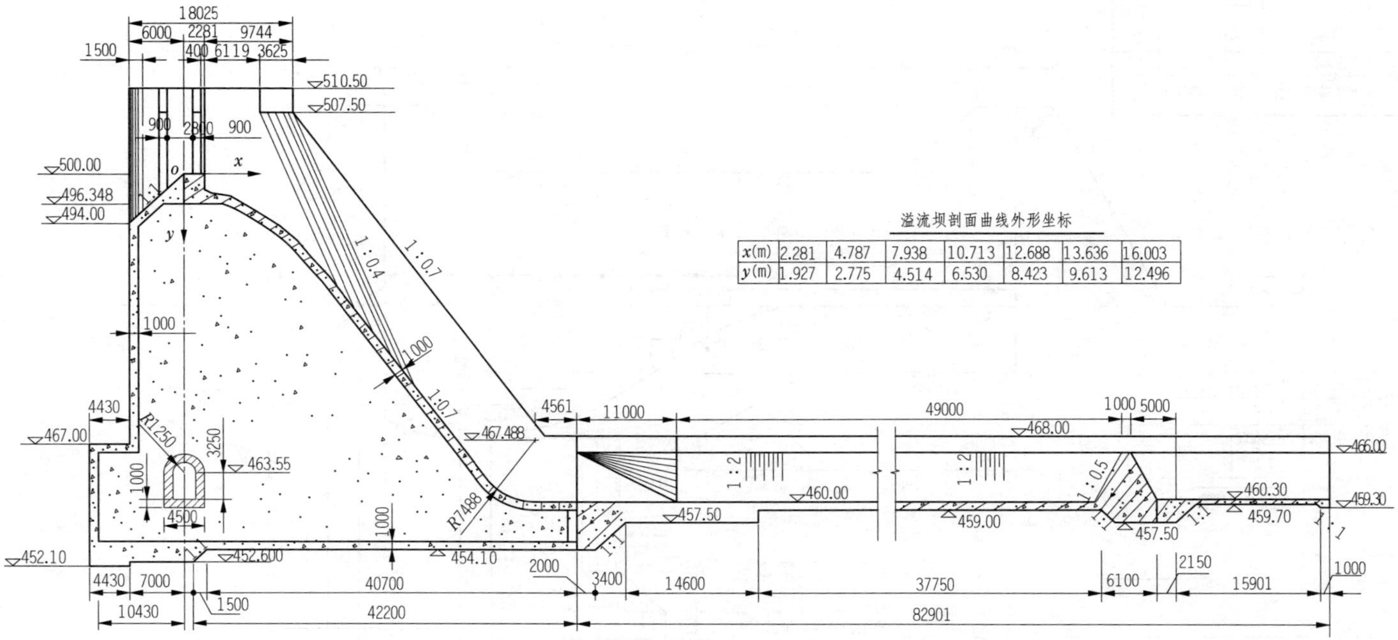

溢流坝剖面曲线外形坐标

x(m)	2.281	4.787	7.938	10.713	12.688	13.636	16.003
y(m)	1.927	2.775	4.514	6.530	8.423	9.613	12.496

重力坝剖面图　1∶400

说明：图中高程单位为m，其余单位采用mm。

AutoCAD 2021工程绘图综合实训				
核定			工程名称	设计
审查			(勘察队名称)	部分
校核			(图 名)	
制图				
描图				
比例			图号	

图 8-7

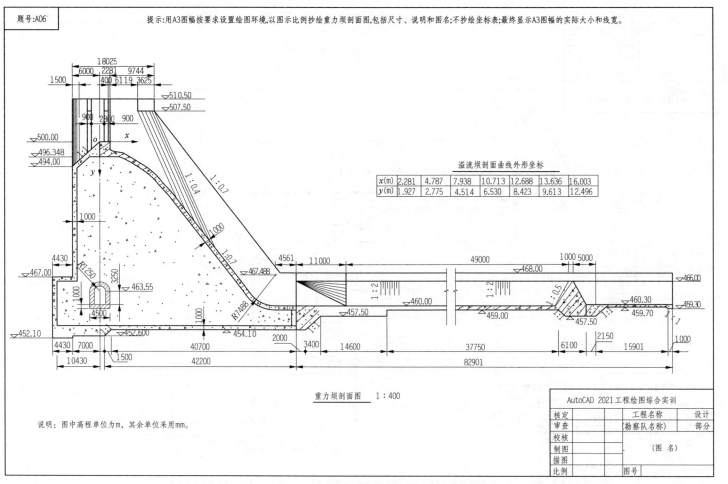

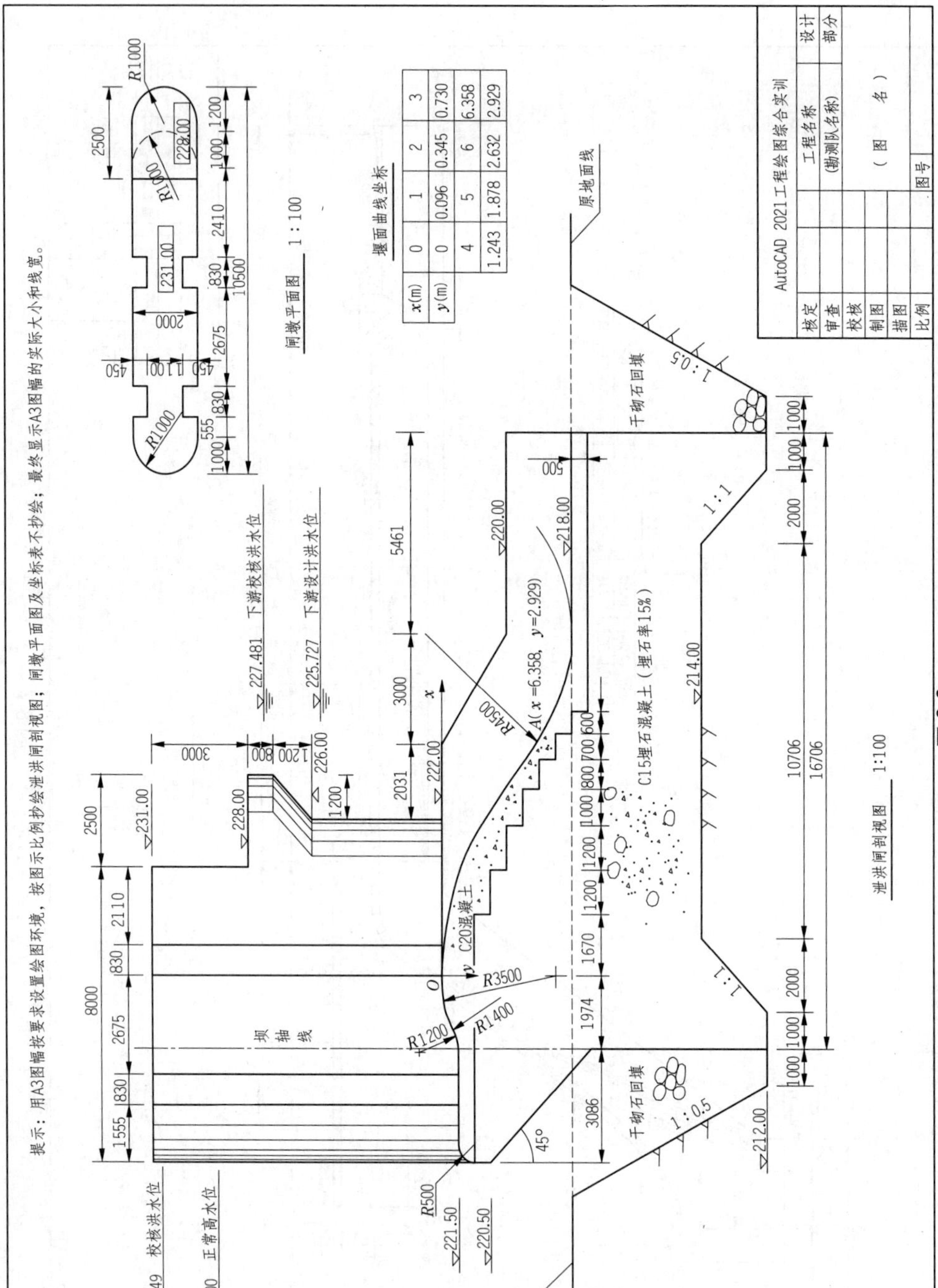

题号：A07

提示：用A3图幅按要求设置绘图环境，按图示比例抄绘泄洪闸剖视图；闸墩平面图及坐标表不抄绘；最终显示A3图幅的实际大小和线宽。

堰面曲线坐标

x(m)	0	1	2	3
y(m)	0	0.096	0.345	0.730
	4	5	6	6.358
	1.243	1.878	2.632	2.929

230.749 校核洪水位

229.00 正常高水位

227.481 下游校核洪水位

225.727 下游设计洪水位

坝轴线

C20混凝土

A(x =6.358, y=2.929)

C15埋石混凝土（埋石率15%）

干砌石回填

原地面线

闸墩平面图 1：100

泄洪闸剖视图 1:100

AutoCAD 2021工程绘图综合实训			
核定		工程名称	设计
审查		(勘测队名称)	部分
校核		（图 名）	
制图			
描图			
比例		图号	

图 8-8

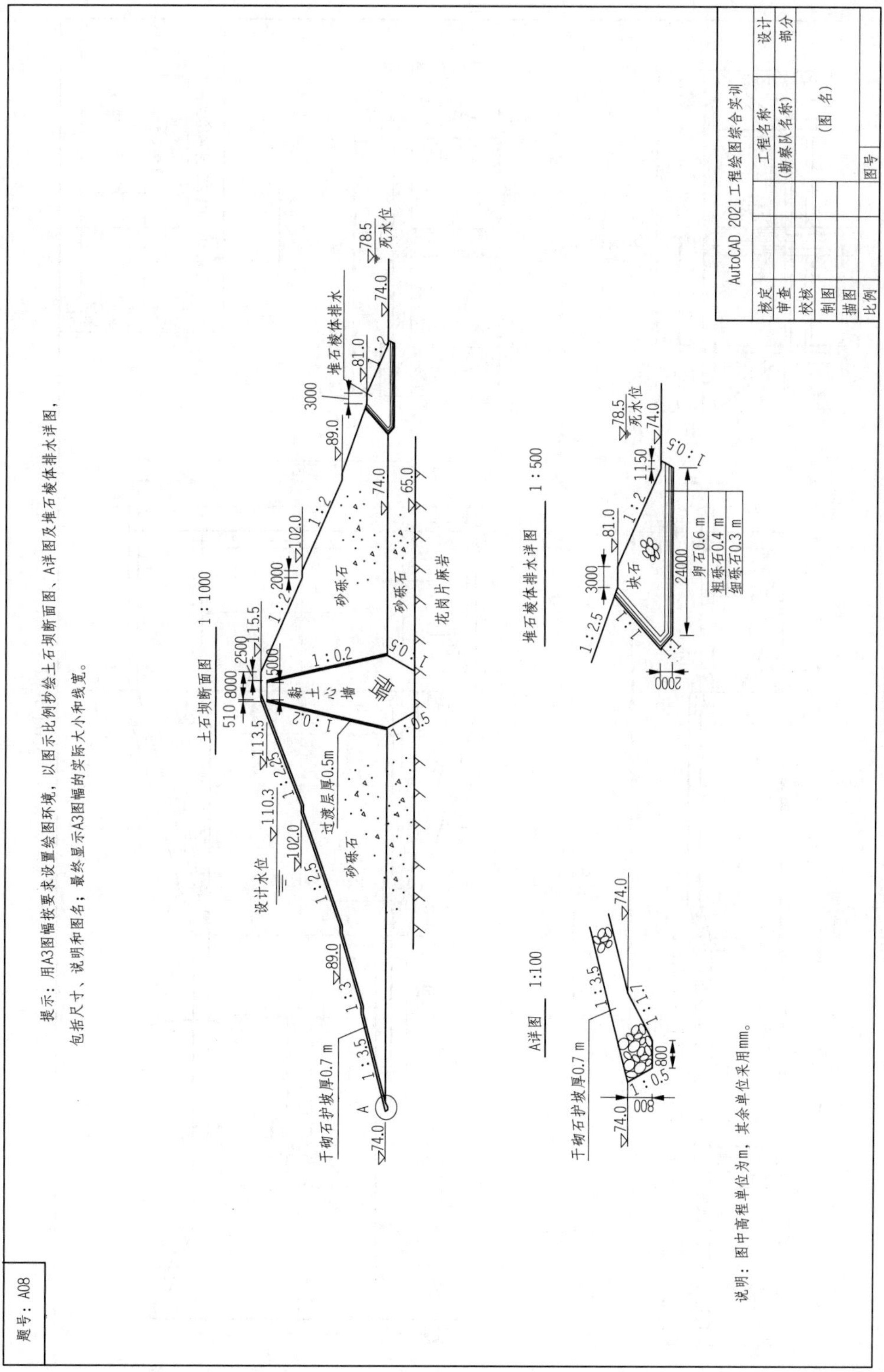

题号：A08

提示：用A3图幅按要求设置绘图环境，以图示比例抄绘土石坝断面图、A详图及堆石棱体排水详图，包括尺寸、说明和图名；最终显示A3图幅的实际大小和线宽。

土石坝断面图　1：1000

A详图　1:100

堆石棱体排水详图　1：500

说明：图中高程单位为m，其余单位采用mm。

AutoCAD 2021工程绘图综合实训				
核定			工程名称	设计
审查			(勘察队名称)	部分
校核			(图　名)	
制图				
描图				
比例			图号	

图 8-9

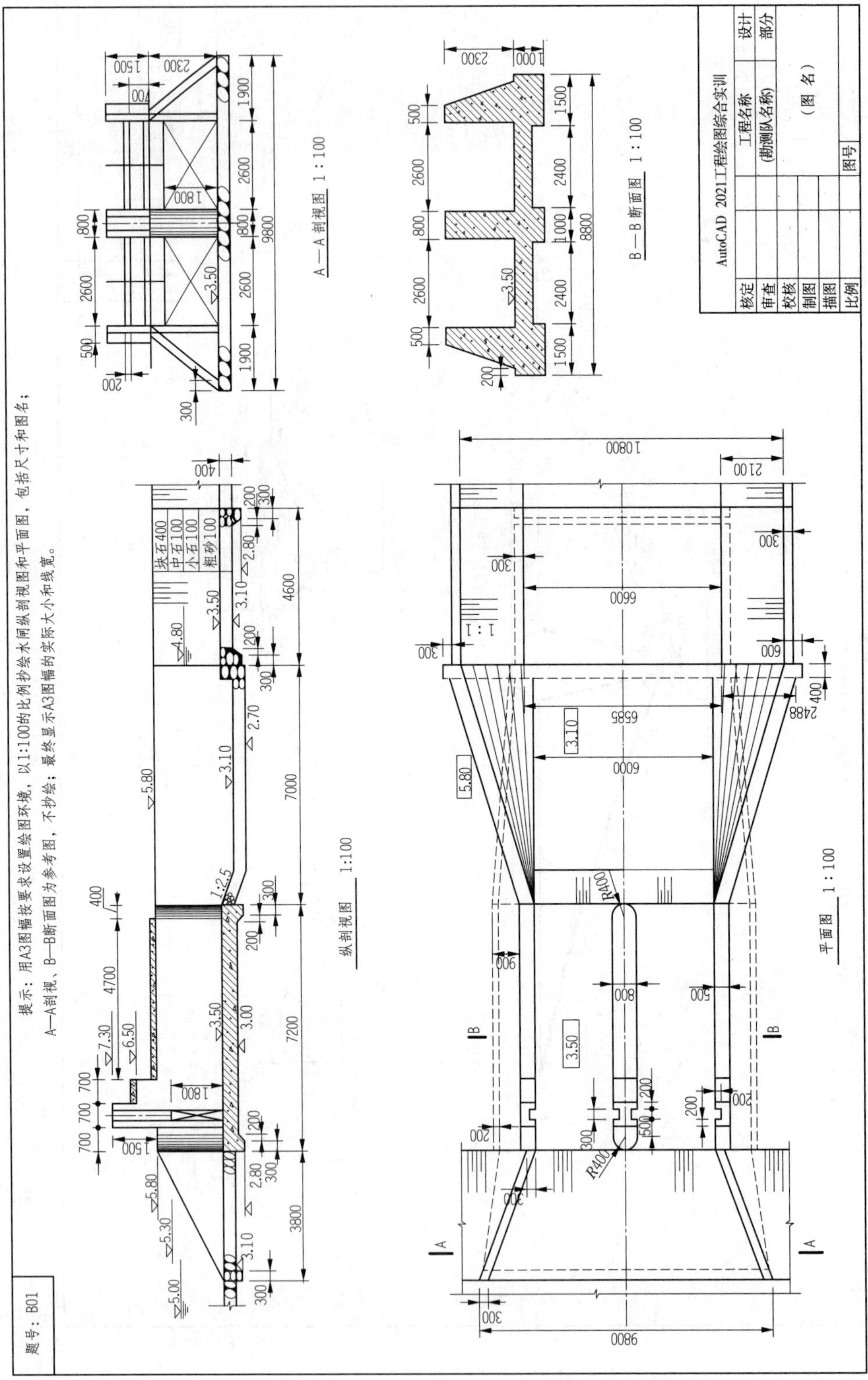

题号：B01

提示：用A3图幅按要求设置绘图环境，以1:100的比例抄绘水闸纵剖视图和平面图，包括尺寸和图名；

A—A剖视、B—B断面图为参考图，不抄绘；最终显示A3图幅的实际大小和线宽。

纵剖视图　1:100

平面图　1:100

A—A剖视图　1:100

B—B断面图　1:100

AutoCAD 2021工程绘图综合实训			
核定		工程名称	设计
审查		(勘测队名称)	部分
校核		(图　名)	
制图			
描图			
比例		图号	

图 8-10

题号：B02

提示：用A3图幅按要求设置绘图环境，以1:100的比例抄绘水闸平面图和纵剖视图，包括尺寸和图名；其余图形为参考，不抄绘，最终显示A3图幅的实际大小和线宽。

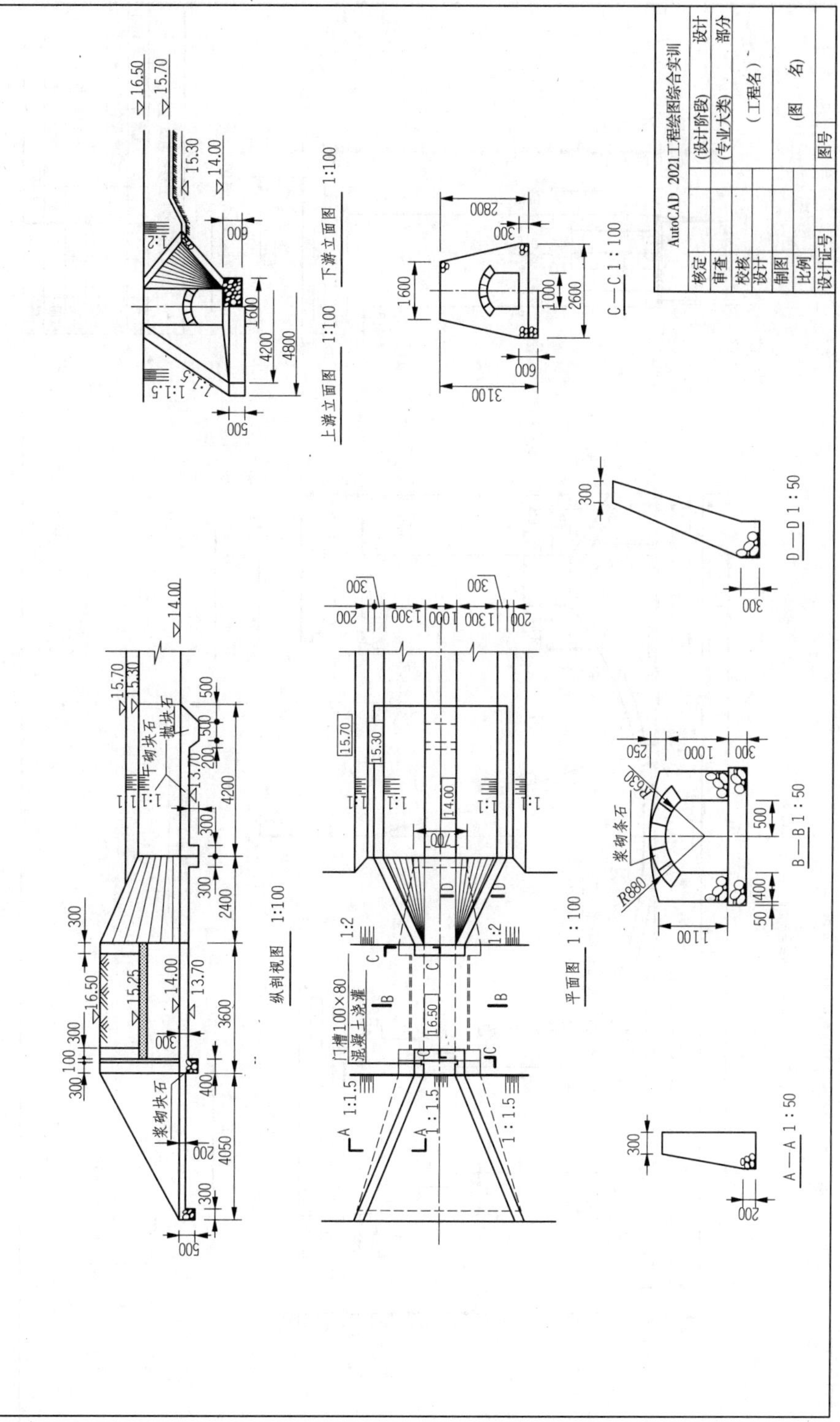

浆砌块石　干砌块石　抛块石

纵剖视图　1:100

门槽100×80
混凝土浇灌

平面图　1 : 100

上游立面图　1:100　下游立面图　1:100

C—C 1 : 100

浆砌条石

A—A 1 : 50　B—B 1 : 50　D—D 1 : 50

AutoCAD 2021工程绘图综合实训			
核定		(设计阶段)	设计
审查		(专业大类)	部分
校核		（工程名）	
设计			
制图		(图　名)	
比例			
设计证号		图号	

图 8-11

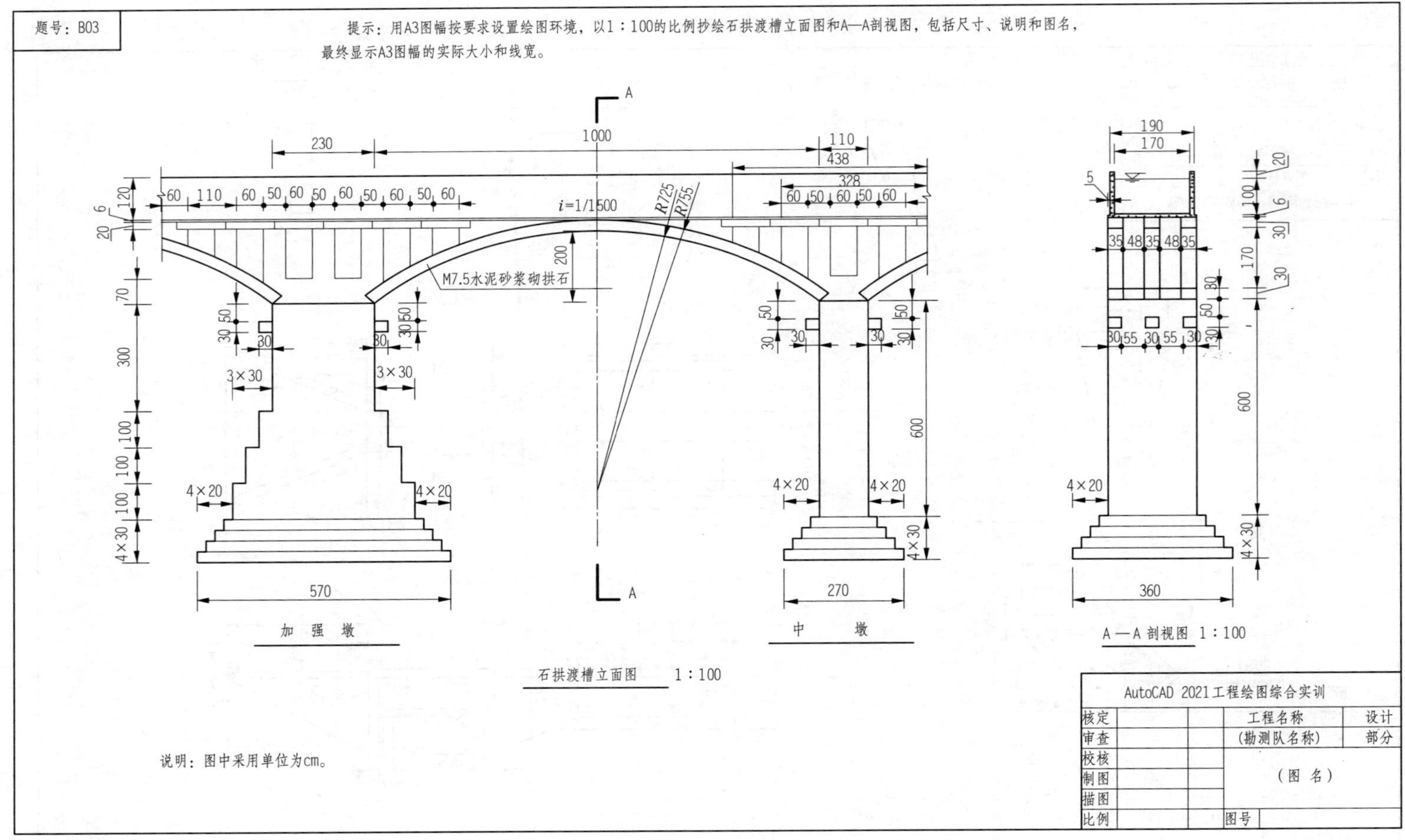
题号：B03
提示：用A3图幅按要求设置绘图环境，以1：100的比例抄绘石拱渡槽立面图和A—A剖视图，包括尺寸、说明和图名，
最终显示A3图幅的实际大小和线宽。
i=1/1500
R725
R755
M7.5水泥砂浆砌拱石
加 强 墩
中 墩
A—A剖视图 1：100
石拱渡槽立面图 1：100
说明：图中采用单位为cm。
AutoCAD 2021工程绘图综合实训
核定
审查
校核
制图
描图
比例
工程名称
(勘测队名称)
设计
部分
(图 名)
图号

图 8-12

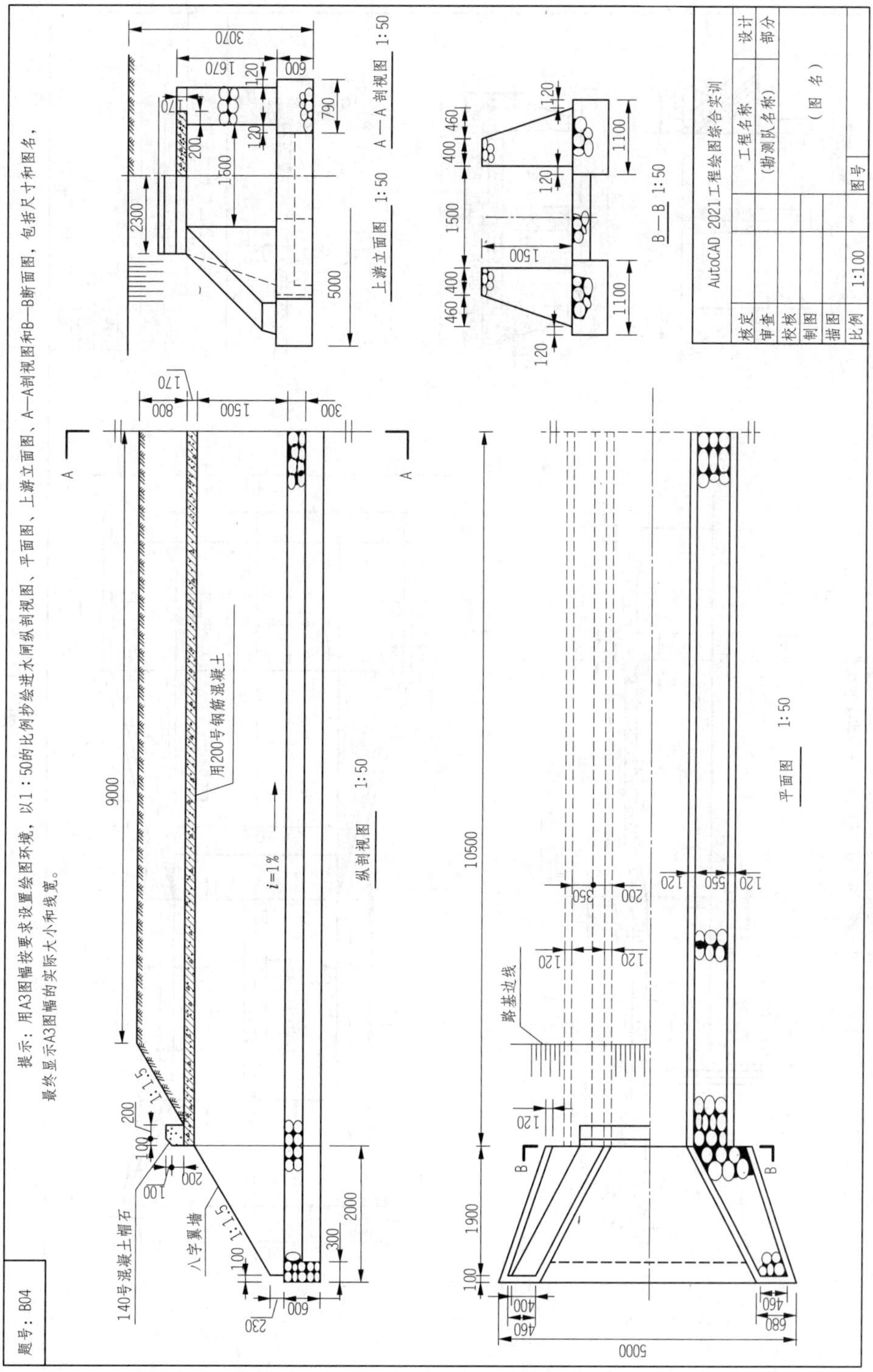

题号：B04

提示：用A3图幅按要求设置绘图环境，以1∶50的比例抄绘进水闸纵剖视图、平面图、上游立面图、A—A剖视图和B—B断面图，包括尺寸和图名，最终显示A3图幅的实际大小和线宽。

140号混凝土帽石

八字翼墙

用200号钢筋混凝土

i=1%

纵剖视图 1∶50

上游立面图 1∶50

A—A 剖视图 1∶50

路基边线

平面图 1∶50

B—B 1∶50

AutoCAD 2021工程绘图综合实训				
核定			工程名称	设计
审查			(勘测队名称)	部分
校核				
制图			(图 名)	
描图				
比例	1:100		图号	

图 8-13

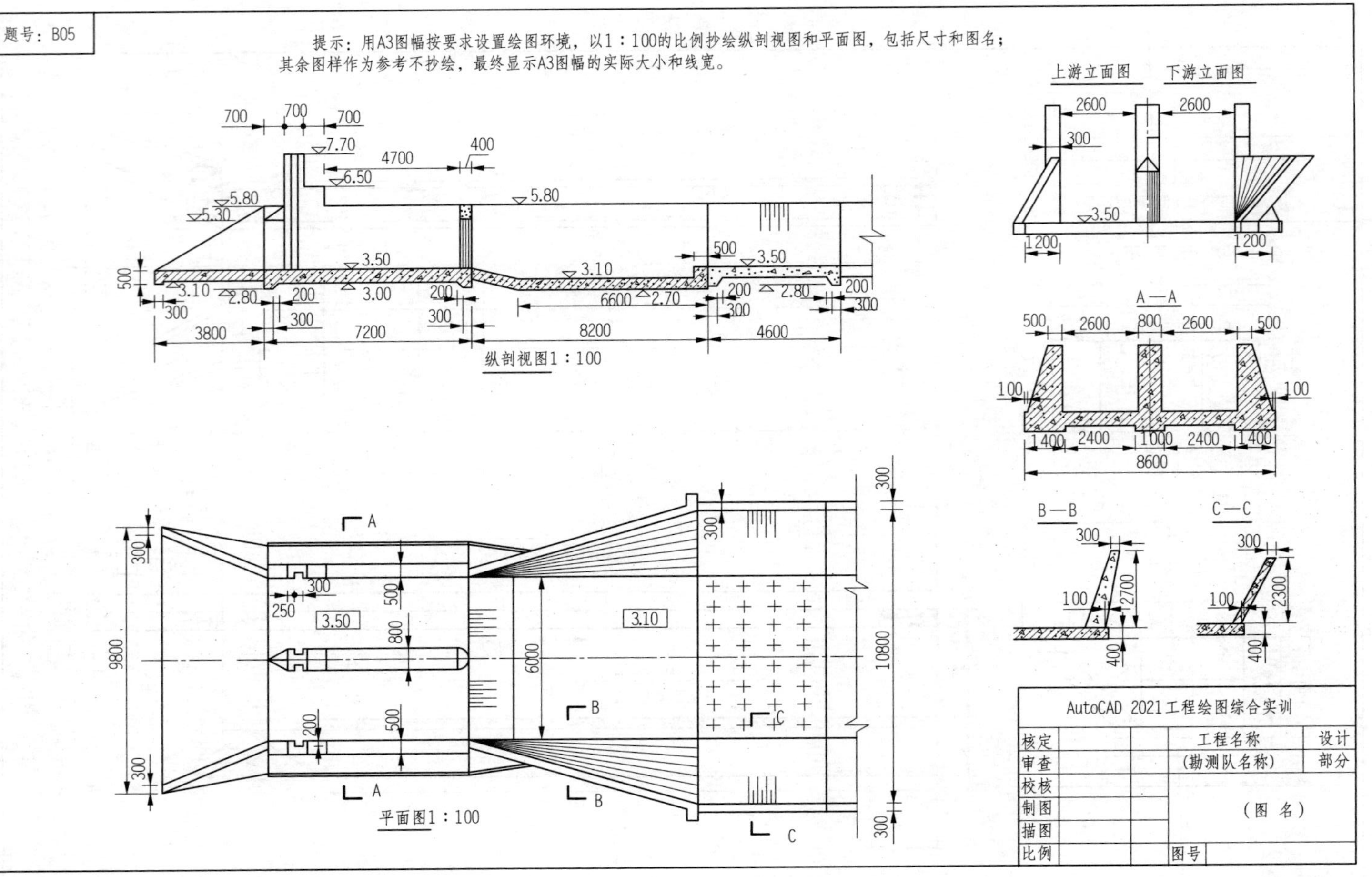
题号：B05
提示：用A3图幅按要求设置绘图环境，以1：100的比例抄绘纵剖视图和平面图，包括尺寸和图名；
其余图样作为参考不抄绘，最终显示A3图幅的实际大小和线宽。
纵剖视图1：100
平面图1：100
上游立面图
下游立面图
A—A
B—B
C—C
AutoCAD 2021工程绘图综合实训
核定
审查
校核
制图
描图
比例
工程名称
(勘测队名称)
设计
部分
(图 名)
图号

图 8-14

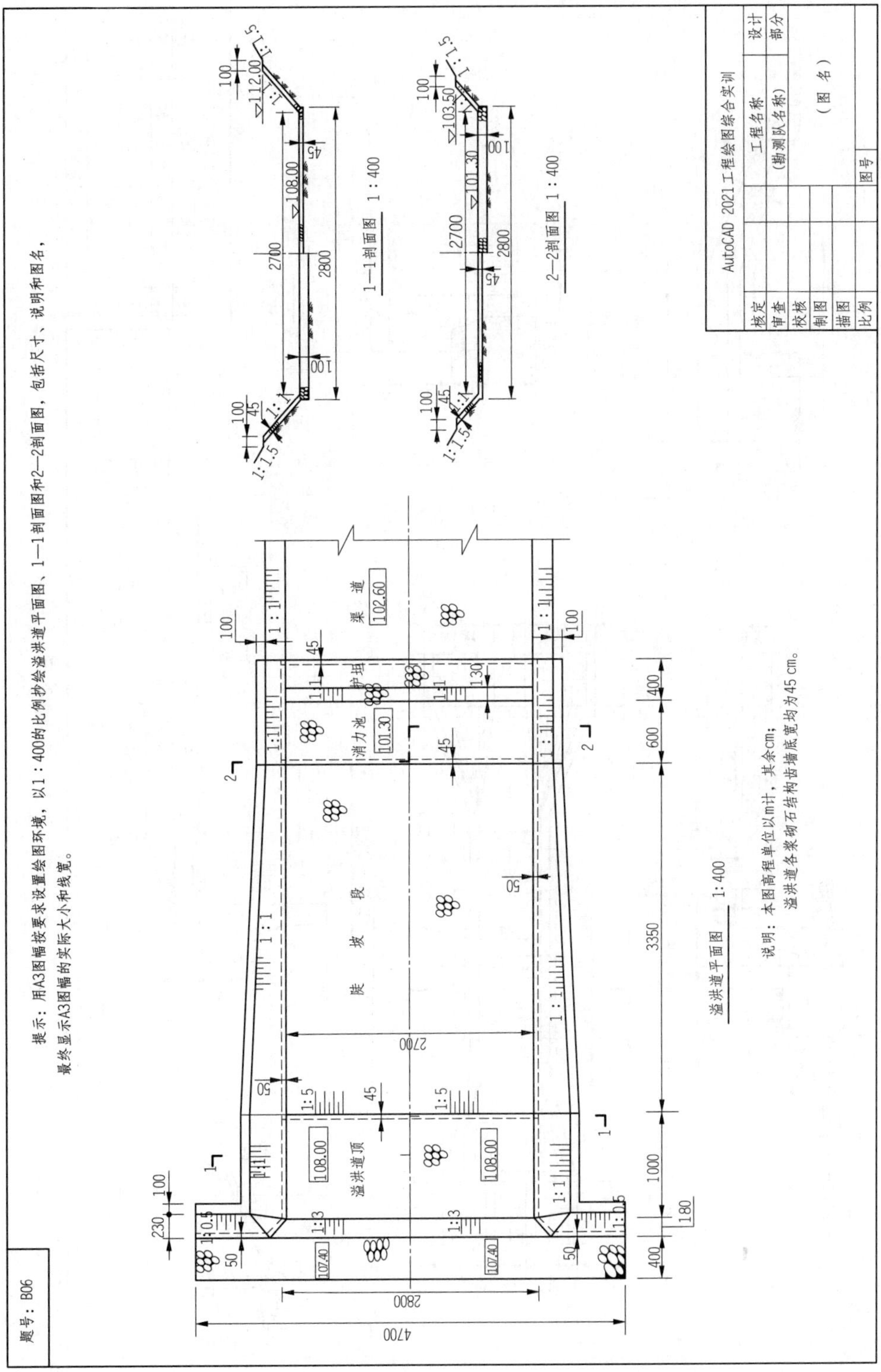

题号：B06

提示：用A3图幅按要求设置绘图环境，以1∶400的比例抄绘溢洪道平面图、1—1剖面图和2—2剖面图，包括尺寸、说明和图名，最终显示A3图幅的实际大小和线宽。

溢洪道顶　108.00　108.00　107.40　107.40

陡　坡　段

消力池　101.30

护坦

渠　道　102.60

4700　2800　2700　230　100　50　45　130　400　1000　3350　600　400　180

1:0.5　1:3　1:5　1:1　1∶1

溢洪道平面图　1∶400

▽112.00　▽108.00　2700　2800　100　45　1:1.5　1:1

1—1剖面图　1∶400

▽103.50　▽101.30　2700　2800　100　45　1:1.5　1:1

2—2剖面图　1∶400

说明：本图高程单位以m计，其余cm；
溢洪道各浆砌石结构齿墙底宽均为45 cm。

AutoCAD 2021工程绘图综合实训			
核定		工程名称	设计
审查		(勘测队名称)	部分
校核		（图　名）	
制图			
描图			
比例		图号	

图 8-15

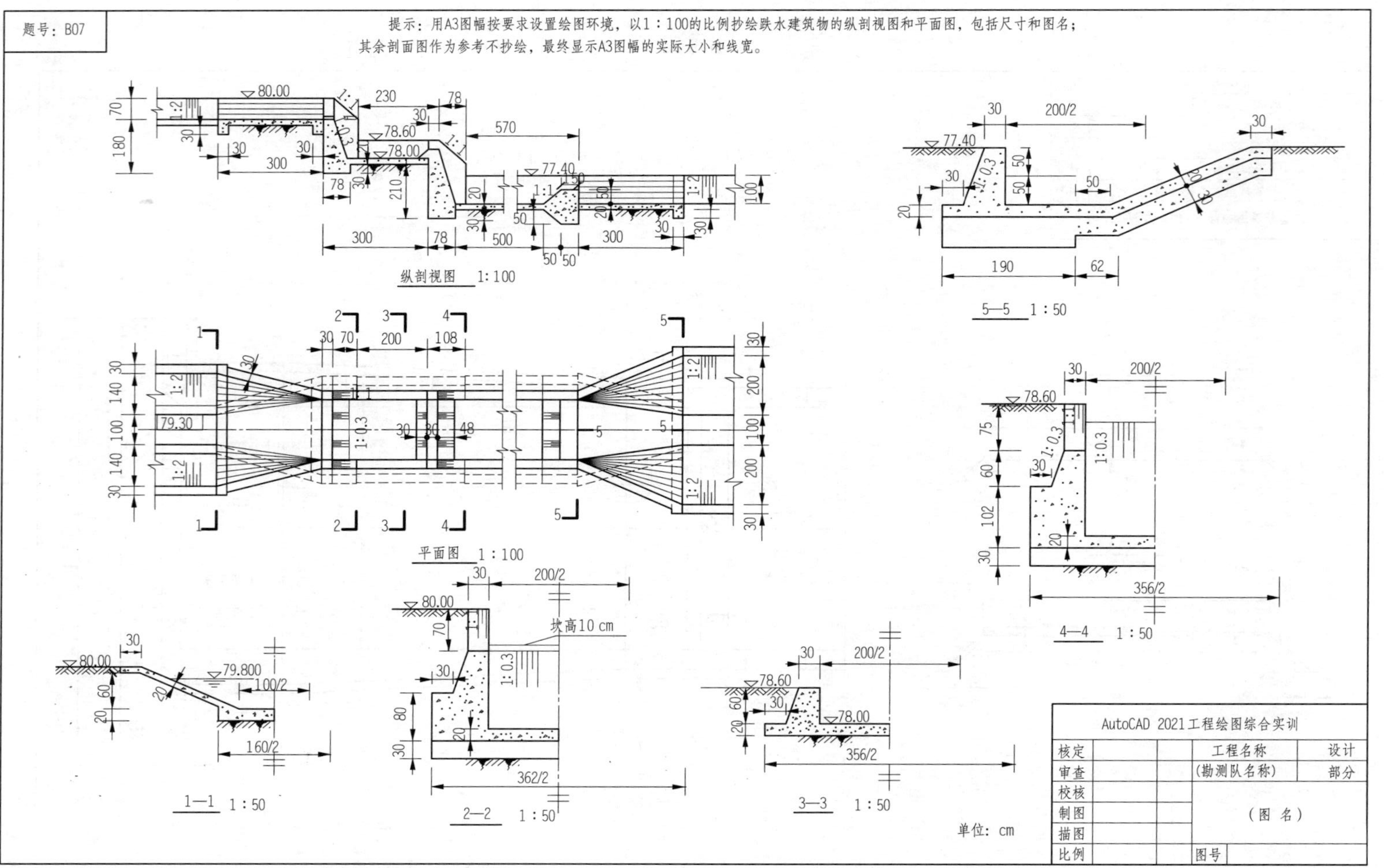
题号：B07
提示：用A3图幅按要求设置绘图环境，以1：100的比例抄绘跌水建筑物的纵剖视图和平面图，包括尺寸和图名；
其余剖面图作为参考不抄绘，最终显示A3图幅的实际大小和线宽。
纵剖视图 1:100
平面图 1:100
5—5 1:50
4—4 1:50
1—1 1:50
2—2 1:50
3—3 1:50
坎高10 cm
单位：cm
AutoCAD 2021工程绘图综合实训
核定
审查
校核
制图
描图
比例
工程名称
(勘测队名称)
设计
部分
(图 名)
图号

图 8-16

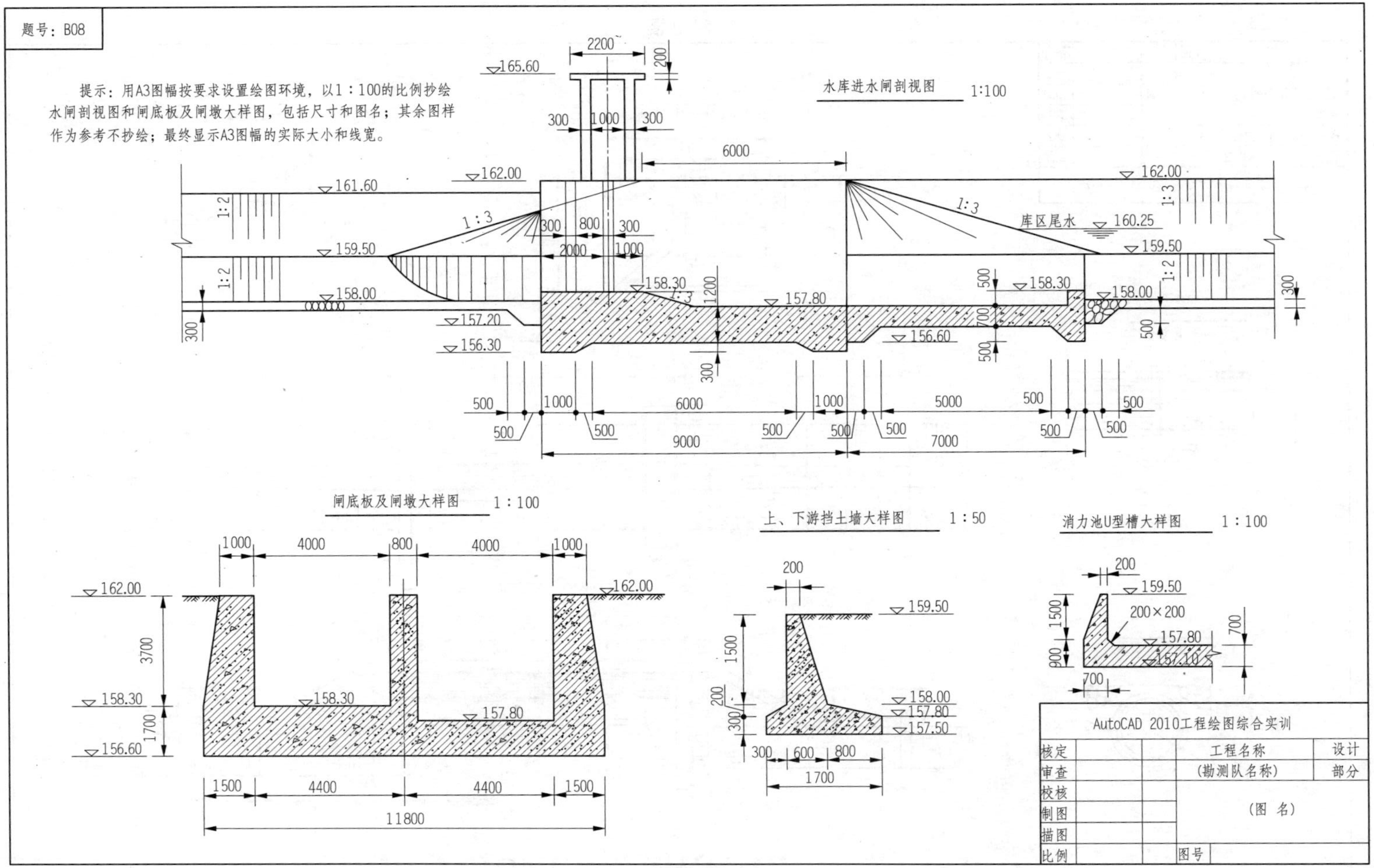

题号：B08

提示：用A3图幅按要求设置绘图环境，以1：100的比例抄绘水闸剖视图和闸底板及闸墩大样图，包括尺寸和图名；其余图样作为参考不抄绘；最终显示A3图幅的实际大小和线宽。

水库进水闸剖视图　1:100

165.60　2200　200　300　1000　300　6000　162.00　161.60　1:2　1:3　300　800　300　2000　1000　159.50　158.30　1:3　1200　157.80　158.00　157.20　156.30　300　162.00　1:3　库区尾水　160.25　159.50　1:2　500　158.30　700　156.60　500　158.00　500　300

500　500　1000　500　6000　500　1000　500　500　5000　500　500　500　500　9000　7000

闸底板及闸墩大样图　1：100

1000　4000　800　4000　1000　162.00　162.00　3700　158.30　158.30　157.80　1700　156.60　1500　4400　4400　1500　11800

上、下游挡土墙大样图　1：50

200　159.50　1500　200　300　158.00　157.80　157.50　300　600　800　1700

消力池U型槽大样图　1：100

200　159.50　1500　200×200　700　157.80　157.10　900　700

AutoCAD 2010工程绘图综合实训			
核定		工程名称	设计
审查		（勘测队名称）	部分
校核		（图　名）	
制图			
描图			
比例		图号	

图 8-17

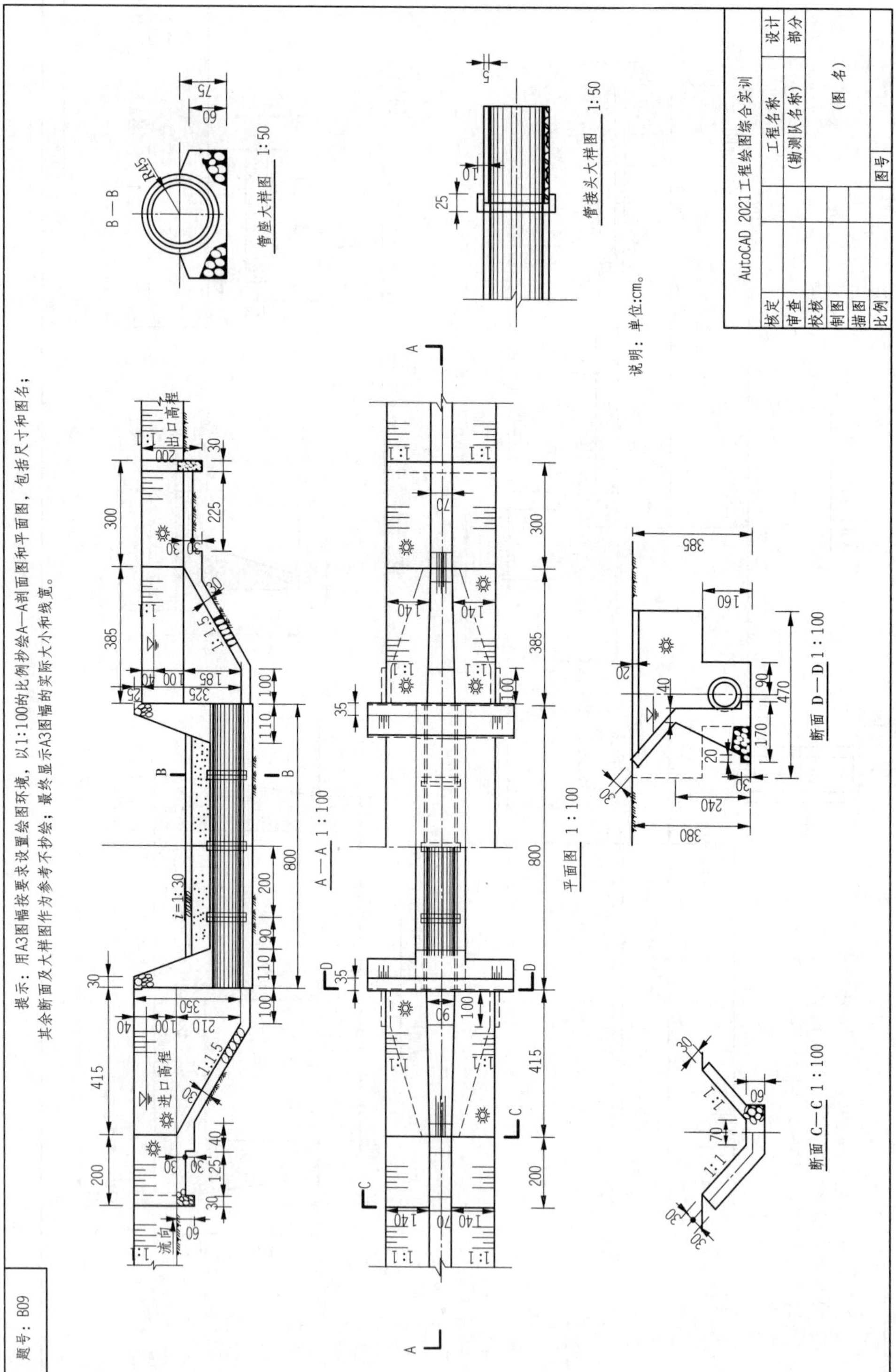

题号：B09

提示：用A3图幅按要求设置绘图环境，以1:100的比例抄绘A—A剖面图和平面图，包括尺寸和图名；其余断面及大样图作为参考不抄绘；最终显示A3图幅的实际大小和线宽。

A—A 1∶100

平面图 1∶100

B—B

管座大样图 1:50

管接头大样图 1:50

说明：单位:cm。

断面 C—C 1∶100

断面 D—D 1∶100

AutoCAD 2021工程绘图综合实训				
核定			工程名称	设计
审查			(勘测队名称)	部分
校核				
制图			(图 名)	
描图				
比例			图号	

图 8-18

题号：C01

提示：用A3图幅按要求设置绘图环境，以图示比例抄绘L-7、L-8、1—1、2—2断面图及拱形窗顶部做法图，包括尺寸和图名，最终显示A3图幅的实际大小和线宽。

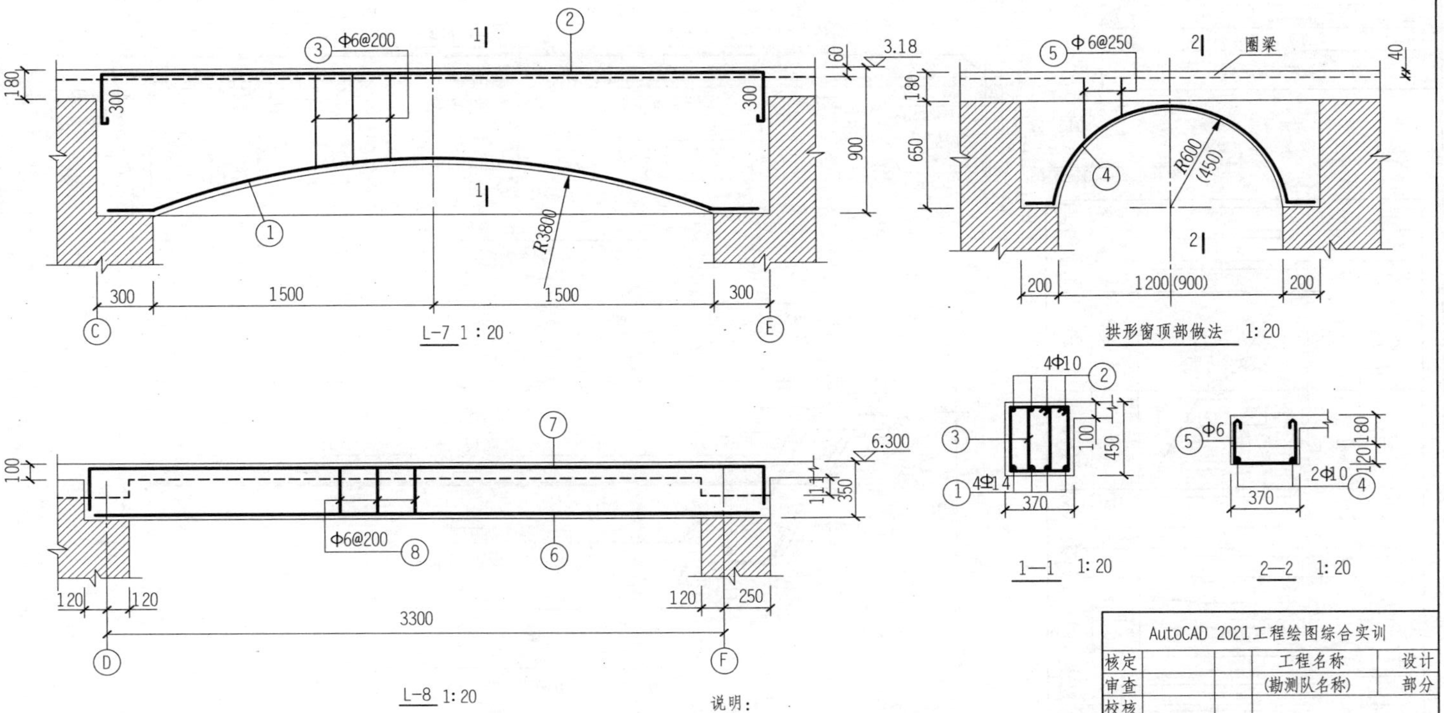

L-7　1：20

拱形窗顶部做法　1：20

L-8　1：20

1—1　1：20

2—2　1：20

说明：
1.本图尺寸高程以m计，其余尺寸以mm计。
2.钢筋保护层厚度取30 mm。

AutoCAD 2021工程绘图综合实训			
核定		工程名称	设计
审查		(勘测队名称)	部分
校核		（图　名）	
制图			
描图			
比例		图号	

图 8-19

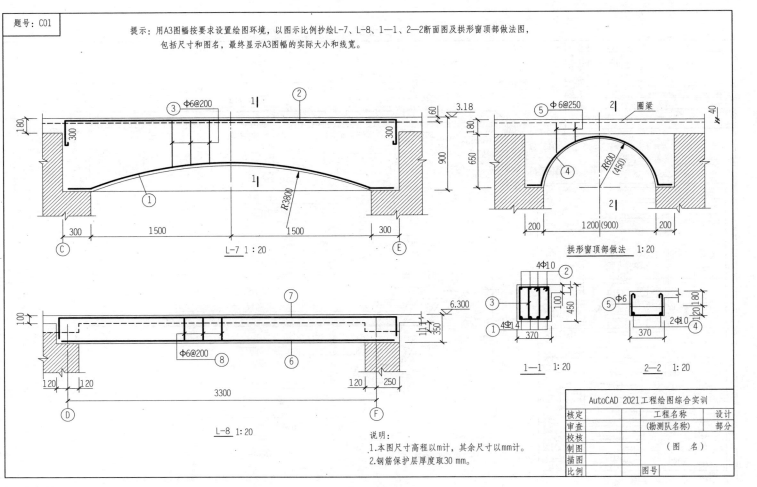

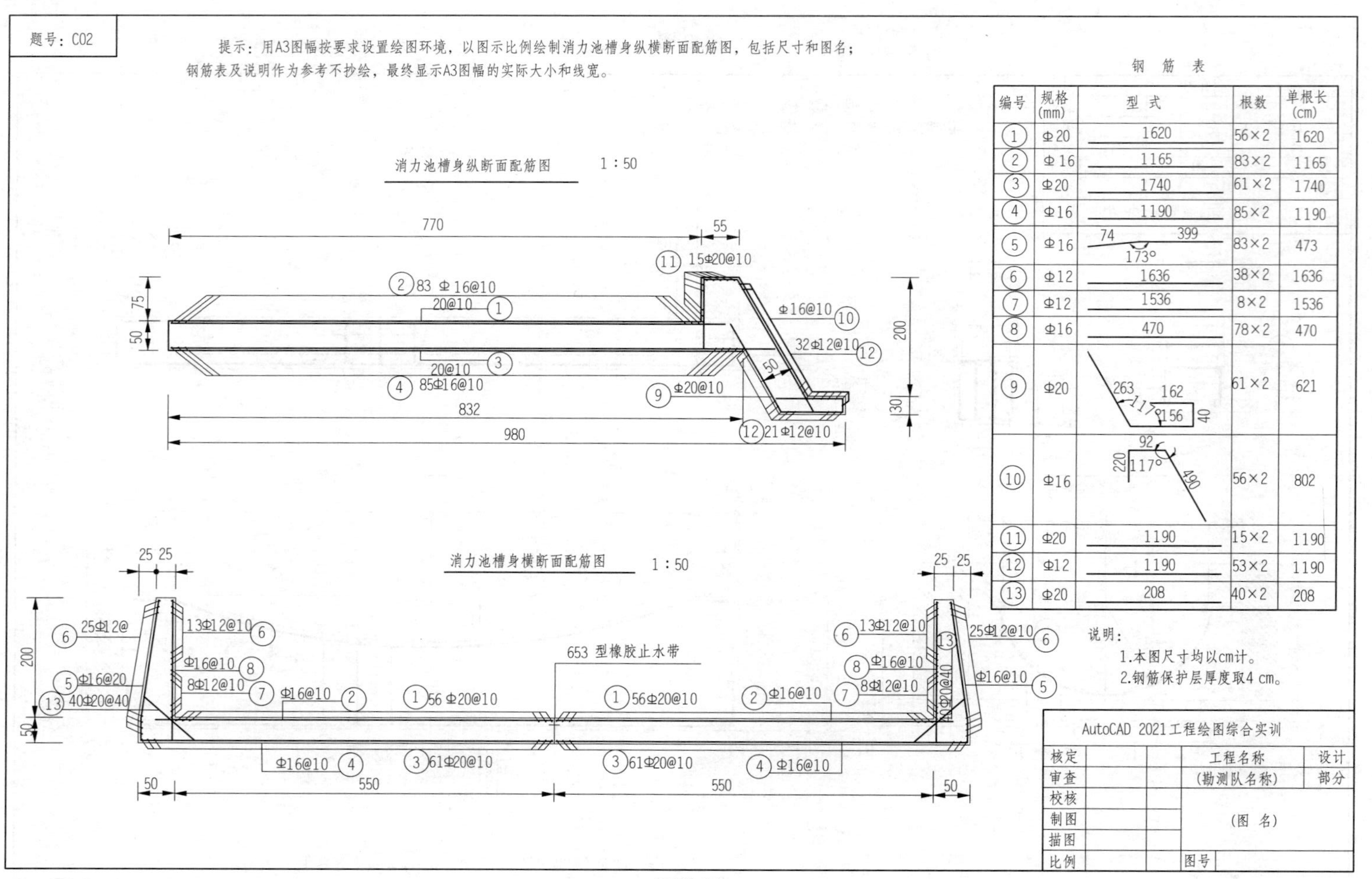

钢筋表

编号	规格(mm)	型式	根数	单根长(cm)
①	Φ20	1620	56×2	1620
②	Φ16	1165	83×2	1165
③	Φ20	1740	61×2	1740
④	Φ16	1190	85×2	1190
⑤	Φ16	74 399 173°	83×2	473
⑥	Φ12	1636	38×2	1636
⑦	Φ12	1536	8×2	1536
⑧	Φ16	470	78×2	470
⑨	Φ20	263 162 117° 156 40	61×2	621
⑩	Φ16	92 220 117° 490	56×2	802
⑪	Φ20	1190	15×2	1190
⑫	Φ12	1190	53×2	1190
⑬	Φ20	208	40×2	208

图 8-20

题号：C03

提示：用A3图幅按要求设置绘图环境，以图示比例抄绘跨中截面配筋图及槽端截面配筋图，包括尺寸和图名；钢筋表及说明不抄绘，以1:10的比例补绘A—A、B—B断面图，最终显示A3图幅的实际大小和线宽，并以“03”为文件名保存在指定文件夹中。（20分）

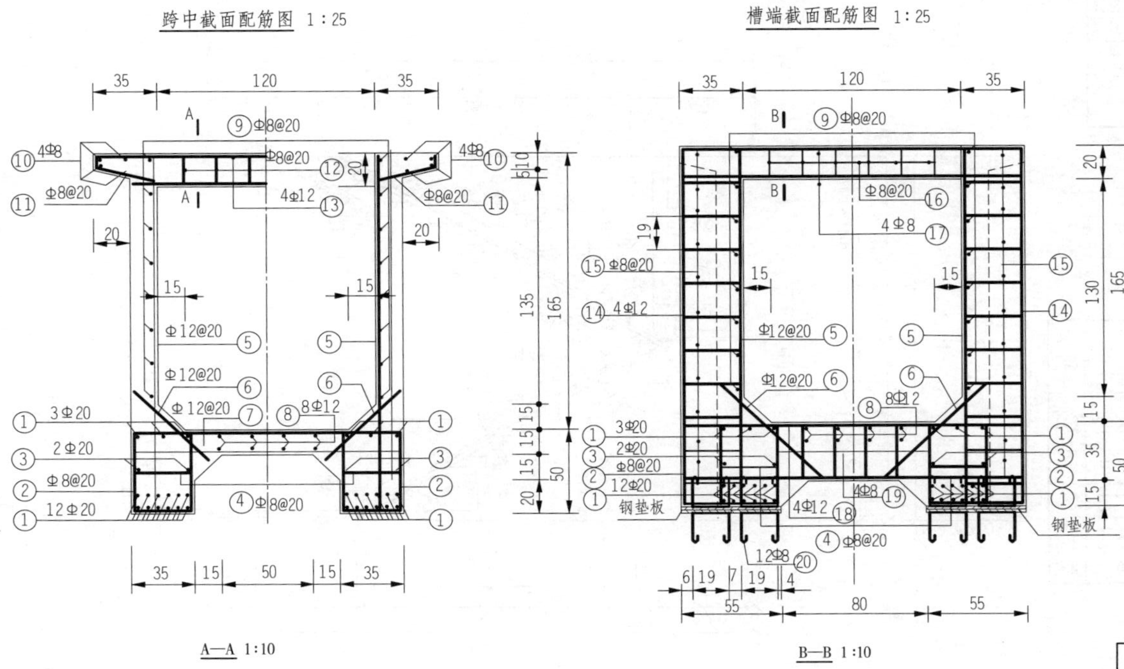

跨中截面配筋图　1：25

槽端截面配筋图　1：25

A—A　1:10

B—B　1:10

说明：

1.图中钢筋直径以mm计，其余尺寸以cm计；

2.混凝土保护层的厚度为3.0 cm。

渡槽槽身截面配筋图

编号	型式(cm)	直径(mm)	单根长(cm)	根数
①	795	Φ20	795	30
②	30, 45	Φ8	170	82
③	795	Φ20	795	4
④	30	Φ8	40	82
⑤	210	Φ12	225	82
⑥	60	Φ12	75	82
⑦	145	Φ12	160	82
⑧	795	Φ12	810	8
⑨	795	Φ8	805	16
⑩	795	Φ8	805	8
⑪	5, 30, 30	Φ8	70	82
⑫	4, 14	Φ8	50	36
⑬	145	Φ12	160	24
⑭	210	Φ12	225	8
⑮	15, 30	Φ8	100	44
⑯	14, 14	Φ8	70	12
⑰	185	Φ12	200	8
⑱	185	Φ12	200	8
⑲	15, 30	Φ8	100	12
⑳	15, 20, 15	Φ8	60	48

AutoCAD 2021工程绘图综合实训

核定		(设计阶段)	设计
审查		(专业大类)	部分
校核		(工程名)	
设计			
制图		(图　名)	
比例			
设计证号		图号	

图 8-21

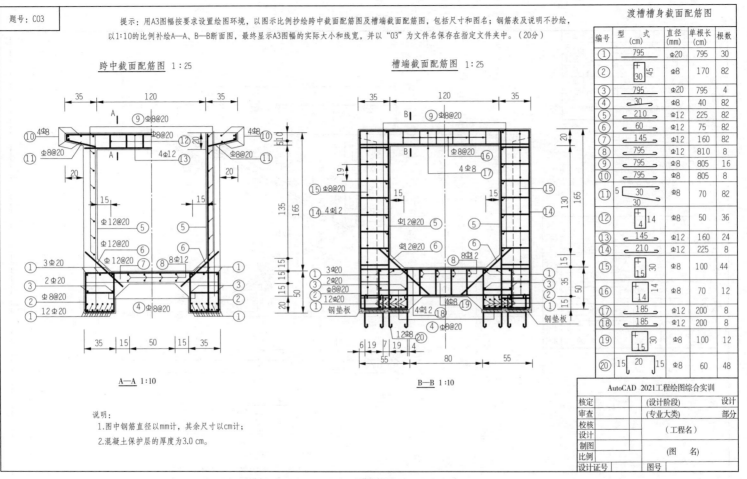

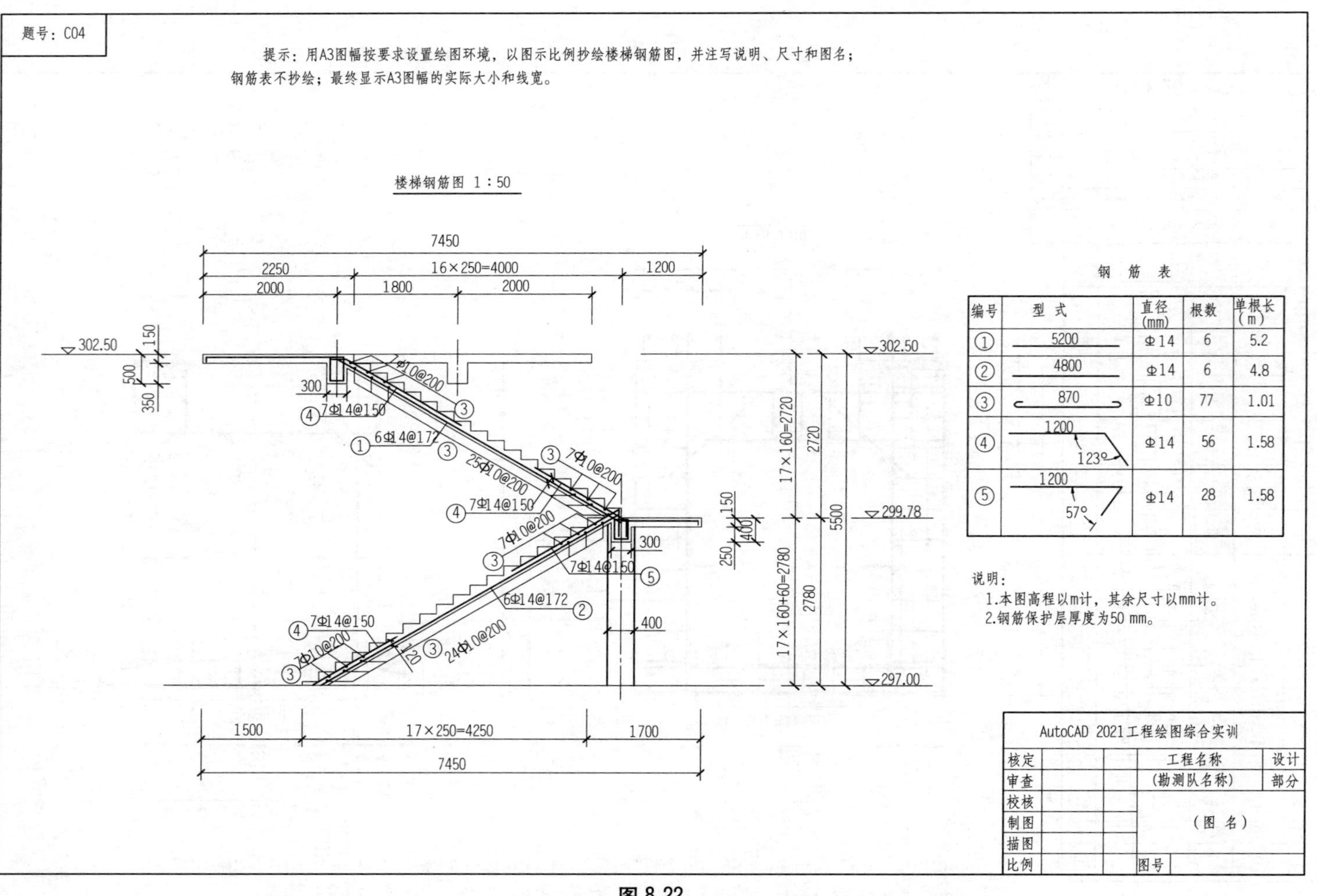

编号	型式	直径(mm)	根数	单根长(m)
①	5200	Φ14	6	5.2
②	4800	Φ14	6	4.8
③	870	Φ10	77	1.01
④	1200 123°	Φ14	56	1.58
⑤	1200 57°	Φ14	28	1.58

图 8-22

题号：C05

提示：用A3图幅按要求设置绘图环境，以图示比例抄绘工作桥钢筋图、A—A断面及钢筋表，并标注尺寸和图名；最终显示A3图幅的实际大小和线宽；并以“03”为文件名保存在指定文件夹中。

工作桥钢筋图

1：30

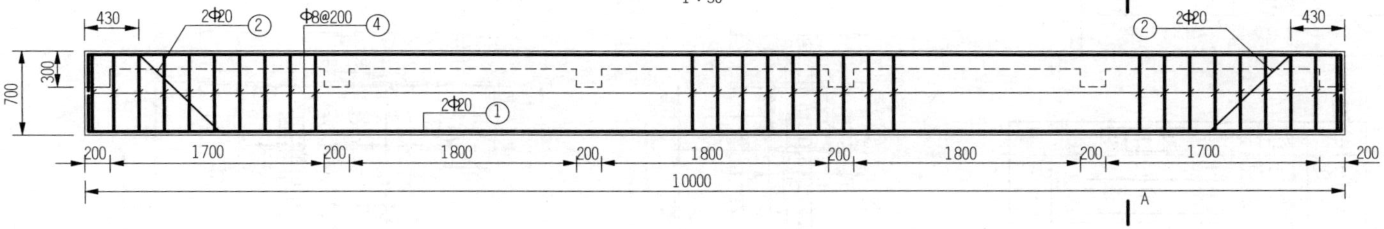

A—A

1：30

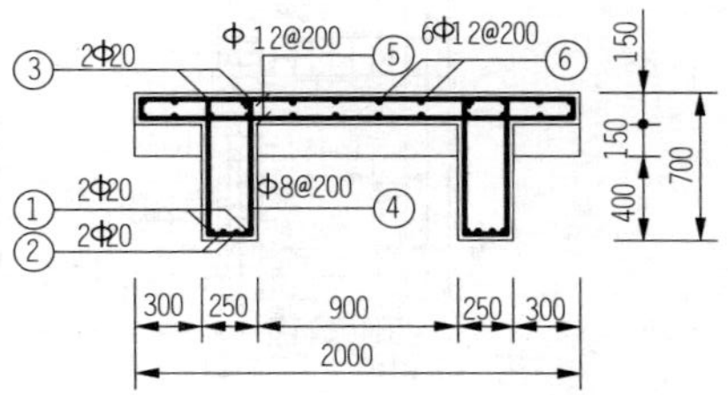

钢筋表

编号	型式	直径(mm)	根长(m)	根数	总长度(m)	单位质量(kg/m)	总质量(kg)
①	6240	Φ20	10.60	4	42.4	2.468	104.6
②	400 480 480 400 300 7860 300	Φ20	10.50	4	42.0	2.468	103.7
③	6240	Φ20	9.94	4	39.8	2.468	98.1
④	190 640	Φ8	1.76	100	176.0	0.395	69.5
⑤	1940 90	Φ12	1.94	100	194.0	0.888	172.3
⑥	9940	Φ12	9.94	20	198.8	0.888	176.5

AutoCAD 2021工程绘图综合实训			
核定		工程名称	设计
审查		(勘测队名称)	部分
校核		(图 名)	
制图			
描图			
比例		图号	

图 8-23

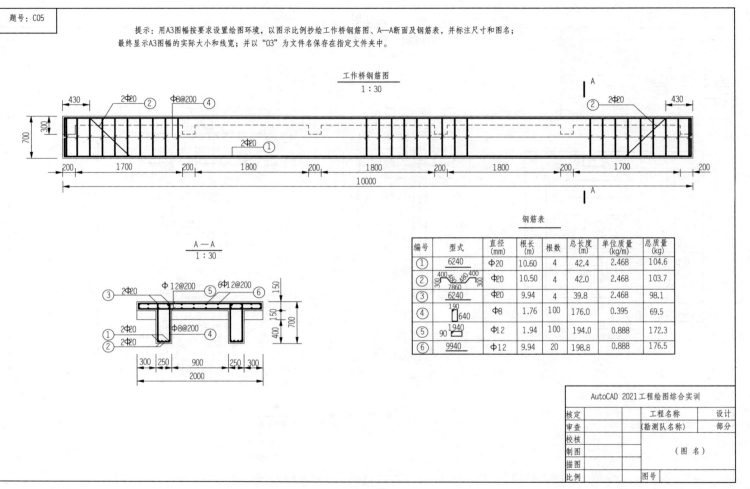

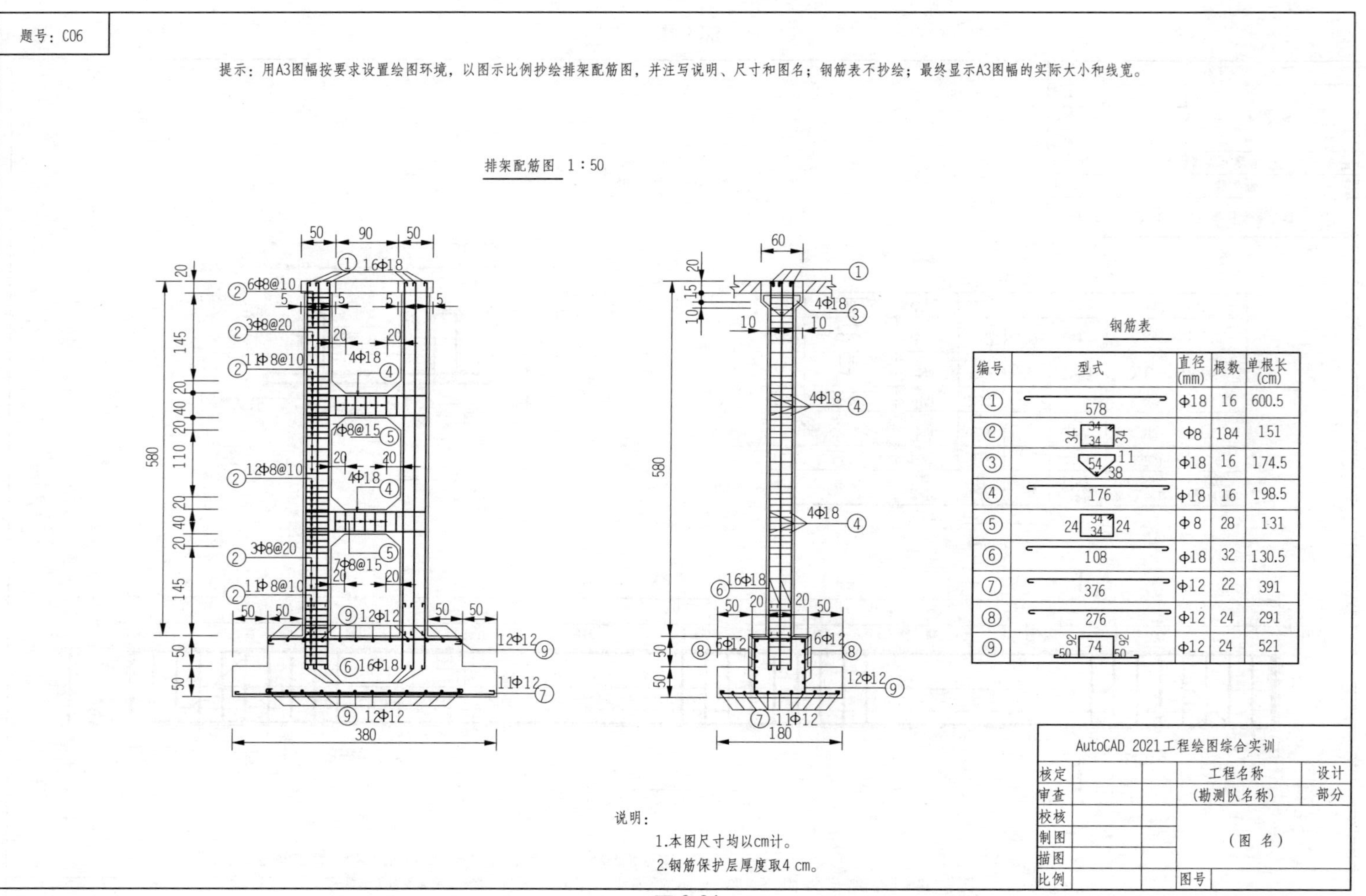

编号	型式	直径(mm)	根数	单根长(cm)
①	578	Φ18	16	600.5
②	34 34 34 34	Φ8	184	151
③	54 11 38	Φ18	16	174.5
④	176	Φ18	16	198.5
⑤	24 34 34 24	Φ8	28	131
⑥	108	Φ18	32	130.5
⑦	376	Φ12	22	391
⑧	276	Φ12	24	291
⑨	50 92 74 92 50	Φ12	24	521

图 8-24

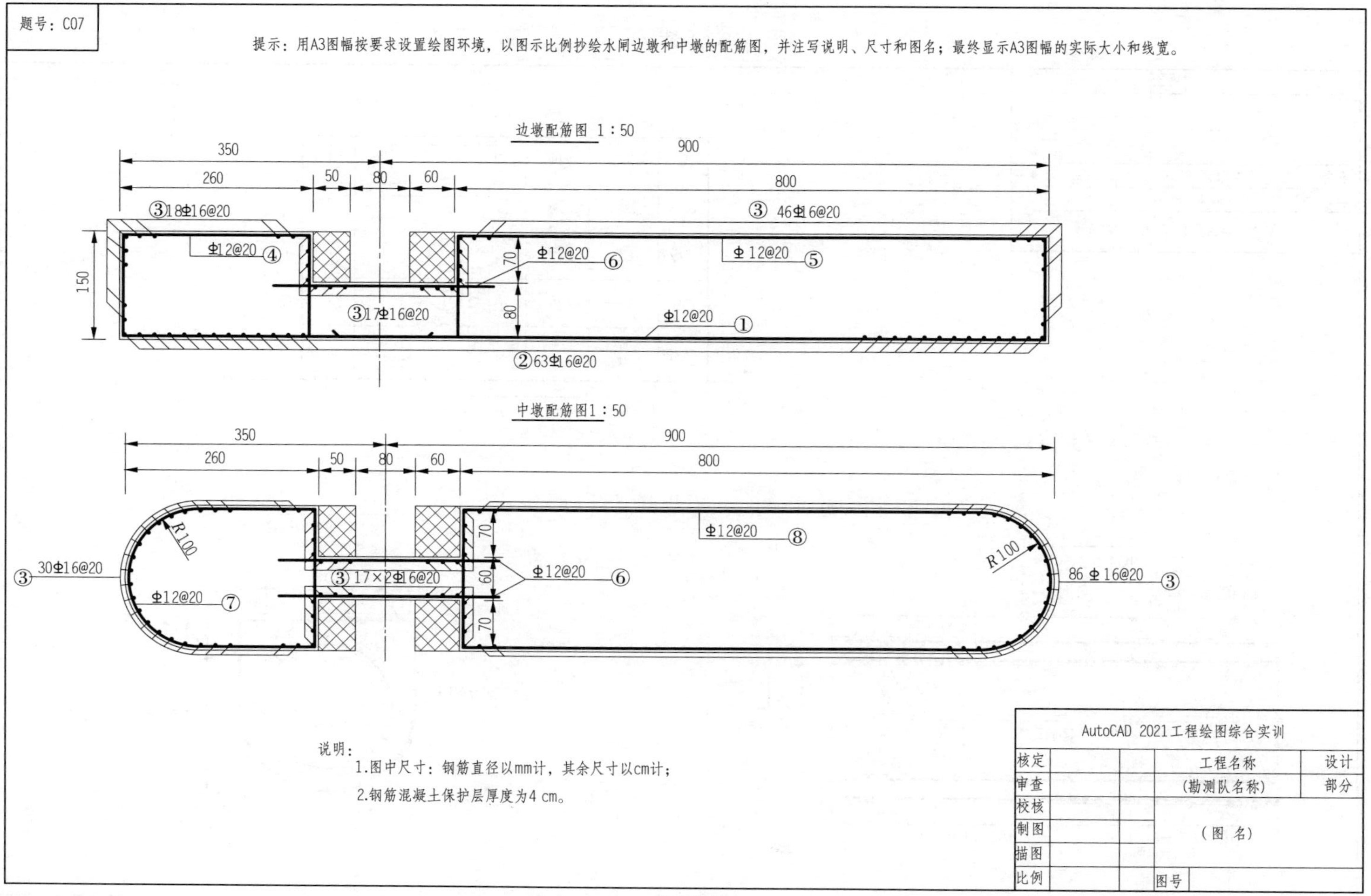

题号：C07

提示：用A3图幅按要求设置绘图环境，以图示比例抄绘水闸边墩和中墩的配筋图，并注写说明、尺寸和图名；最终显示A3图幅的实际大小和线宽。

边墩配筋图 1：50

350　900　260　50　80　60　800　150　70　80

③18Φ16@20　③ 46Φ16@20　Φ12@20 ④　Φ12@20 ⑥　Φ 12@20 ⑤　③17Φ16@20　Φ12@20 ①　②63Φ16@20

中墩配筋图1：50

350　900　260　50　80　60　800　70　60　70　R100　R100

30Φ16@20 ③　Φ12@20 ⑦　③ 17×2Φ16@20　Φ12@20 ⑥　Φ12@20 ⑧　86 Φ16@20 ③

说明：

1.图中尺寸：钢筋直径以mm计，其余尺寸以cm计；

2.钢筋混凝土保护层厚度为4 cm。

AutoCAD 2021工程绘图综合实训				
核定			工程名称	设计
审查			(勘测队名称)	部分
校核				
制图			(图　名)	
描图				
比例			图号	

图 8-25

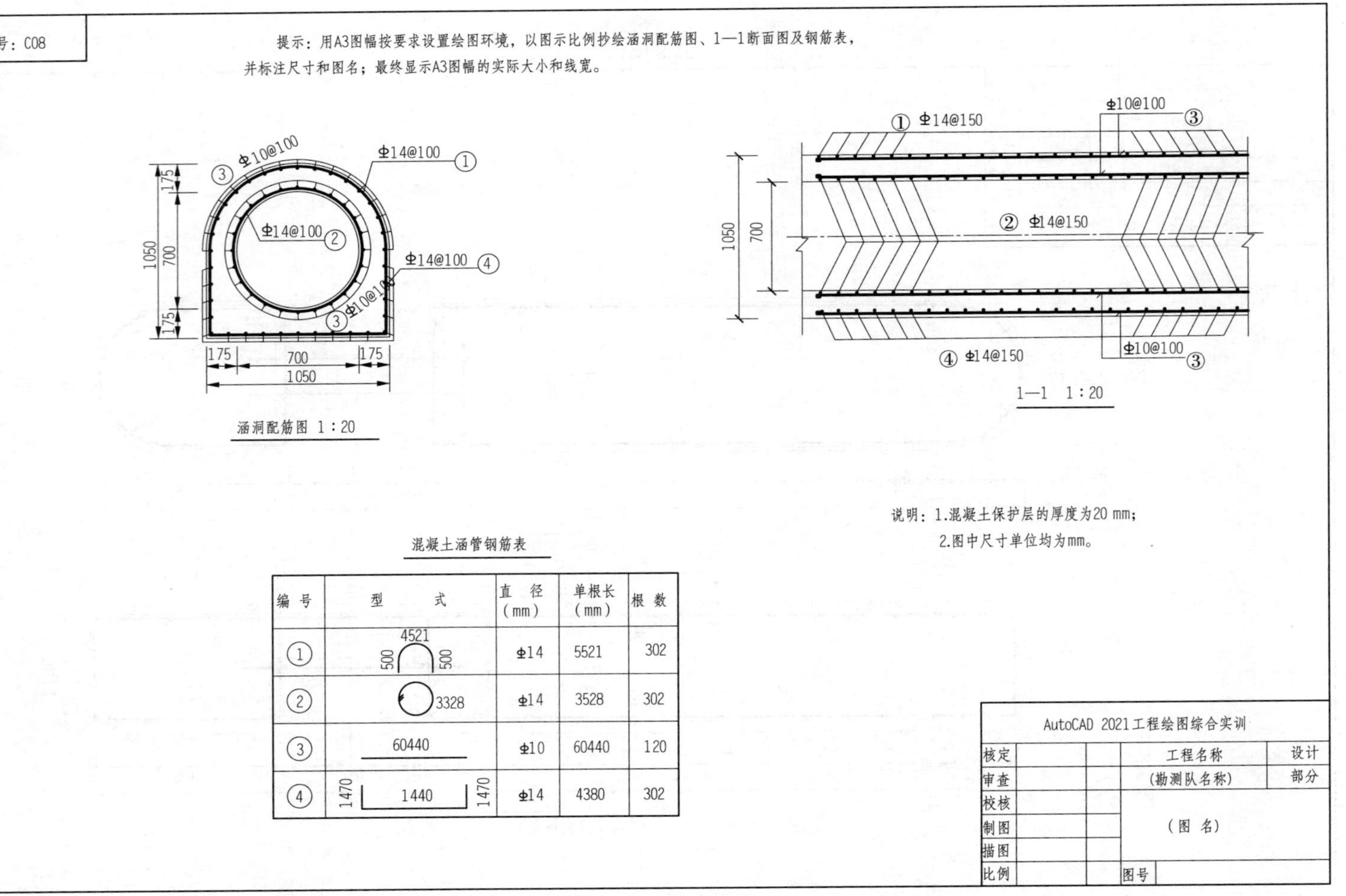
题号：C08
提示：用A3图幅按要求设置绘图环境，以图示比例抄绘涵洞配筋图、1—1断面图及钢筋表，
并标注尺寸和图名；最终显示A3图幅的实际大小和线宽。
③ Φ10@100
Φ14@100 ①
Φ14@100 ②
Φ14@100 ④
Φ10@100 ③
175
700
1050
涵洞配筋图 1:20
① Φ14@150
Φ10@100 ③
② Φ14@150
④ Φ14@150
Φ10@100 ③
1—1 1:20
说明：1.混凝土保护层的厚度为20 mm；
2.图中尺寸单位均为mm。
混凝土涵管钢筋表
编号 | 型式 | 直径(mm) | 单根长(mm) | 根数
① | 4521 500 500 | Φ14 | 5521 | 302
② | 3328 | Φ14 | 3528 | 302
③ | 60440 | Φ10 | 60440 | 120
④ | 1470 1440 1470 | Φ14 | 4380 | 302
AutoCAD 2021工程绘图综合实训
核定
审查
校核
制图
描图
比例
工程名称
(勘测队名称)
设计
部分
(图名)
图号

图 8-26

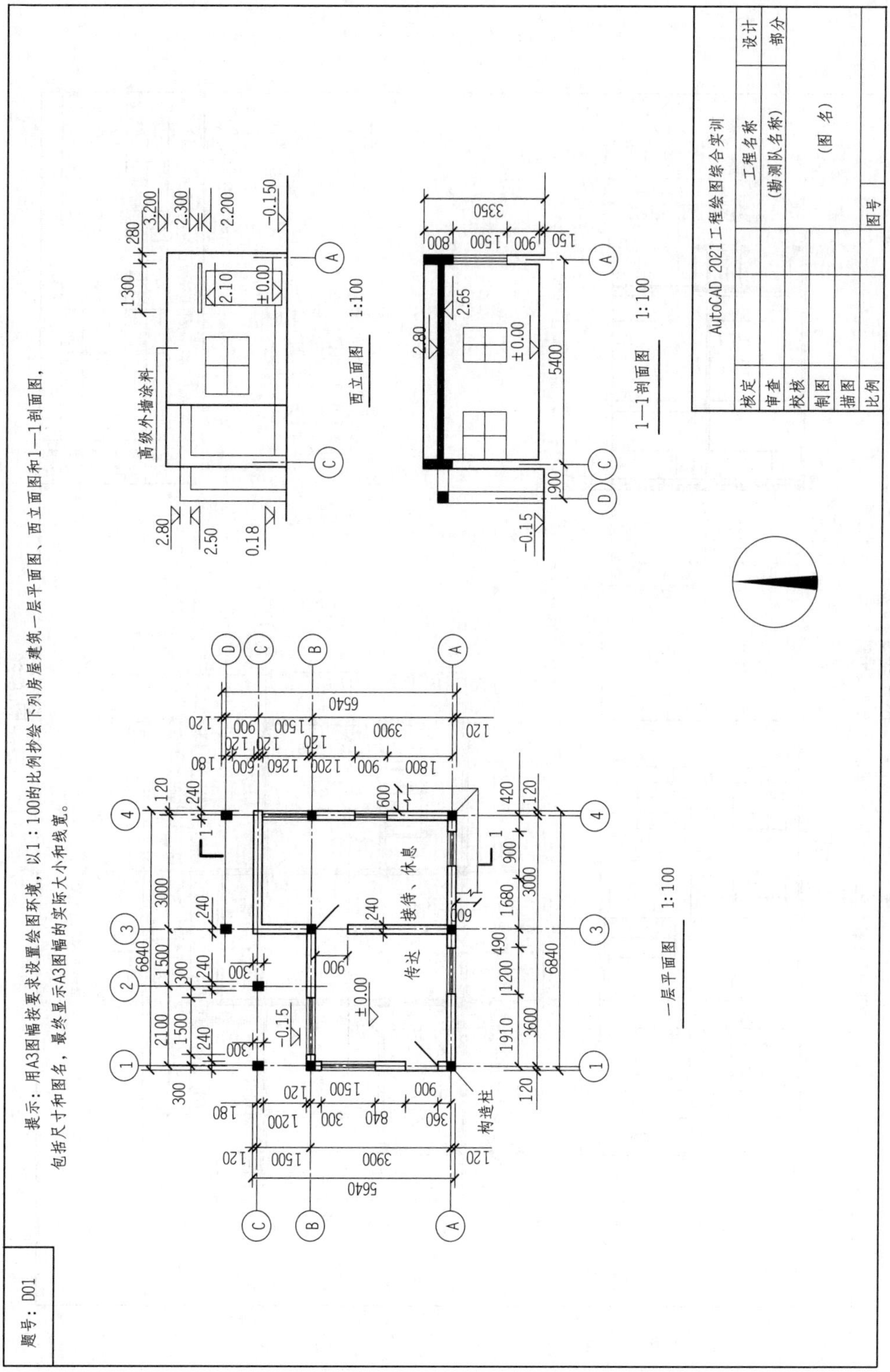

题号：D01

提示：用A3图幅按要求设置绘图环境，以1：100的比例抄绘下列房屋建筑一层平面图、西立面图和1—1剖面图，包括尺寸和图名，最终显示A3图幅的实际大小和线宽。

传达　接待、休息　构造柱

一层平面图　1:100

高级外墙涂料

西立面图　1:100

1—1剖面图　1:100

AutoCAD 2021工程绘图综合实训				
核定			工程名称	设计
审查			(勘测队名称)	部分
校核			(图　名)	
制图				
描图				
比例			图号	

图 8-27

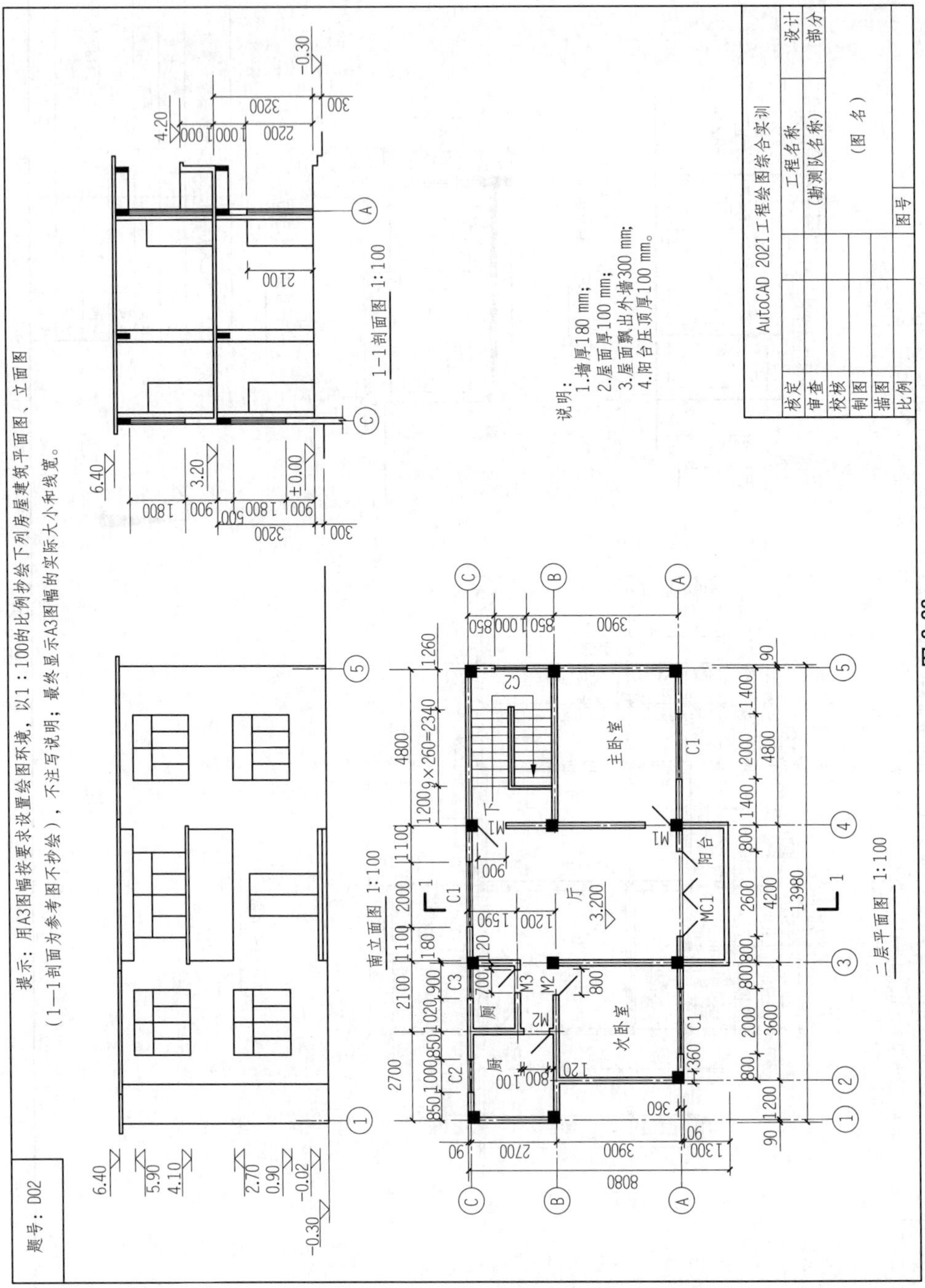

题号：D02

提示：用A3图幅按要求设置绘图环境，以1：100的比例抄绘下列房屋建筑平面图、立面图（1—1剖面为参考图不抄绘），不注写说明；最终显示A3图幅的实际大小和线宽。

南立面图 1:100

1-1剖面图 1:100

二层平面图 1:100

说明：

1.墙厚180 mm；

2.屋面厚100 mm；

3.屋面飘出外墙300 mm；

4.阳台压顶厚100 mm。

AutoCAD 2021工程绘图综合实训			
核定		工程名称	设计
审查		(勘测队名称)	部分
校核		(图 名)	
制图			
描图			
比例		图号	

图 8-28

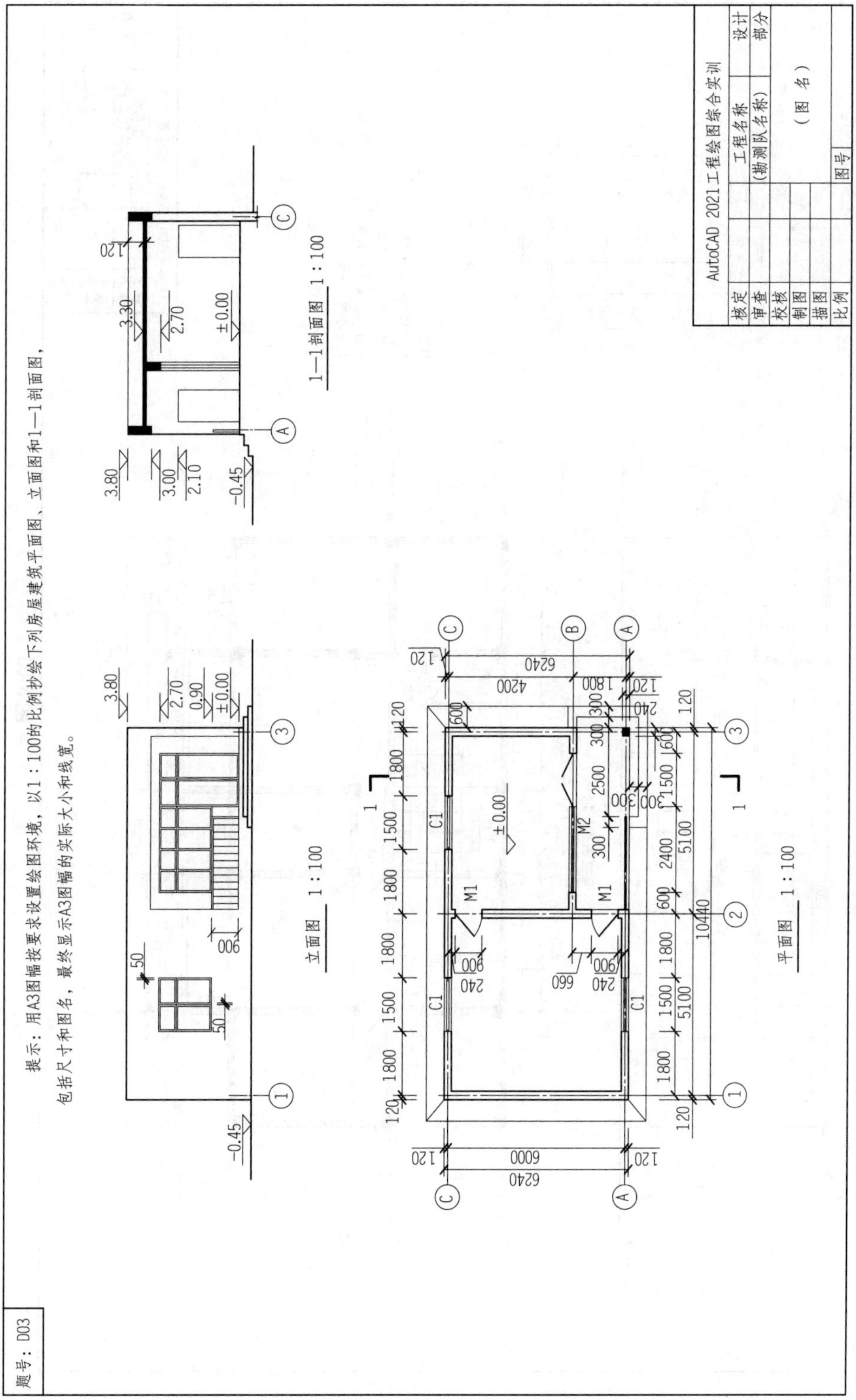

题号：D03

提示：用A3图幅按要求设置绘图环境，以1：100的比例抄绘下列房屋建筑平面图、立面图和1—1剖面图，包括尺寸和图名，最终显示A3图幅的实际大小和线宽。

3.80
50
2.70
0.90
±0.00
50
900
−0.45
①
③

立面图 1：100

3.80
3.30
120
3.00
2.70
2.10
±0.00
−0.45
Ⓐ
Ⓒ

1—1剖面图 1：100

1
120 1800 1500 1800 1800 1500 1800 120
120
C1
C1
Ⓒ
600
240
900
M1
±0.00
6240
6000
4200
6240
660
M2
Ⓑ
240
900
M1
300 2500 300 300
1800
Ⓐ
C1
300
300
240
120
120
1800 1500 1800 600 2400 1500 600
120 5100 5100 120
10440
①
②
③
1

平面图 1：100

AutoCAD 2021工程绘图综合实训				
核定			工程名称	设计
审查			(勘测队名称)	部分
校核			（图 名）	
制图				
描图				
比例			图号	

图 8-29

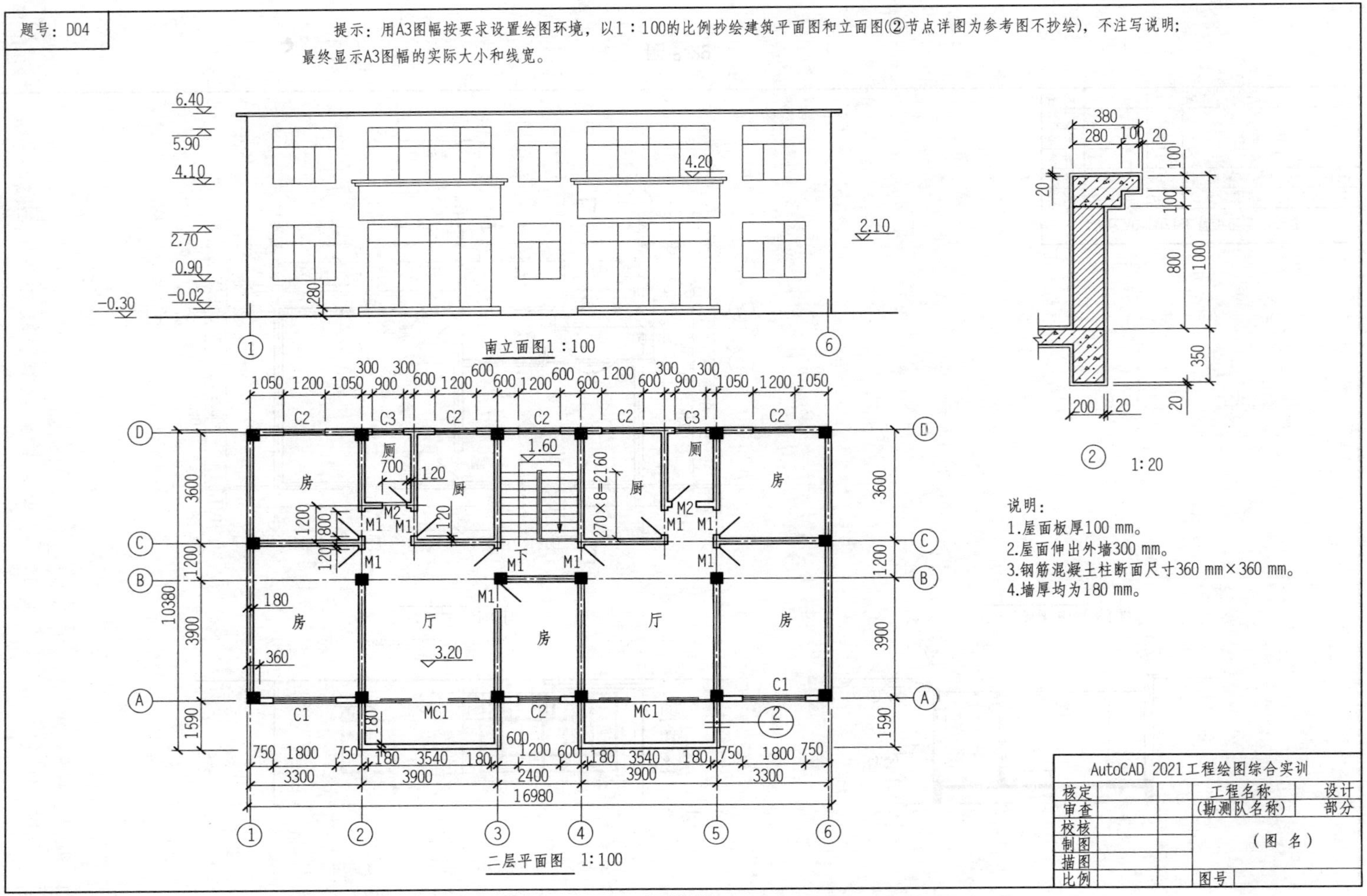

题号：D04

提示：用A3图幅按要求设置绘图环境，以1：100的比例抄绘建筑平面图和立面图(②节点详图为参考图不抄绘)，不注写说明；最终显示A3图幅的实际大小和线宽。

南立面图1：100

二层平面图　1：100

② 1：20

说明：

1.屋面板厚100 mm。

2.屋面伸出外墙300 mm。

3.钢筋混凝土柱断面尺寸360 mm×360 mm。

4.墙厚均为180 mm。

AutoCAD 2021工程绘图综合实训			
核定		工程名称 (勘测队名称)	设计 部分
审查			
校核		（图　名）	
制图			
描图			
比例		图号	

图 8-30

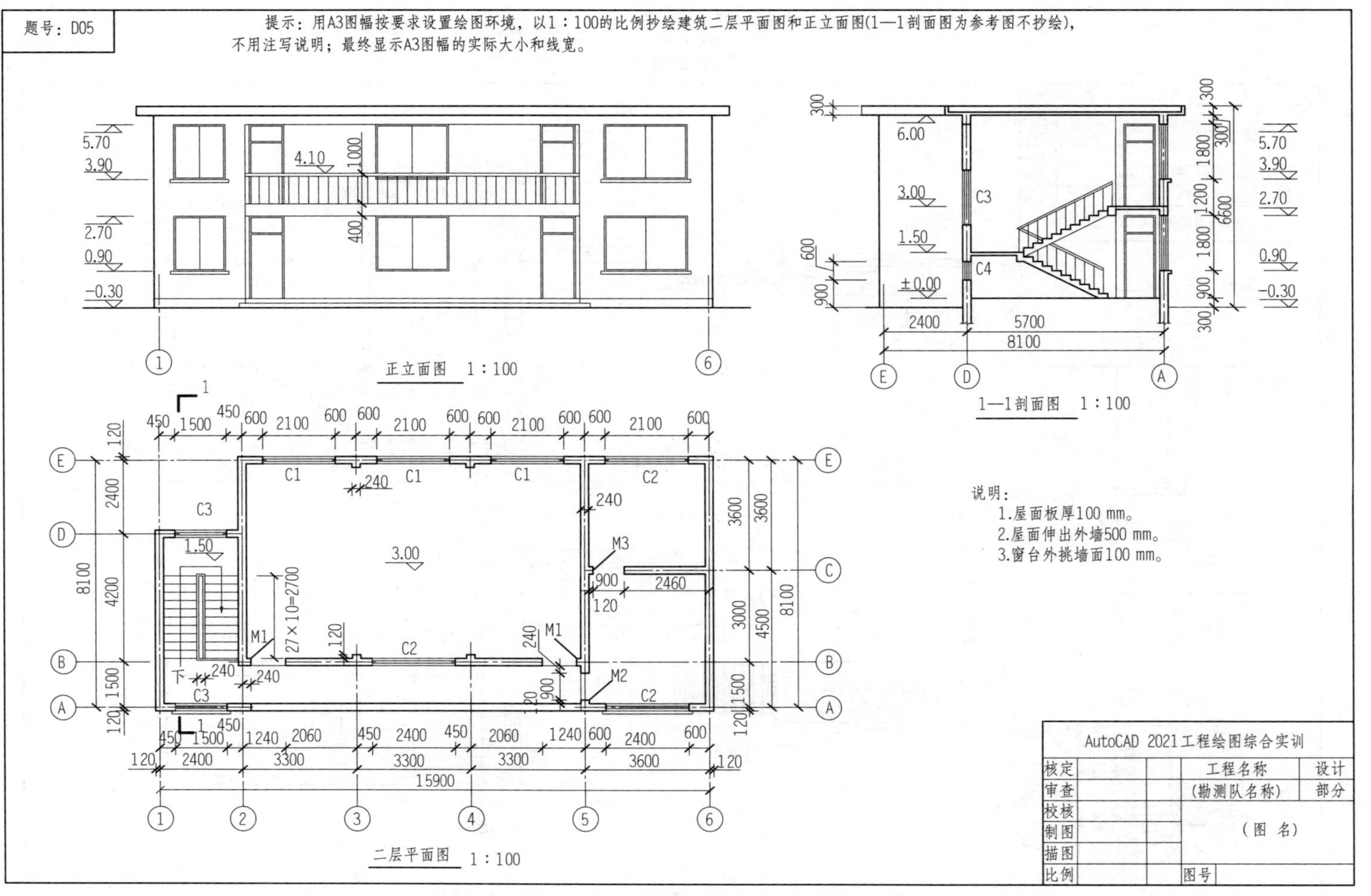

题号：D05
提示：用A3图幅按要求设置绘图环境，以1：100的比例抄绘建筑二层平面图和正立面图(1—1剖面图为参考图不抄绘)，
不用注写说明；最终显示A3图幅的实际大小和线宽。
正立面图　1：100
1—1剖面图　1：100
二层平面图　1：100
说明：
1.屋面板厚100 mm。
2.屋面伸出外墙500 mm。
3.窗台外挑墙面100 mm。
AutoCAD 2021工程绘图综合实训
核定
审查
校核
制图
描图
比例
工程名称
设计
(勘测队名称)
部分
(图　名)
图号

图 8-31

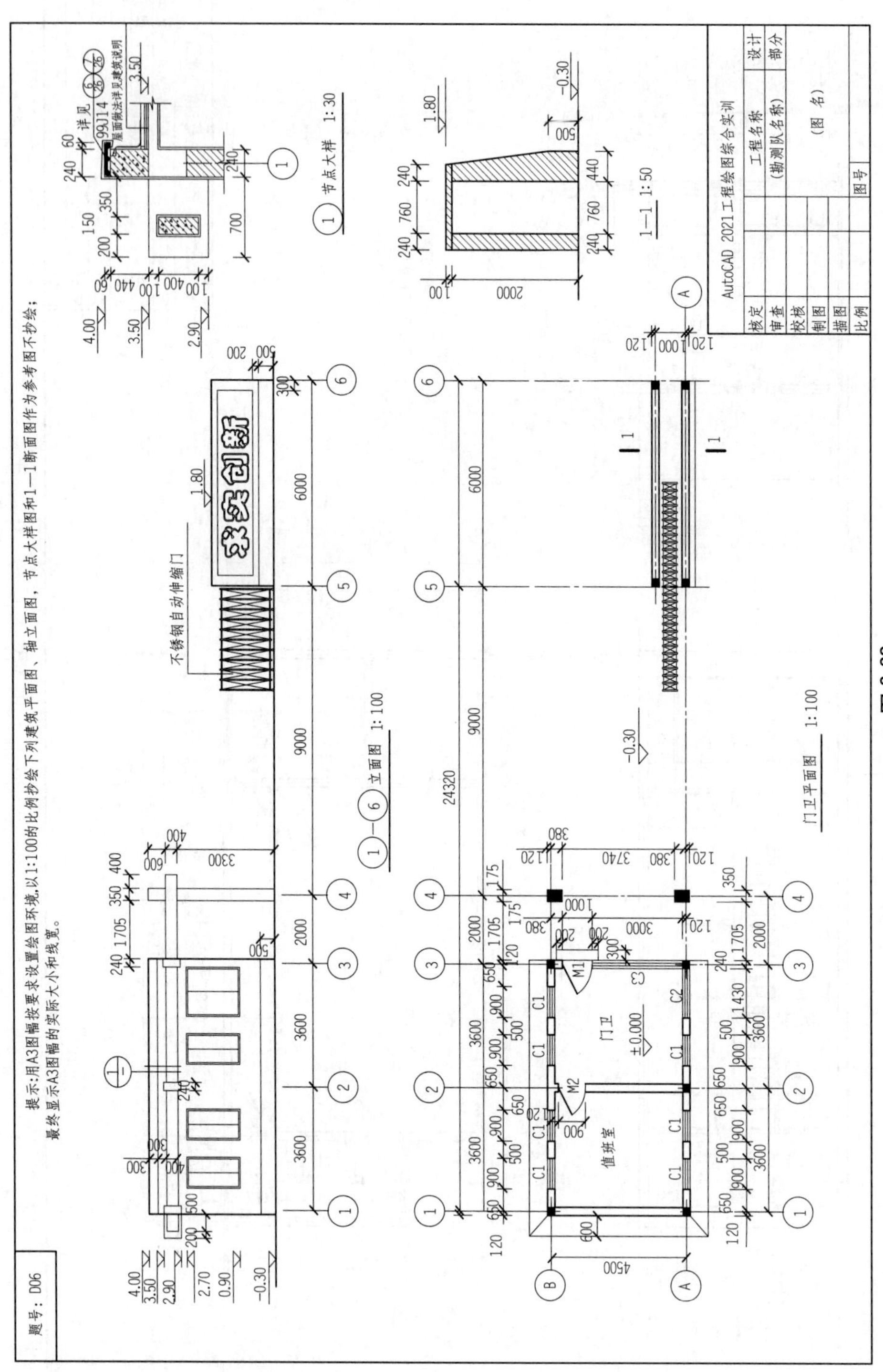
题号：D06
提示:用A3图幅按要求设置绘图环境,以1:100的比例抄绘下列建筑平面图、轴立面图，节点大样图和1—1断面图作为参考图不抄绘；
最终显示A3图幅的实际大小和线宽。
①—⑥立面图 1:100
门卫平面图 1:100
①节点大样 1:30
1—1 1:50
不锈钢自动伸缩门
求实创新
门卫
值班室
AutoCAD 2021工程绘图综合实训
工程名称
(勘测队名称)
(图名)
校定
审查
校核
制图
描图
比例
设计
部分
图号

图 8-32

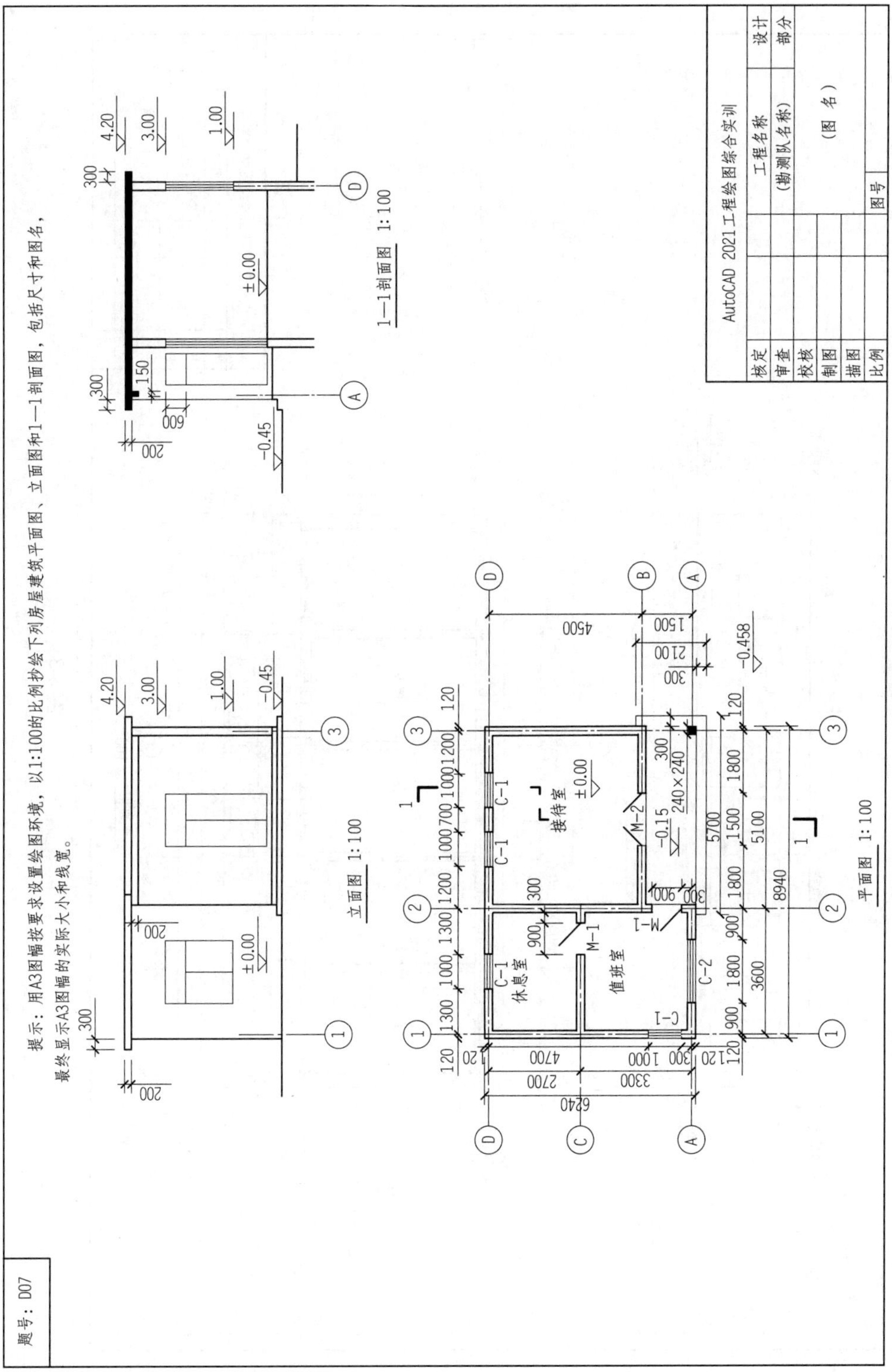

题号：D07

提示：用A3图幅按要求设置绘图环境，以1:100的比例抄绘下列房屋建筑平面图、立面图和1—1剖面图，包括尺寸和图名，最终显示A3图幅的实际大小和线宽。

立面图 1:100

1—1剖面图 1:100

平面图 1:100

休息室

值班室

接待室

AutoCAD 2021工程绘图综合实训				
核定			工程名称	设计
审查			(勘测队名称)	部分
校核			(图 名)	
制图				
描图				
比例			图号	

图 8-33

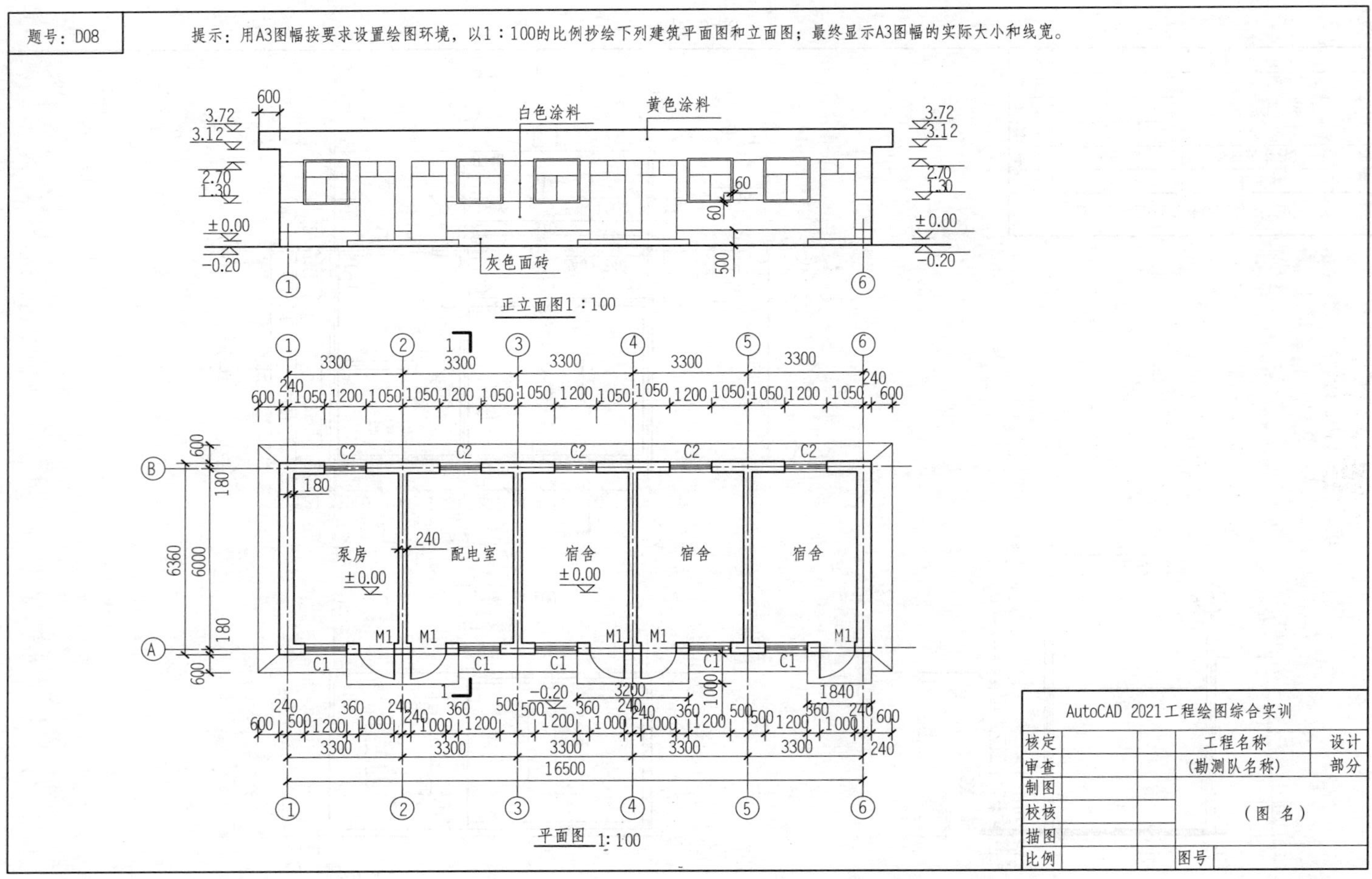
题号：D08
提示：用A3图幅按要求设置绘图环境，以1：100的比例抄绘下列建筑平面图和立面图；最终显示A3图幅的实际大小和线宽。
白色涂料
黄色涂料
灰色面砖
正立面图1：100
泵房
配电室
宿舍
宿舍
宿舍
平面图 1:100
AutoCAD 2021工程绘图综合实训
核定
审查
制图
校核
描图
比例
工程名称
设计
(勘测队名称)
部分
(图名)
图号

图 8-34

参考文献

[1] 刘娟,董岚,刘军号. AutoCAD 2010 工程绘图[M]. 郑州:黄河水利出版社,2015.
[2] 王其恒. 水利工程制图及 CAD[M]. 北京:中国水利水电出版社,2020.
[3] 孙力红. 计算机辅助工程制图[M]. 北京:清华大学出版社,2018.
[4] 武荣. 工程制图 CAD 与识图[M]. 北京:中国水利水电出版社,2017.
[5] 李颖,张圣敏,关莉莉. 水利工程制图实训[M]. 郑州:黄河水利出版社,2021.
[6] 卢德友. 工程 CAD(AutCAD 2016 实用教程)[M]. 郑州:黄河水利出版社,2017.
[7] 单春阳,胡仁喜. AutoCAD 2020 建筑与土木工程制图[M]. 北京:机械工业出版社,2021.